智慧节水农业技术发展与应用

李向春 李 河 林 萍◎著

线装书局

图书在版编目（ＣＩＰ）数据

智慧节水农业技术发展与应用 / 李向春，李河，林萍著. -- 北京：线装书局，2024.2
ISBN 978-7-5120-5999-3

Ⅰ. ①智… Ⅱ. ①李… ②李… ③林… Ⅲ. ①农村—水资源管理—研究—中国 Ⅳ. ①TV213.4

中国国家版本馆CIP数据核字(2024)第055024号

智慧节水农业技术发展与应用
ZHIHUI JIESHUI NONGYE JISHU FAZHAN YU YINGYONG

作　　者：李向春　李　河　林　萍
责任编辑：白　晨
出版发行：线装书局
　　　　　地　　址：北京市丰台区方庄日月天地大厦 B 座 17 层（100078）
　　　　　电　　话：010-58077126（发行部）010-58076938（总编室）
　　　　　网　　址：www.zgxzsj.com
经　　销：新华书店
印　　制：三河市腾飞印务有限公司
开　　本：787mm×1092mm　　　　1/16
印　　张：14
字　　数：310 千字
印　　次：2025 年 1 月第 1 版第 1 次印刷

线装书局官方微信

定　　价：68.00 元

前　言

随着科学技术的快速发展和应用，大量的新兴技术被广泛地应用于农业生产，促进农业朝现代化的方向稳步、持续、快速地发展。在推进农业智能化建设的实践中，信息采集技术是不可缺少的基础环节。智慧节水农业应用发展对于带动农业科学技术的进步、提升农业生产质量、提高农业安全服务、实现农业现代化发展有着重大的意义。

本书的章节布局，共分为七章。第一章是智慧节水农业应用与发展，本章从我国农业节水灌溉实际需求出发，分析了信息技术在农业节水中的地位和作用，提出了"信息节水"的概念与内涵，总结分析了国内外目前农业节水信息技术研究应用现状及存在的主要问题。针对我国农业节水灌溉中监测技术落后、智能化程度低、综合调控能力差、管理技术落后的现状，围绕节水灌溉自动化控制中墒情监测预报、灌溉自动化控制、用水管理和水质监测四个方面，提出从传感技术、信息采集、信息传输、信息处理、管理决策和工程控制六大环节入手，开展多学科交叉综合研究，综合运用传感器、电子、计算机、网络、自动控制、模型、人工智能等学科领域的技术方法，开展智能控制与智能管理方面自主知识产权的关键技术产品研发与创新；第二章是智慧节水灌溉技术，本章介绍农业节水信息系统的主要网络结构，以及农业节水信息系统中常用的通信方式和通信协议，并给出农业节水信息系统中三种常用通信设备的实现方法；第三章是智慧农业节水关键支撑技术，本章将对节水灌溉自动控制技术的意义、现状和结构进行介绍，阐述节水灌溉自动控制设备和软件系统的开发技术，重点讨论低功耗简易灌溉控制器、ZigBee 无线组网灌溉控制器和中央灌溉控制器的设计和实现方法以及组态化灌溉控制软件系统的开发技术；第四章是智慧农业节水灌溉信息采集技术，主要对田间土壤墒情监测、田间气象信息监测、灌溉用水量监测技术相关知识进行简要阐述；第五章是智慧农业节水灌溉自动化工程设计与施工，本章主要介绍作者研发团队的农业节水信息技术研究成果在全国不同种植规模、不同种植特点的典型示范园区应用的情况，从基地需求、系统概要设计、详细实施以及取得的效益情况等不同方面进行阐述，以期为从事农业节水信息技术研究应用的科技工作者和同类型的生产基地提供借鉴参考；第六章是智慧节水农业发展趋势，本章主要介绍节水农业技术体系、国际节水农业发展趋势以及我国节水农业重点技术发展趋势；第七章阐述行业挑战与发展战略，对节水农业面对的困境给出了具体的建议，此外还阐述了我国节水农业的发展战略，为相关领域研究人员提供参考。

　　本书在撰写过程中，参考、借鉴了大量著作与部分学者的理论研究成果，在此一一表示感谢。由于作者精力有限，加之行文仓促，书中难免存在疏漏与不足之处，望各位专家学者与广大读者批评指正，以使本书更加完善。

编委会

内容简介

　　随着农业耕作规模的扩大和耕作精度的提高，农业生产需要监测的信息规模不断扩大、控制设备数量不断增加，农业节水信息监控网络规模和复杂度也在持续扩大，传统简单的集中式监控系统已经无法满足生产的实际需求。大量先进的通信技术应用于农业节水信息系统中，从而推动了农业节水信息系统从简单的单机监控向多层、互联的网络化监控方向发展，形成功能强大、性能稳定的节水信息监控网络。

目　录

第一章 智慧节水农业应用与发展

第一节 节水农业发展现状

一、国内外农业用水情况

世界上水的最大需求来自农业，农业是一个古老的产业，其独特的生产条件和生产对象决定了其对水资源的依赖。水利是农业的命脉，没有持续的水资源供应，就没有高速发展的现代农业。从地球的河流、湖泊和蓄水层提取的水 2/3 以上用于灌溉。由于水资源短缺造成的用水竞争和冲突以及水资源浪费、使用过度和退化等现象日益严重，使得决策者越来越多地把农业视为解决用水系统问题的安全阀。

水资源是农作物生长的基本要素，是制约农业发展的决定性资源。农作物的正常生长只有在一定的细胞水分的状况下才能进行。水分不仅在农作物的原生质中占有 70%~90% 的比重，而且是农作物光合、呼吸以及有机物合成过程中的重要参与元素。没有一定的水分保障，种子就不能发芽，农作物的茎叶就要枯萎，农作物就要减产。除了维持农作物生长所需的水分外，还有与农作物蒸腾难以分开的田间土壤蒸发（水田为水面蒸发），所以农田消耗的水量比农作物生理的需水量要大得多。据统计分析，按照常规的灌溉方式，生产 1 千克的玉米或小麦消耗的水量为 0.60~0.80 立方米，生产 1 千克的水稻消耗的水量为 0.80~1.20 立方米，生产 1 千克皮棉消耗的水量为 5.0 立方米。由于我国干旱和半干旱地区的平均年降水量少于 400 毫米，所以，在这些地区的种植业必须依赖人工灌溉。由此可见，农业与其他行业相比，是一个对水资源高度依赖的产业。

农业用水，是指除城镇工、副业用水以外广大农业区的用水。农业用水一般包括农田灌溉（粮食作物、蔬菜、果树等）用水、畜牧养殖用水和渔业用水等内容。农业用水量是指平均到农业区内单位面积上的用水量，其消耗途径包括耕地作物的蒸发蒸腾量、非耕地蒸发量和人畜用水量。

农业用水对自然界水文循环影响最大，一方面，用于灌溉的水资源从河道中或地下抽取后，减少了地表径流或地下径流，从水循环角度说，减少了流入海洋的有效径流，影响了水循环的径流环节，势必会继续影响其他环节；另一方面，用于灌溉的水绝大部分又以蒸发蒸腾的形式返回大气，参与水循环，这样就增加了蒸发环节的水量。农业用水不同于生活和工业用水（大部分以污水的形式排出），只有消耗于蒸腾蒸发才能形成作物产量，所以农业用水是一种纯消耗性用水，对农业用水进行深入系统的研究，对缓解水资源危机有着重要意义。

（一）世界农业用水情况

农业是用水大户，世界上水资源的2/3以上的水用于农业灌溉。灌溉对提高农业生产率具有显著的作用。世界粮食的30%~40%来自占耕种面积16%的灌溉土地，全球有24亿人的工作、食物和收入要靠灌溉农业（小麦和稻谷产量的55%左右靠灌溉获得）。今后30年，据估计供养世界人口所需粮食供应增加部分的80%将靠灌溉生产。同雨养农业相比，灌溉工程有助于增加农民收入和提高农业生产。有灌溉工程作为保障，农业可以摆脱对自然降雨的高度依赖，从而使农作物的栽培模式有更大的选择范围，选择的品种更加多样化，并使价值更高作物的生产得以进行。灌溉对中国、埃及、印度、摩洛哥和巴基斯坦等国粮食安全的贡献已经得到公认。例如，在印度，55%的农业产出来自灌溉农田。此外，由于灌溉，平均农业收入增长了80%~100%，同时单产比雨养条件提高了一倍，每公顷土地用工增加了50%~100%。

由于全球性人口增长对粮食及其他农作物的需求量迅速增加，世界各国都采取各种措施，力求大幅度提高农作物产量。近20年的资料表明，世界上粮食增产中25%归功于扩大耕地面积，75%归功于提高单产。虽然单产的提高是综合措施的结果，但灌溉却是其中重要措施之一。20世纪末，世界新开垦的耕地中，大约2/3是来自干旱荒漠地区兴修水利而扩展的灌溉地。但是由于世界性的水资源日益紧缺，要进一步发展灌溉面积就必须节约灌溉用水，发展农业节水。

（二）我国农业用水情况

（1）我国农业用水的供需状况

我国不仅是一个水资源十分短缺的国家，而且又是一个人口众多的农业大国，现有耕地1.22亿公顷，其中旱地农业（雨养农业）0.64亿公顷，灌溉农业0.58亿公顷。我国农业是国民经济的重要基础，农业的发展直接关系到人民的生活水平、物价稳定、经济发展和社会安定。

我国旱作农业区雨水资源的利用率平均仅为30%左右，大部分以径流和无效蒸发的形式浪费掉了。另外，我国灌溉水利用效率也很低，每立方米水生产粮食不足1.0千克，旱作农业的作物水分利用效率仅为0.6~0.75千克/立方米，全国平均作物水分利用效率为0.8千克/立方米，而一些发达国家大体都在2.0千克/立方米以上。这说明，我国各种节水农业技术的综合应用程度还十分低下，与世界发达国家相比还存在很大的差距。同时，这也使我们看到了在中国发展节水农业的巨大潜力和广阔前景。

（2）我国农业用水的特点

我国农业用水的特点表现在以下六个方面。

1.农业用水总量紧缺，缺水程度加剧，扩大灌溉的潜力受限

我国不仅是世界上严重干旱缺水的国家之一，也是农业严重缺水的国家之一。据测算，我国干旱缺水地区约占国土面积的72%，单位耕地面积水资源量仅为世界平均水平的67%，单位灌溉面积的水资源量仅为世界平均的19%。因为缺水以及由此引发的灌溉成本逐年上升，我国农田有效灌溉面积自1975年以来一直维持在7.0亿~7.8亿亩之间，有效灌溉面积中每年尚有1亿亩左右得不到有效灌溉。

在缺水条件下，我国一方面要满足新增人口和新增消费的农产品供应，农业用水需求增加；另一方面农业用水占总用水量的比重逐年下降。据估计，到2030年我国人口达到16亿高峰值时，全国总用水量将增加到8000亿立方米，农业用水的比重将由目前的72%下降到52%，在不增加灌溉用水情况下，2030年全国缺水量将高达1300亿~2600亿立方米，其中农业缺水量达500亿~700亿立方米。同时，在农业用水特别是灌溉用水总量要求维持零增长或负增长的情况下，粮食总产量最低要达到6.4亿吨的生产能力，将会导致农业生产缺水程度进一步加剧。

2.农业水资源短缺，但农业用水浪费严重

我国农田灌溉因为缺乏有效资金投入，无力挖潜改造，宝贵的水资源在输、配、灌过程中浪费、损失，不能高效利用。一些老灌区，长期以来习惯大水漫灌、大块灌，土地不平整，田间工程不配套，渠系未衬砌或衬砌不全，农业管理粗放，灌溉定额过高，有的高达15000~22500立方米/公顷以上，超出全国平均毛灌溉定额9930立方米/公顷的2~3倍，浪费严重，同时还造成土壤肥力流失，土壤养分的利用率低下，引起地下水的污染和水质的变坏，部分地区引起地下水位上升，加速土壤次生盐碱化，为农业生产带来极为不利的影响。如内蒙古河套平原的毛灌溉定额11364立方米/公顷，宁夏引黄灌区的毛灌溉定额10980立方米/公顷，青海万亩以上灌区的灌溉定额11337立方米/公顷，新疆全区平均灌溉定额14550立方米/公顷，平均每次的灌水定额高达2700立方米/公顷，仍有133.33多万公顷农田

采用落后的大水漫灌，南疆有些地州一次灌水定额高达3750立方米/公顷。

水量的浪费，导致了灌溉水有效利用率的低下，一般灌溉水的有效利用系数在0.5以下，有的甚至只有0.3。如新疆全区平均渠系水利用系数0.41，内蒙古河套灌区渠系水利用系数0.394，田间水利用系数0.71。陕西关中各大灌区比较重视渠道衬砌、防渗工作，但平均渠系水利用系数也只有0.5左右。民勤湖区灌溉水利用系数只有0.28，湖区入渗水直接进入地下水系统后与苦水层混合，失去重复利用价值。由于灌溉水的大量浪费，致使农业用水占各项总用水量的比值过大。我国目前采用传统畦、沟地面灌的面积约占总灌溉面积的97%，而渠道防渗率约为20%，田间因土地不平整、畦块过大和管理不善等原因，田间水利用系数也很低，渠灌区的田间水利用系数平均为0.80左右。因此，粗略估算，全国现状灌溉水利用系数大致为0.43。也就是说引入灌区的灌溉用水有一半以上是在输水和田间灌水过程中损失了，没有被农作物真正利用。

在旱地农业区，对天然降水未能充分有效的集蓄和利用，不仅导致了降水利用效率较低，而且还导致了严重的水土流失，使农作物产量低而不稳，生态环境遭受严重破坏，大量泥沙注入河流，增加了水资源开发利用的难度，更进一步加剧了水资源紧缺的矛盾。因此，要使我国工农业生产持续稳定发展，必须发展节水农业，提高天然降水和灌溉水的利用率，提高单方水的生产效率，节水扩灌，提高粮食产量；同时，通过节水来满足"生态环境用水"的需求，通过节水和提高水的利用效率来减少灌溉本身所产生的负效应和旱作农业区的水土流失。发展节水农业是水资源持续利用和促进农业持续发展的根本出路。

3.结构性高耗水导致区域性缺水程度加剧，农业用水利用效率和效益低下

目前，我国农业生产布局与水资源分布错位，导致区域性缺水矛盾加剧。长期以来，由于我国农业数量性生产目标占统治地位，已经成功地解决了我国基本粮食安全问题。但从农业用水效益角度与国外比较分析，存在这样一个基本事实，即水分利用效率低下。研究资料显示，我国的主要粮食作物以产量计算的水分利用效率平均值为0.8千克/立方米，而单方农业用水的综合经济产出仅为2元左右（第一性生产），与节水发达的美国、以色列等国家相比较，前者偏低10%~25%，后者相差7~10倍。以上情况表明，现阶段我国农业水资源整体利用效率低，水资源利用效率更低，说明产业结构缺陷导致的结构性高耗水（主要指效益方面）问题突出，致使节水农业投入的经济基础薄弱，严重制约了农业的可持续发展。

我国水资源时空分布与农业发展布局严重错位，导致区域性和结构性缺水与高耗水问题矛盾突出。在农业灌溉中，水稻灌溉面积0.287亿公顷，占农田总灌溉面积的52%左右，用水量占总灌溉水量的55%~60%，节水潜力最大的稻作区——江南和华南地区水资源丰富，虽然水稻节水潜力较大，但水资源较为丰富的南方

地区节约的水资源对缓解全国缺水的形势贡献率有限。因此，我国节水农业的重点地区即广大的北方旱农地区依然面临着严峻的缺水形势。目前，建立节水型的农业结构、品种结构、产品结构和产业结构不仅十分迫切，而且势在必行。

4.生态环境用水与农业争水的矛盾突出

我国面临的许多生态环境问题，诸如水土流失、森林破坏、草场退化、河流断流及湖泊干枯等，均直接或间接地与水资源配置过程中仅重视生产和生活用水，忽视生态环境保护与建设对水资源的需求，尚未考虑与生态环境用水有关。如甘肃省河西石羊河流域，因为上游用水量增加，进入下游民勤盆地的水量由20世纪50年代的5亿立方米减少到20世纪90年代以来的1.5亿立方米。下游地下水严重超采，民勤盆地已形成了总面积约22平方公里的三个大漏斗区，直接导致植物的枯萎死亡、防风固沙体系急剧衰败、沙丘活化等。特别是数千年来的"碧波荡漾、野鸭成群、游鱼无数"的流域终端的甘肃省青土湖地区，因无法得到水量补给而于20世纪60年代干枯，并逐渐形成一片浩大的盐碱化荒漠。目前，该处沙漠正以每年10米的速度向绿洲推进，绿洲北部天然防沙屏障变成了沙漠大举入侵绿洲的通途。黑河流域下游内蒙古自治区额济纳绿洲生态环境也因上游用水增加而不断遭到破坏，草场退化、农田弃耕、土地沙化，且酿成内蒙古和宁夏春夏之际沙尘暴灾害不断加剧，20世纪90年代以来呈现愈演愈烈的态势。

5.农业用水安全保障低

我国是一个旱灾频繁的农业大国，干旱缺水造成的灾害较其他自然灾害影响范围广，对农业生产影响最大。严重的干旱缺水给农村生产、生活和生态环境造成重大损失，尤其是经常受旱的北方地区，水资源紧缺成为制约农业生产的重要因素之一。

（三）我国农用水利用过程中存在的问题

我国的农用水在利用过程中，突出表现出如下问题：

一是农业输水灌渠老化失修，跑冒滴漏严重。由于我国灌区大多是三四十年前（有的甚至是几百年前）修建的，标准低，配套差。现有灌溉设施大部分渠道为土渠，没有衬砌，渗漏严重，许多灌区只修建了渠首、干渠和支渠，支渠以下的斗、农、毛渠和相应的建筑物都修建不全，有的配套率不到20%。长期以来，这些设施不仅没能充分发挥效益，而且经过三四十年的运行，已达到或超过了使用年限，大部分工程将逐步进入老化期。由于干渠的使用涉及多个行政区（村），支渠的使用也是多户农民合用，单个农民或单个行政村没有对灌渠维修的积极性，而地方财政往往又力不从心，这就导致农业输水灌渠老化失修，致使灌溉用水在输水过程中就部分渗漏损失掉了。

二是工业和城市居民生活用水挤占了农业灌溉水源。从资源的最优配置角度来看，水资源应该流向效率高的用途。由于农业的产出率低，水资源利用效率低下，因而水资源从农业转向其他行业应该是很正常的，但水资源在各行业之间如何流动，是依靠行政命令调拨还是依靠市场的力量有序流动，这是一个必须回答的问题。如果是前者，那么政府就要解决好这样几个问题：第一是政府如何进行水资源的再分配。即政府从农用水中调出多少，调出的水如何分配？第二是农业和农民的利益如何保护。农业是一个弱势行业，长期以来政府（其他行业）对农业的剥夺已经使农业不堪重负，如果再不能保证其基本的生产要素，如何保证农民的基本生活。第三是行政调拨是无偿还是有偿，有偿调拨如何对农民进行补偿？从目前来看，多数调拨属于无偿调拨，这一方面对农业和农民造成伤害；另一方面，也扰乱了正常的市场秩序，同时导致寻租行为。如果要利用市场的力量进行有序流动，那么首先就要对水权进行清晰的界定，明确哪些是农业水权，并归谁所有，其次要建立一个交易市场，最后政府还要对这一市场进行严格的监管。

三是农业用水效率低下。我国在农业水资源紧缺的同时，还存在着严重的用水浪费现象，灌溉用水有效利用率仅有25%~40%。农业长期采用粗放型灌溉方式，灌溉水量超过农作物生产所需要水量的1/3甚至1倍以上。我国农业灌溉平均每亩用水488立方米，农灌用水利用系数仅为0.43，而许多国家已达到0.7~0.8；有效利用率仅有40%~50%，而许多发达国家已达到70%~80%。很多地区还存在大水漫灌现象。在我国8.2亿亩的灌溉面积中，渠灌面积约占75%，井灌面积约占25%，灌溉水利用率总体不高，渠灌区灌溉水的利用率约为0.45，这意味着55%的水即每年有1800多亿立方米的水在输水过程中由于渗漏或蒸发损失了。农业用水效率方面，我国平均单方灌溉水粮食产量约为1千克，而世界上先进水平的国家（如以色列）平均单方灌溉水粮食产量达到2.5~3.0千克。全国总长超过300万公里的灌区渠道中80%为土渠，渠道每年的渗漏损失约为1700亿立方米，占总用水量的40%以上。同时，大部分地区仍然采取串灌、漫灌、大块灌等粗放型的水资源利用方式，渠道输水损失大，田间灌水过程中有近一半的水渗漏、蒸发掉了，水分田间利用率不足50%，真正被农业利用的只是灌溉总水量的1/3左右。与发达国家相比，我国灌区水资源利用状况落后了30~50年。如果将我国现有的农用水渠系利用系数提高10个百分点，预计可节约200亿立方米的水量，这将极大地缓解目前的水资源危机。

二、农业节水理论

农业节水是采取各种工程和非工程措施，减少农业区内用水各个环节中的无效消耗和浪费，提高用水有效性、土地产出率、劳动生产率、产品商品率和资源利用率，增加农民收入，发展农村经济，实现农业的经济、社会、生态效益有机统一和可持续发展的总称。

农业节水包括极其丰富的内涵，有农业范畴的节水（作物生理、农田水分调控）、灌溉范畴的节水（灌溉工程、灌溉技术）和农业管理的用水（政策、法规和体制），其核心就是提高降水和灌水的利用效率。灌溉水的利用率和水分生产效率无疑是判断各类（种）节水措施效果与潜力的重要指标。

综观国内外现有研究成果，节水农业是目前国内外研究的热点之一，可以认为节水农业是以节水为中心的农业类型，在充分利用降水的基础上，采取农业和水利措施，合理开发利用和管理农业水资源，提高水的利用率、水分生产效率和效益。与此同时，通过治水、改水、调整农业生态结构、改革耕作制度与种植制度，发展节水、高产、优质和高效农业。在农业用水量中，95%为灌溉农业用水，因此，我国农业用水主要指灌溉农业用水，节水农业主要为节水灌溉农业。

节水灌溉农业是指根据农作物不同生育阶段的需水规律，为了有效利用天然降水和灌溉水，在满足当地自然条件及供水能力等条件下，达到最佳增产效果和经济效益的目标而采取的技术措施的灌溉农业。在旱地农业区，采用雨水集流补灌、覆盖保墒等技术，在充分利用天然降水的基础上，根据水源状况及作物需水特点，进行有效补水灌溉，达到高产的目的，这也是当前发展节水农业的一种新趋向。在灌溉农业区，研究和大力推广应用节水灌溉技术，将是今后较长时期内节水农业的主攻方向。

农业节水包括了农业水资源的合理开发利用与优化配置、输配水系统的节水、田间灌溉过程的节水、农作物生长水分转化过程的节水、用水管理节水以及农业节水增产技术措施等方面。

国外学者从农业水资源综合利用角度出发，把充分利用天然降水和降低作物耗水作为真正的节水，而将采取各种工程措施（如渠道防渗、管道输水）所减少的输配水过程中的水量损失，视为水资源配置过程中的一种转移。这部分损失水量可转化为地下水资源或再汇集到下游地区，仍可供开发利用，水资源总量没有发生变化，只是消耗了能源、人力等资源。他们主张将重点放在供作物生长的水利用效率及作物生长全过程供水管理上。

从用水角度看，灌溉就是通过给农田补充水分来满足作物需水需求，创造作物生长的良好环境条件，以获得较高的产量。从水源到形成作物产量有四个环节：①通过渠道或管道将水从水源处输送到田间，对应的技术称为输配水工程技术；②将引至田间的灌溉水，尽可能均匀地分配到指定的面积上转化为土壤水，对应的技术称为灌水技术（如喷灌、微灌、地面灌等技术）；③作物吸收利用土壤水，以维持它的生理活动；④通过作物复杂的生理过程，形成经济产量。后两个环节中常采用节水。灌溉模式来提高灌溉水及降水的生产效率，通过调控土壤水分状况，创造作物根系土壤中水、肥、气、热的适宜环境，获得节水高产优质的效果。因此，国内学者认为，凡能增加天然降水的有效利用（包括径流调蓄与利用、集雨技术等）、减少输水损失、提高水的利用率和水分生产效率的措施、技术和方法均属农业节水范畴。前两个环节节水潜力比较大，是当前工程技术节水的主要方向之一；后两个环节中节水新技术新成果的研究与应用，显著提高水分生产效率，是作物高产条件下节水的主攻方向。从田间减少作物的无效消耗、提高作物水分生产效率的节水灌溉理论与模式研究，已成为国内外前沿领域研究的热点。

随着人口增长等产生的粮食生产安全问题、土地资源减少和水资源短缺问题日益突出，农业生产面临的形势日益严峻，发展高效节水的灌溉农业尤为重要。

（一）人均耕地进一步减少，粮食生产安全急需发展节水灌溉农业

我国的耕地仅占世界总耕地的7%，要承担养活占世界总人口22%的中国人的重任。随着工业化、城市化、农村现代化的迅速发展，耕地面积将逐渐减少。耕地资源严重短缺，必将成为我国农业可持续发展的最大障碍之一。

根据《中国的粮食问题》（政府粮食白皮书），我国粮食需求将呈刚性增长。粮食问题最根本的是土地资源，土地减少是刚性的，人口增长也是刚性的，因此，最终只能是靠提高单产。占全国耕地面积40%左右的灌溉面积上，每年生产的粮食占全国总量的75%左右，生产的经济作物占90%以上。60%~70%的粮食增长量需要通过采取水利措施在灌溉面积上实现。加强农田水利基本建设、发展节水灌溉农业是提高粮食生产能力最有效的途径。

由于耕地资源不足，新垦荒地难度加大，增加农作物产量的重点将转向提高单位面积产量，这就必须依赖于发展灌溉等各种技术措施。因此，大力发展高效节水农业将成为粮食生产的有效途径之一。

（二）水资源短缺，农业用水供需矛盾日显突出，制约了农业发展

我国水资源总量达2.8万亿立方米，仅占世界水资源总量的5.6%，人均占有量为2200立方米，不足世界人均占有量的1/4，列世界第109位，是世界上13个贫水国家之一，资源性缺水严重。目前，全国每年缺水近400亿立方米，因缺水造成的损失达2300亿元。若水资源总量能在中长期保持基本稳定，人口高峰期人均资源占有量还将减少25%~30%，水资源供需矛盾更加突出。

我国农业还面临着用水结构性缺水，灌溉用水量占全国总用水量的比例逐年下降。随着社会经济的迅速发展，工业用水和城镇生活用水的比例还将增加，农业用水将进一步被挤占，实现零增长，优质和较优质的水源将转向非农业灌溉的供水，灌溉用水将更为紧缺。

全国年排放污水总量600亿立方米，其中80%未经处理直接排入水体。在700多条重要的河流中，有近50%的河段、90%以上的城市沿河水域遭到污染，已使70%的地面水源遭受不同程度的污染，其中30%~40%的水源已不符合灌溉水质标准，每年全国农田污染事故造成的损失超过1亿元，粮食减产100万吨以上。如不采取有效措施，地面水和地下水的水质还将持续下降，灌溉用水因水质性缺水而更趋紧张。

灌溉水量的减少和水质恶化，加剧了农业用水供需矛盾，干旱缺水造成的农业损失日益加大。统计资料表明，每年因干旱缺水受灾面积平均达2667万公顷，成灾面积1333万公顷，减产粮食1000亿千克，且有逐年增长的趋势。在水源性、水质性及结构性缺水较严重的形势下，必须发展节水农业，才能促进农业的可持续发展。

（三）水资源利用率偏低，急需高效利用农业水资源

联合国及其他有关国际组织1997年出版的《全面评估世界淡水资源》一书中给出了用水紧张程度的划分标准：用水量和可用水量之比，小于10%时，为用水低度紧张；小于10%~20%时，为用水中度紧张，说明水的可用量正成为一个限制因素，需要不小的努力和增加投资来增加供应及减少需求；小于20%~40%时，为用水中高度紧张，需要解决人类用水的争抢问题。对于发展中国家，需要大量投资来提高用水效率，而且水资源管理所需开支在国民生产总值中所占份额要加大；小于40%时，为用水高度紧张，表明出现严重水荒，日益依赖咸水淡化，超采地下水，原有的用水格局和取用水量不可持续下去，水荒成为经济增长的限制因素。

假如用全国水资源总量2.8万亿立方米作为可用水量（实际可用水量要小于水资源总量），我国的水土资源分布极不平衡，82%的地表水及70%的地下水资源量分布在长江流域及其以南地区，而占全国土地面积50%的华北、西北、东北地区水资源量仅占全国总量的18%。若按流域水资源开发利用率分析，长江流域及其以南各流域水资源开发利用率为12%，属用水中度紧张；黄、淮、海、松辽等北方流域水资源开发利用率高达46%，其中黄、淮流域超过50%，海河流域达80%以上，属用水高度紧张，甚至出现严重水荒。若考虑可用水量受水资源开发条件和能力限制以及水质性缺水等因素在内，可用水量还要小许多，水危机已成为关注的焦点。在我国这样一个农业大国，农业水资源的高效利用尤显重要。

水资源的粗放利用是我国目前的基本状况，单位产品耗水量比国际先进水平高几倍甚至几十倍。如生产1吨钢耗水60~100立方米，先进国家仅需要3~4立方米；生产1吨油耗水2~30立方米，先进国家仅为0.2~1.2立方米；生产1吨纸耗水400~600立方米，先进国家仅为50~200立方米；工业用水的重复利用率为50%~

60%，先进国家一般为70%~90%。农业水资源利用情况，也同样存在着不小的差距。目前，我国的灌溉水利用率仅有40%左右，即有60%的灌溉水量在输配水和田间灌溉过程中被白白地浪费掉。与先进国家的灌溉水利用率80%~90%相比较，具有很大的节水潜力。若农业灌溉水利用率提高10%~20%，可节水400亿~800亿立方米。我国农业用水的水分生产率只有0.8千克/立方米，不到发达国家（如以色列2.3千克/立方米）的一半。这些数据说明中国缺水的症疾之一就是用水效率太低。

因此，在采取雨水资源利用、水源工程建设、水质保护等开源措施的同时，应用新的节水灌溉技术及模式，减少不同环节上的水量浪费，提高农业水资源的利用率和生产效率，将是今后较长一段时期内农业节水的首要任务。

第二节　智慧节水灌溉技术

一、地面节水灌溉理论与新技术

（一）地面节水灌溉理论与进展

（1）地面灌溉原理

地面灌溉是利用渠道或管道将灌溉用水连续不断地输送到地头，通过放水口引入田间，而进入田间的水则是以连续薄层水流向前推进，借助水的重力作用和土壤毛细管的渗吸作用，下渗湿润土壤，是一种充分供水、完全满足作物需水要求的灌溉方法。也是一种最原始、最简单、最廉价、灌水效率最低的灌水方法，目前全球应用推广面积最大。

实施地面灌溉时，灌溉水由田间渠道或管道连续进入田块后，便迅速沿着田面的纵向推进，也包括横向扩散（畦灌条件下），并形成一个明显的湿润前锋（即水流推进的前缘）。水流一方面向前推进，另一方面又向土壤中下渗，灌溉水流在继续向前推进的同时就伴随有向土壤中的下渗，输水与灌水同时完成。一般当湿润前锋到达地块尾端或到达地块某一位置，并已达到所要求的灌水量时即关闭地块首端进水口，停止向地块放水。此时，出面水流将继续向地块尾端流动，田面水流深度不断下降，向土壤内下渗的水量逐渐增加，而且田块首端表面积水首先下降至零，地表面形成退水锋面，并随着地面水流和土壤入渗，向下游推移，直至畦田尾端，或在田块某距离处与湿润前锋相遇。当畦田表面已完全无水时，田间水流全部渗入土壤转化为土壤水，灌水过程结束，如图1-1所示。因此，地面灌溉条件下水流的推进、消退和入渗是一个随时间而变化的复杂过程。

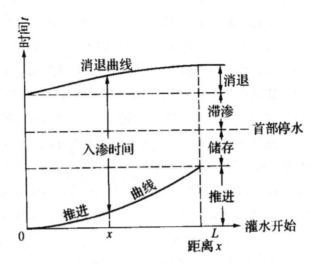

图 1-1 地面灌溉水流推进与下渗过程示意图

影响地面灌溉水流运动的因素很多，而且因素间关系复杂，要减少灌溉用水量，达到节约用水的目的，首先必须弄清楚地面灌溉的水力学原理，采取理论分析方法，计算得出推进曲线和消退曲线，提出节水灌溉方案，然后进行全面田间灌水试验，经过多次反复，最后确定可以操作的节水灌溉方案。

地面灌溉水流在水力学中属于渗透底板上的明渠非恒定流。描述地面灌溉水流运动的数学理论主要有：①流体动力学理论模型；②零位惯性量模型；③运动波理论模型；④水量平衡理论模型。

流体动力学理论模型是一个非恒定二维（两个方向）变化的运动方程，需用高等数学等特殊方法求解，在理论上较完善，精度较高，但计算复杂。零位惯性量模型是流体动力学理论模型通过简化后得到的模型，它可以利用数值解法求解，并事先绘制一些查算图表，或利用计算机求解，比较方便，已广泛应用于畦灌法设计中。运动波理论模型是依据波动传播理论建立起来的。它实质上属于均匀流理论模型，只适合于某些特殊情况下，计算结果才能达到所要求的精度。水量平衡理论模型简单、直观、便于应用，目前在地面灌水方法中普遍采用它确定其灌水技术要素和进行设计，但计算精度不如流体动力学等理论模型高。

地面灌溉水量平衡原理：在一定时间内进入田块的水量，应当等于在该时间内渗入土壤中的水量与继续沿地面流动的水量二者之和。

（2）评价地面灌溉的主要技术经济指标

1.灌水定额。灌水定额是单位面积的农作物一次灌溉的灌水量，农作物在整个生育期内的灌溉水量总和称之为灌溉定额。灌水定额是反映所采用的灌水技术是否节水和先进的重要指标。

影响灌水定额大小的因素主要有：土壤的渗透性、地面坡度、地面糙率、地面的平整程度、入畦单宽流量（或入沟流量）以及灌水沟畦长度等。

理论灌水定额计算中的计划湿润层深度是以拟灌溉作物的主要根系活动层为依据，而在实际灌水时，由于地表的凸凹不平，作物的茎叶障碍，各点的受水时间长短不等，若要保证每一点或绝大部分的地块湿润深度达到计划的湿润层深度，必然许多地方的实际湿润深度超过了计划湿润层深度，相应的实际灌水定额就超过了设计灌水定额，造成水的浪费。实际灌水定额与设计灌水定额越接近，表明浪费越少，对应的灌水技术比较先进。

2.田间灌水均匀度。田间灌水均匀度是指灌水后，田间灌溉水湿润作物根系土壤区的均匀程度，包括灌溉水下渗湿润作物计划湿润土层深度的均匀程度和灌溉水在地块表面上各点分布的均匀程度。

在地面灌溉条件下，水流下渗湿润土壤过程剖面见图1-2。

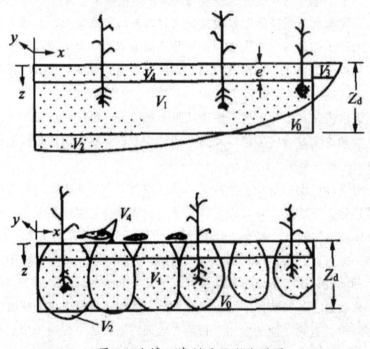

图1-2 土壤入渗剖面湿润土层图

田间灌水均匀度表征地面灌水技术实施后，田面各点受水的均匀程度，以及湿润土壤计划层深度内的入渗水量的均匀程度。一般对地面灌水方法应要求 $E_d \geq$ 85% 以上，最高 $E_d = 100\% = 1.0$。灌水均匀度高、灌水质量好，可以避免土壤水分过多或者不足，维持适宜的土壤溶液浓度，不使土壤养分流失，不破坏或少破坏土壤结构，而且不会造成表层土壤的板结，有利于土壤的蓄水保墒，减少土壤水分损耗，提高田间的水分生产效率和农作物产出。

3.田间灌溉水有效利用率。田间灌溉水有效利用率是指应用某种地面灌水方法后，储存于农作物主要根系层土壤内，能够或有条件被农作物吸收和利用的水量与实际灌入田间的总水量的比值。

田间灌溉水有效利用率表征应用某种地面灌水方法或某项灌水技术后农田灌溉水充分利用的程度，是标志农田灌水质量优劣的一个重要评估指标。对于旱作物地面灌溉，SL207-98《节水灌溉技术规范》要求田间灌溉水有效利用率 $E_a \geqslant$ 90%。提高田间灌溉水有效利用率的途径是在灌水的全过程中设法控制各种水分损耗，包括灌溉过程中的田面跑水、串灌、流失和废泄、深层渗漏以及灌水后地表面的强烈蒸发等。

4.作物水分利用效率。作物水分利用效率（WUE）是指消耗单位体积或单位深度的水量，包括自然降水和农田灌溉水量两部分，所能生产出的有效干物质（子粒）重量。

对于旱作农业，常习惯于用作物耗水量与其干物质生产之间的关系——作物水分利用效率（WUE）（即有效干物质子粒产量丫与作物生长同期的蒸发蒸腾量ET之比值或作物单位面积产量与其全生育期耗水量的比值）来反映作物对水分的利用效率。从全面节水考虑，其忽略了降雨和灌溉引起的深层渗漏等损失，因此，作物水分利用效率是一个全面评价农田节水效率的指标。

除此之外，还有衡量田间工程的合理布局和完善程度的灌水劳动生产率、衡量灌区单位流量一昼夜次灌溉面积大小的田间灌水效率、灌水成本、节水增产率等，这些都是综合反映灌区灌水管理水平的重要指标。

（3）地面节水灌溉新理论

1.地面节水灌溉——大气连续体（SPAC）理论。传统的地面灌溉理论是建立在充分供水前提条件下的，在灌溉用水与作物产量的关系方面，人们往往从满足作物需水特性来确定给水量，甚至认为灌水越多，产量越高，主要以追求最高产量为目的，致使水的供应超过需要，造成水资源的巨大浪费。灌溉实验和生产实践的经验证明，作物并非灌水越多，产量就越高，当灌水量达到一定程度后，随着灌水次数和灌水量的增多，增产幅度有逐渐下降的趋势，甚至也有可能造成减产。

土壤水分运动理论（包括饱和条件下的土壤水分运动和非饱和条件下的土壤水分运动）、旱地农业技术和植物生理的研究，基本上明确了作物的需水量和耗水量之间的关系，建立了作物生长条件（耗水）下田间土壤水分的平衡方程：

$$E_T = P + IR - L + \triangle_W$$

式中：E_T 为作物生长期耗水总量（mm）；P为降水量（mm）；I为灌水量（mm）；R为径流量（mm）；L为深层渗漏量（mm）；$\triangle_W$ 为田间土壤水分的变化值（增加为正，减少为负）（mm）。

作物生长期内耗水总量（E_T）包括了作物生长期内的棵间土壤蒸发、植物的茎叶表面蒸腾蒸发、合成用水和组织含水，是一个与植物和土壤种类、大气环境条件关系十分密切的参数。研究资料表明：在作物生长过程中，合成用水和组织含水约占作物总耗水量的1%；蒸腾耗水约占作物总耗水量的45%；植物棵间的土壤蒸发耗水约占作物总耗水量的45%；植物的茎叶表面蒸发耗水约占作物总耗水量的5%。作物需水量是指在水分和肥料充分供应的大田条件下，为满足作物健壮生长并发挥全部生产潜力而蒸腾蒸发的水分总量，它不仅包含作物本身生长对水分的需求量，还包括农田水热状况对水分的需求。在充分供水灌溉的条件下，作物生长期内的耗水总量远大于作物正常生长条件下的需水量，由于植物棵间的土壤蒸发耗水和植物的茎叶表面蒸发耗水不与作物光合作用耦合，只起调节环境的作用，可以适当减少。

随着土壤水分运动理论，土壤与植物之间、植物与大气之间的水分交换理论研究的不断深化，以水分运动为主线，以水势为参数，将土壤、植物和大气三者有机的联系起来，这样水分在土壤、植物和大气三者的运移可以看作是一个连续体或一种链。根据水势的概念，英国科学家Philip在1966年首次提出了较为完整的土壤——植物——大气连续体（soil-plant-atmospheres-continue，简称SPAC）理论，用以说明植物体内的水分运动。他认为：SPAC系统尽管界面、介质不同，但却是一个物理上的连续体系，水分在其中的运动相互衔接，并且完全可以采用一个系统的能量指标——水势来表示。任何两点间水分运动的驱动力，就是该两点间的水势差。具体对一枝生长在土壤中的植物而言，其地上部分的水势要低于根部，而根部水势又低于土壤，水势从土壤——植物根系——植物叶片——大气依次降低，形成一个明显的水势梯度，构成了水分在其中的驱动力。植物之所以能从外界源源不断地吸收水分，并向大气扩散，乃是靠SPAC系统中水势差所驱动。

在SPAC系统中，水分运动的基本规律是从水势高处向水势低处流动，其水分运动的驱动力是系统中的水势梯度，其流动速率与水势梯度成正比。

研究SPAC系统中的水分传输规律，为农田灌溉学科提供一条定量解决作物与其水分环境关系问题的现实途径，为正确估算作物根系吸水和水分散失量、准确预测农田土壤水分动态变化及农田节水调控提供了理论指导。

土壤——植物——大气连续体水分运动规律及其最优调控是研究节水灌溉的理论基础。近年来，这一领域的研究不断扩大，研究内容不断深入，已由单纯的土壤水分调控研究转向土壤——植物——大气连续体水分运动规律的研究，对水分传输动力学模式已有深入认识，并把水分运动规律与养分、水热、化学物质运移结合起来进行研究，为提高水分、养分利用效率提供了理论基础。在研究传统的地面灌溉条件下的水分、养分运移规律的同时，更加注重局部灌溉和不同农业耕作生长条件下的水分养分运移规律的研究，这些都为发展农业节水，把该领域的研究由实验统计性质转变为具有较严谨理论体系和定量方法的科学奠定了良好的基础。

近年来的研究表明，在SPAC系统中的物质和能量利用、动态模拟的非充分灌溉学科前沿，已取得了一些初步进展。如根系吸水量的宏观模型、叶水势的电模拟、缺水条件下作物蒸发蒸腾的数值模拟、土壤水分有效性的系统评价及水分生态环境等，均有所进展。为充分灌溉理论的深入、机制揭示和探讨各个环节的节水作用与节水潜力提供科学依据。

2.非充分有限灌溉理论。非充分灌溉（unsuffcient irrigation）国外也称限水灌溉（limited irrigation）或蒸发蒸腾量亏缺灌溉（evapotranspiration deficit irrigation）。

传统的灌溉是在充分供水条件下，以实现作物高产为目标。20世纪60年代中期，Jensen和Sletten研究发现，水分亏缺对作物的影响仅当每次灌溉土壤的相对有效含水率（A_w）下降至相当低时，才会对产量有较大影响。由于作物大量蒸发、蒸腾主要发生在生长旺盛期，此时灌水能发挥水的高效利用，限制此阶段前、后的灌水量，不仅可节约灌溉用水量，并可为半干旱地区利用天然降水、发展农业创造条件。

在非充分灌溉条件下，合理地减少了灌水次数或灌水定额，节约了灌溉用水，单位面积的作物产量或产值或许有所降低，但节约的灌溉用水量可用于扩大灌溉面积，提高总产量或总产值。而且还可以提高设备的利用率，与灌水定额相应的运转费也会降低，最终可使净效益得到提高。非充分灌溉理论首先在喷微灌技术试验并取得成功，现已开始用于地面灌溉技术的改进研究。非充分灌溉原理成为灌溉水管理策略和决策的规划依据，并已广泛应用于模型模拟技术。

我国在非充分灌溉理论研究方面起步较晚，但发展较快。在吸收、消化国外非充分灌溉理论与技术的同时，结合国情开展了作物—水模型的考核和筛选、参数的推求，并探索新的模型理论。对缺水条件下的作物反应及对产量的影响，从土壤物理、植物生理、农田微气候、节水高产栽培和灌溉原理等多学科的结合方面，开展了综合学科的有益探索。

非充分灌溉理论为农田灌溉提供了经济灌溉定额、优化灌溉制度、最优灌溉面积和动态用水计划，以及各种水源联合利用的多类灌区的优化灌溉模型和模拟技术，促进了节水灌溉科学管理的进程。

3.作物根系分区交替灌溉理论。研究证明：根系能选择性地从局部的水分有效区域吸水，而且其吸水的速率大大超过全部根区湿润时的速率，根系吸水存在明显的补偿效应；作物根区均匀和充分湿润时，其叶气孔开度较大，以致其单位水分消耗所产生的二氧化碳同化物（即水分利用效率）较低；作物叶片的光合与蒸腾作用对气孔的反应不同，光合速率在一定范围内随气孔开度增大而增加，但当气孔开度达到某一值时光合速率不再明显增加，即达到饱和状态，而蒸腾耗水则随气孔开度增大而线性增加，由充分供水到一定程度限制根区水供应，即使作物叶片气孔开度出现一定程度的变小，其光合速率不会下降或下降幅度较小，而作物蒸腾耗水大量减少；根区土壤干燥时根源ABA（脱落酸）可以作为一种作物水分胁迫信号，ABA的强度随干旱加剧而增加，它能帮助作物检测土壤中的有效水量，且据此调节其气孔开度和水分消耗，提高作物水分利用效率；作物根系经过一定程度的水分胁迫锻炼重新复水后其水分传导还会高于未经受水分胁迫锻炼的。

上述研究结果表明，在现有基础上利用根区土壤湿润方式的改变有效刺激根区水分有效性和根系吸收功能及其补偿效应、根源信号传递与气孔最优调节，改进作物水分利用效率具有较大的潜力和可能性。西北农林科技大学康绍忠教授系统提出了"控制性作物根系分区交替灌溉"的节水新方法，力求通过改变灌水方式与作物根区土壤湿润方式，有效刺激根区土壤水分养分有效性，调节根际微生态系统中水分和养分离子的传导性能，诱导根系吸收补偿效应，高效利用根区土壤水分和养分；同时，利用作物根冠关系和水分逆境信号传递与气孔最优调节的机制，减少作物奢侈的蒸腾耗水损失，利用给局部根区交替供水减小棵间土壤无效蒸发损失和深层渗漏之效果。在实验室以及大田玉米、蔬菜和果树中进行了一系列试验研究，表明控制性作物根系分区交替灌溉具有明显的节水效果。

控制性作物根系分区交替灌溉技术通过改变根区土壤湿润方式，刺激作物根系吸收补偿功能及作物部分根系处于水分胁迫时木质部ABA浓度的变化，以调节气孔保持最适开度，达到以不牺牲作物光和产物积累而大量减少其奢侈的蒸腾耗水而节水的目的。同时，还可以减少每次灌水间隔期间的棵间土壤蒸发，因湿润区向干燥区的侧向水分运动而减少深层渗漏和养分流失可进一步在干旱缺水地区应用。

4.精准灌溉理论。精准灌溉就是根据农作物的生理特性和生长需求，通过现代化的监测手段，对农作物的每一个生长发育状态过程以及环境要素的现状实现数字化、网络化、智能化的监控，同时运用先进的3s技术以及计算机技术对农作物、土壤墒情、气候进行监测预报，采用精准的灌溉设施，对作物实施严格有效的施肥灌水，把灌溉水的浪费和无效灌溉用水减少到最小限度，从而实现优质、高产、节水、高效的农业灌溉。精准灌溉是以土壤——植物——大气连续体理论和非充分有限灌溉理论为基础形成的既节水又增产的灌溉制度。精准灌溉理论的实现和推广应用必须要有一定的环境和硬件支撑，必须依靠GIS和GPS系统，配合遥感和遥测技术、计算机管理技术和自动控制技术，采用现代高效微滴灌技术。

（二）地面节水灌溉新技术

（1）节水型畦灌技术

畦灌是用临时修筑的土埂将灌溉田块分隔成一系列的长方形田块，即灌水畦，又称畦田。灌水时，灌溉水从输水垄沟或直接从田间毛渠引入畦田后，在畦田田面上形成很薄的水层，沿畦长坡度方向均匀流动，在流动的过程中主要借重力作用及毛细管作用，以垂直下渗的方式逐渐湿润土壤的地面灌水方法。

畦灌主要适用于灌溉密植作物或撒播作物。如小麦、谷子等粮食作物，花生、芝麻等油料作物，以及牧草和密植蔬菜等。此外，在进行各种作物的播前储水灌溉时，也常用畦灌法，以加大灌溉水向土壤中下渗的水量，使土壤中储存更多的水分。

1.小畦灌溉。小畦灌溉主要是指畦田"三改"灌水技术，也就是"长畦改短畦，宽畦改窄畦，大畦改小畦"，小畦灌的畦田通常又称方田。

小畦灌畦田宽度：自流灌区为2~3m，机井灌区以1~2m为宜，地面坡度1/1000~1/400时。单宽流量为2.0~4.5L/s，灌水定额为300~675m³/hm²；畦长：自流灌区以30~50m为宜，最长不超过80m，机井和高扬程提水灌溉区以30m左右为宜。

畦展高度一般为0.2~0.3m，底宽0.4m左右，地头埂和路边埂可适当加宽培厚，如图1-3所示。

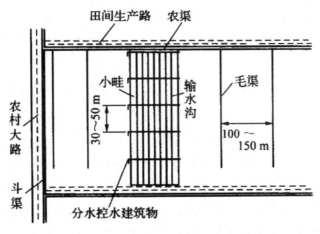

图1-3　小畦灌溉示意图

小畦灌具有如下优点：①节约水量，易于实现小定额灌水。因为畦田越长，水流的入渗时间越长，因而灌水量也就越大。所以，减小畦长，灌水定额可减少，就能达到节约水量的目的。②灌水均匀，浇地质量高。由于畦块小，水流比较集中，水量易于控制，入渗比较均匀。③防止深层渗漏，提高田间水利用效率，从而可防止灌区地下水位上升，预防土壤沼泽化和土壤盐碱化产生。④减轻土壤冲刷，减少土壤养分淋失，土壤板结减轻，有利于保持土壤结构，保持和提高土壤肥力，促进作物生长，增加产量。

2.长畦分段灌溉。将一条长畦分成若干个设有横向畦填的短畦，采用地面纵向输水沟或塑料薄壁软管，将灌溉水输送入畦田，然后自下而上或自上而下依次逐段向短畦内灌水，直至全部短畦灌完为止的灌水方法，称为长畦分段短灌灌水方法。如图1-4所示。

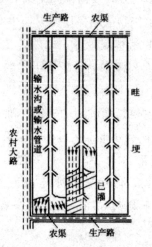

图1-4　长畦分段灌溉示意图

长畦分段短灌法的畦宽可以宽至5~10m，畦长可达200m以上，一般均在100~400m左右，但其单宽流量并不增大。这种灌水方法的主要技术要求是，正确确定入畦灌水流量、侧向分段开口的间距（即短畦长度与间距）和分段改水时间或改水成数。

3.水平畦灌。水平畦灌法是畦田中纵向和横向两个方向的田面坡度均为零的畦田灌水方法。水平畦灌是在短时间内供水给大面积地块的一种新的地面灌水方法，也是一种节约灌溉用水的先进灌水技术。

水平畦灌的主要特点是：①畦田地块非常平整，畦田的田块表面各方向的坡度都很小（≤1/3000）或为零，整个田面可看作是水平田面。所以，水平畦田上的薄层水流依靠水深变化所产生的水流压力向前推进；②进入水平畦田的总流量很大，以便入畦薄层水流能在短时间内迅速布满整个畦田地块；③进入水平畦田的薄层水流主要依靠重力作用逐渐渗入到作物根系土壤区内，而与一般畦灌和有坡块灌主要靠动力方式下渗不同，故它的水流消退只有垂直消退过程，消退曲线为一条水平直线；④由于水平畦田首尾两端地面高差很小或为零，所以对水平畦田不会产生田面泄水流失或出现畦田首端入渗水量不足及畦田尾端发生深层渗漏现象，灌水均匀度高。在土壤入渗速度较低的土壤条件下，田间水利用效率可达98%以上。

4.块灌。块灌法在我国农田灌溉发展中已有上千年历史。块灌灌水方法是以薄层水流向田间土壤表面输送，并主要以重力作用湿润土壤，毛细管作用虽有，但不如重力作用大。因此，块灌法仍归属于畦灌法范畴。块灌法与畦灌法又有区别，其差异主要表现在块田与畦田的宽度相差甚大，从而导致土壤表面薄层水流的推进运动有显著不同。块灌法流入块田的水流推进不仅有纵向流动，同时横向扩散也非常明显，块灌法的灌水技术必须考虑这种影响。而畦灌法，其畦田宽度较小，薄层水流沿畦长方向的纵向推进是主流，横向扩散影响不明显，故一般都不考虑畦田宽度对薄层水流可能产生的影响。

5.激光平地技术。激光平地技术是目前世界上最先进的平地技术，具有平地精度高、操作简便等优点。近20年来，在欧美及日本等发达国家得到广泛的应用，并以此为基础形成了高效地面灌溉新技术。

国内外研究结果表明：土地平整是地面灌溉质量的重要措施之一，地面平整度对田间灌水效率和灌溉均匀度均有一定的影响。

传统的土地平整方法主要采用水准点控制，人力车运土平整，大规模的土地平整则采用推土机操作，该系统由推土机、铲运机和刮平机组成，由于推土铲的升降采用手工控制，操作人员很难准确地控制其抬升和下降的高度，以及设备本身的缺陷，在土地平整过程中很难实现高标准。而激光平地技术则利用激光作为非视觉操作控制手段，代替平地设备操作人员的目测判断能力来控制液压平地机具刀口的升降，所以平地精度高，速度快。采用激光平地技术是今后土地平整的发展方向。

（2）节水型沟灌技术

沟灌技术是在作物种植行间开挖灌水沟，灌溉水由输水沟或毛渠进入灌水沟后，在流动的过程中主要借土壤毛细管作用从沟底和沟壁向周围渗透而湿润土壤的。与此同时，在沟底也有重力作用浸润土壤。因此，沟灌法与畦灌法相比较，更具有明显的优点。一般沟灌的主要优点是：灌水后不会破坏作物根部附近的土壤结构，可以保持根部土壤疏松，通气良好；不会形成严重的田面土壤板结，能减少深层渗漏，防止地下水位升高和土壤养分流失；在多雨季节，还可以利用灌水沟汇集地面雨水，并及时进行排水，起排水沟作用；沟灌能减少作物植株之间的土壤蒸发损失，有利于土壤保墒；开灌水沟时挖出的土对作物起培土作用，对防止作物倒伏效果显著。缺点是，沟灌法要开挖灌水沟，劳动强度较大。若能采用开沟机械，则可使开沟速度加快，开沟质量提高，劳动强度减轻。

沟灌法适用于灌溉宽行距的中耕作物，如棉花、玉米和薯类等作物，某些宽行距的蔬菜也采用沟灌法，窄行距作物一般不适合用沟灌。沟灌法比较适宜的土壤是中等透水性的土壤。适宜于沟灌的地面坡度一般在5/1000~20/1000之间。地面坡度不宜过大，否则水流速度快，容易使土壤湿润不均匀，而且达不到预定的灌水定额。如图1-5所示。

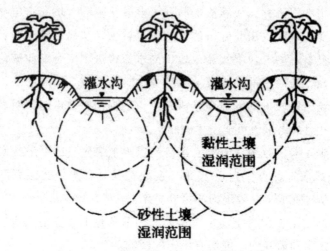

图1-5 细流沟灌法示意图

1.细流沟灌技术。细流沟灌是用短管（或虹吸管）或从输水沟上开一小口引水。流量较小，单沟流量为0.1~0.3L/s。灌水沟内水深一般不超过沟深的1/2，为2/5~1/2沟深。因此，细流沟灌在灌水过程中，水流在灌水沟内边流动边下渗，直到全部灌溉水量均渗入土壤计划湿润层内为止。一般放水停止后在沟内不会形成积水，故属于在灌水沟内不存蓄水的封闭沟类型。

细流沟灌的优点是：①由于沟内水浅，流动缓慢，主要借毛细管作用浸润土壤，水流受重力作用湿润土壤的范围小，所以对保持土壤结构有利；②可减少地面蒸发量，比灌水沟内存蓄水的封闭沟沟灌蒸发损失量减少2/3~3/4；③可以使土壤表层温度比存蓄水的封闭沟灌提高2℃左右；④湿润土层均匀，而且深度大，保墒时间长。

2.隔沟灌水技术。为了减少作物植株间的土壤蒸发和控制作物根系的生长，对宽行作物采取控制隔沟灌水方法。这种隔沟灌水方法是在作物某个时期只对某些灌水沟实施灌溉，另外一些灌水沟干燥，干燥灌水沟一边对作物根系产生干旱信号，控制叶片气孔蒸腾，而灌水沟保持作物正常生长，而在另一个时期，则对其相邻的灌水沟实施灌水，反复交替，从而达到节水的目的。隔沟灌水技术是建立在控制性分根交替灌溉理论基础之上的一种灌水新方法。

（3）地膜覆盖灌水技术

地膜覆盖灌水，是在地膜覆盖栽培技术基础上，结合传统地面灌水沟、畦田灌溉所发展的新型节水型灌水技术。

1.地膜覆盖灌水技术的类型。

第一，膜上灌溉：膜上灌溉是膜上孔灌的简称，也叫膜孔灌溉。其技术的基本原理是在田间沟、畦表面覆盖地膜，以此作为田间输水渠道，提高输水速度，同时按照不同的作物、土壤，在地膜的表面按照一定的间距，开不同直径和形状的小孔（作物放苗孔或专用灌水孔），通过膜孔渗入到作物根部土壤中，以此控制输水过程中灌溉水的入渗面积，减少水的超量渗漏，提高灌水均匀度，达到节约用水的目的。膜上灌溉主要适宜于渗漏率比较高的砂性土壤和干旱缺水的地区，膜上灌溉分为膜孔畦灌和膜孔沟灌。

膜孔畦灌是在畦田灌溉的基础上实施膜上灌，地膜两侧必须翘起5cm高，并嵌入土埂中，如图1-6所示。膜畦宽度根据地膜和种植作物的要求确定，双行种植一般采用宽70~90cm的地膜；三行或四行种植一般采用180cm宽的地膜。作物需水完全依靠放苗孔和增加的渗入孔供给，入膜流量为1~3L/s。该灌水方法增加了灌水均匀度，节水效果好。膜孔畦灌一般适合棉花、玉米和高粱等条播作物。

图1-6　膜孔畦灌

膜孔沟灌是以沟灌为基础，将地膜铺在沟底，作物禾苗种植在垄上，水流通过沟中地膜上的专门灌水孔渗入到土壤中，再通过毛细管作用浸润作物根系附近的土壤，如图1-7示。这种技术对随水传播的病害有一定的防治作用。膜孔沟灌特别适用于甜瓜、西瓜、辣椒等易受水土传染病害威胁的作物。果树、葡萄和葫芦等作物可以种植在沟坡上，水流可以通过种在沟坡上的放苗孔浸润到土壤中。

图1-7　膜孔沟灌

灌水沟规格依作物而异。蔬菜一般沟深30~40cm，沟距80~120cm；西瓜和甜瓜的沟深40~50cm，上口宽80~100cm，沟距350~400cm。专用灌水孔可根据土质不同打单排孔或双排孔，对轻质土地膜打双排孔，重质土地膜打单排孔。孔径和孔距根据作物灌水量等确定。根据试验，对轻壤土壤土，孔径以5mm，孔距为20cm的单排孔为宜。对蔬菜作物入沟流量以1~1.5L/s为宜。甜瓜和辣椒作物严禁在高温季节和中午高温期间灌水或灌满沟水，以防病害发生。

第二，膜下灌溉：膜下灌溉一般分为膜下沟灌和膜下滴灌。

膜下沟灌是将地膜覆盖在灌水沟上，灌溉水流在膜下的灌水沟中流动，以减少土壤水分蒸发。其入沟流量、灌水技术要素、田间水有效利用率和灌水均匀度与传统的沟灌相同。该技术主要使用于干旱地区的条播作物上。温室灌溉采用该技术可以减少温室的空气湿度，减少和防治病害的发生。

膜下滴灌主要是将滴灌带管铺设在膜下，以减少土壤裸间蒸发，提高水分利用效率。该技术更适合于干旱、半干旱地区。

第三，膜侧沟灌：地膜覆盖的传统灌溉方法是膜侧沟灌技术，如图1-8所示。膜侧沟灌是指在灌水沟垄背部位铺膜，灌溉水流在膜侧的灌水沟中流动，并通过膜侧入渗到作物根系区的土壤内。膜侧沟灌灌水技术要素与传统的沟灌相同。这种灌水技术适合于垄背窄膜覆盖，一般膜宽70~90cm。膜侧沟灌方法主要用于条播作物和蔬菜。该技术虽说能增加垄背部位种植作物根系的土壤温度和湿度，但灌水均匀度和田间水有效利用率与传统沟灌基本相同，没有多大改进，且裸沟土壤水分蒸发量较大。

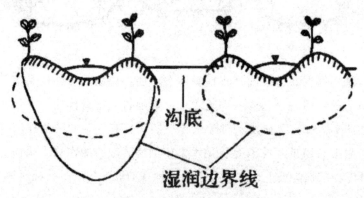

图1-8　膜侧沟灌技术

2.覆膜灌溉的特点。地膜覆盖灌溉是在地膜覆盖栽培技术基础上，不再另外增加投资，而利用地膜防渗并输送灌溉水流，同时又通过放苗孔、专门灌水孔或地膜幅间的窄缝等向土壤内渗水，以适时适量地供给作物所需要的水量，从而达到节水增产的目的。覆膜灌溉的特点主要表现在以下几个方面：

第一，节水效益明显：根据对地膜覆盖灌水技术的调查和与传统的地面沟（畦）灌技术相比较，地膜覆盖灌水技术一般可节水30%~50%，最高可达70%，节水效果显著。

膜上灌的灌溉水是通过膜孔或膜缝渗入作物根系区土壤内的。因此，它的湿润范围仅局限于根系区域，其他部位仍处于原土壤水分状态。膜上灌的施水面积（为局部湿润灌溉）一般仅为传统沟（畦）灌水面积（为全部湿润灌溉）的 2%~3%，这样灌溉水就被作物充分而有效地利用，所以水的利用效率相当高。

由于膜上灌水流是在膜上流动，降低了沟（畦）田面上的糙率，促使膜上水流推进速度加快，从而减少了深层渗漏水量；铺膜还完全阻止了作物植株之间的土壤蒸发损失，增强了土壤的保墒作用。所以，膜上灌比传统沟（畦）灌及膜侧沟灌田间水有效利用率高，在同样自然条件和农业生产条件下，作物的灌水定额和灌溉定额都有较大的减少。

第二，灌水质量提高：根据试验与调查研究，膜上灌与传统沟（畦）灌相比较，其灌水质量的提高主要表现在以下两个方面：

在灌水均匀度方面。膜上灌不仅可以提高沿沟（畦）长度方向的灌水均匀度和湿润土壤的均匀度，同时也可以提高地膜沟（畦）横断面方向上的灌水均匀度和湿润土壤的均匀度。这是因为膜上灌可以通过增开或封堵灌水孔的方法来消除沟（畦）首尾或其他部位处进水量的大小，以调整和控制灌水孔数目对灌水均匀度的影响。

在土壤结构方面。由于膜上灌水流是在地膜上流动或存蓄，因此不会冲刷膜下土壤表面，也不会破坏土壤结构；而通过放苗孔或灌水孔向土壤内渗水，就又可以保持土壤疏松，不致使土壤产生板结。

第三，作物生长环境得到改善：地膜覆盖栽培技术与膜上灌技术相结合，改变了传统的农业栽培技术和耕作方式，也改善了田间土壤水、肥、气、热等土壤肥力状况的作物生态环境。

膜上灌对作物生长环境的影响主要表现在地膜的增湿保热效应。由于作物生育期内田面均被地膜覆盖，膜下土壤白天积蓄热量，晚上则散热较少，而膜下的土壤水分又增大了土壤的热容量。因此，导致地温提高而且还相当稳定。据观测，采用膜上灌可以使作物苗期地温平均提高 1~1.5℃，作物全生育期的土壤积温也有增加，从而促进了作物根系对养分的吸收和作物的生长发育，并使作物提前成熟。一般粮棉等大田作物可提前 7~15 天成熟；蔬菜可提前上市，如辣椒可提前 20 天左右上市。

此外，膜上灌不会冲刷表土，又减少了深层渗漏，从而就可以大大减少土壤肥料的流失。再加上土壤结构疏松，保持有良好的土壤通气性。因此，采用膜上灌技术为提高土壤肥力创造了有利条件。

第四，增产效益显著：由于膜上灌是通过膜孔（缝）等容易按照作物需水规律，适时适量地进行灌水，为土壤提供适宜的土壤水分条件，并改善作物的水、肥、气、热的供应和生态环境，从而促使作物出苗率高，根系发育健壮，生长发育良好。根据调查表明：尉氏县膜上灌棉花，在同样条件下单产皮棉为1691.7kg/hm²，常规沟灌皮棉则为1609.35kg/hm²，增产5.12%；昌吉市玉米膜上灌单产10875kg/hm²，常规沟灌玉米为6712.5kg/hm²，增产51.8%；乌鲁木齐河灌溉站膜上灌啤酒花单产13095kg/hm²，比常规灌溉增产330kg/hm²；乌鲁木齐县安宁渠灌区膜上灌豆荚比常规灌溉豆荚增产3000kg/hm²以上，辣椒增产达15000kg/hm²以上。因此，采用膜上灌技术的增产效果显著。

（4）波涌（间歇）灌溉技术

波涌灌溉又可称为涌流灌或间歇灌，它是间歇性地按一定的周期向沟（畦）中供水，使水流推进到沟（畦）末端的一种节水型地面灌水新技术，通过几次放水和停水过程，水流在向下游推进的同时，借重力、毛管力等作用渗入土壤，因而一个灌水过程包括几个供水和停水周期，这样田面土壤经过湿——干——湿的作用，一方面使湿润段土壤入渗能力降低；另一方面使田面水流运动边界条件发生变化，糙率减小，为后续周期的水流运动创造一个良好的边界条件。两方面的综合作用使波涌灌具有节水、节能、保肥、水流推进速度快和灌水质量高等优点，并能基本解决长畦（沟）灌水难的问题。

1.波涌灌溉的特点。

①节水效益明显：波涌灌较传统连续灌的灌水效果和节水效果与土壤质地、田面耕作状况、灌前土壤结构及灌水次数有关。根据在陕西关中等灌区的大田试验表明：波涌灌溉与同条件下的连续灌溉相比，节水效率一般可以达到5%~30%，其中畦灌节水15%~30%左右，沟灌节水5%~15%，水流推进速度为连续灌溉的1.2~1.6倍。

②灌水均匀度高：波涌沟灌和波涌畦灌均可使灌水均匀度提高到85%以上，灌水质量明显提高，指标E_a、E_s、E_d分别提高15%~35%、15%~25%、10%~20%左右。

2.波涌畦灌技术要素及其对灌水效果的影响。波涌畦灌技术要素包括：单宽流量、周期放水时间、灌水周期数和循环率。波涌灌的一个供水和停水过程构成一个灌水周期，周期放水时间（t_{on}）与周期时间（T）之比为循环率（r），完成波涌灌全过程所需放水和停水过程的次数为周期数（n）。

①单宽流量对灌水定额的影响：在其他条件相同的情况下，单宽流量与灌水定额间有密切的关系，它随着土质的不同而变化。实际波涌畦灌灌水时，单宽流量取多大合适，需根据水源、灌季和土壤抗冲能力综合决定，对黏壤土灌区，坡降在2.0/1000~5.0/1000，对小麦冬灌（或压茬水）单宽流量取8~14L/（s·m），玉米夏灌及小麦其他各次灌水单宽流量取6~12L/（s·m）为宜，且对短畦取较小流量，长畦取较大流量。

②周期数对波涌畦灌节水效果影响：周期数对波涌灌水效果影响较大。在其他条件基本相同的情况下，波涌灌周期数越多，即周期供水时间越短，水流平均推进速度越快，相应的灌水定额越小，波涌灌效果越好，但当周期增加到一定时，波涌灌效果就不会明显提高。在实际灌溉中，周期数的增多，致使畦口开、关频繁，在无自动灌水设备时，势必增大了灌水人员的劳动强度，一般畦长在200m以上时，以3~4个周期数为宜；畦长在200m以下时，以2~3个周期数为宜。

③循环率对波涌畦灌节水效果的影响：循环率的大小直接影响着波涌畦灌的后期灌水定额，在灌水周期数一定时，循环率的确定应使波涌灌在下一周期灌水前，田面无积水，并形成完善的致密层，以降低土壤入渗能力，取得最佳波涌灌效果和便于灌水管理为原则。

波涌灌较传统的连续灌具有节水、节能、保肥和灌水质量高等优点，特别适宜于我国北方的旱作农田灌溉，但由于波涌灌在不同条件下的节水效果和灌水质量不同，因而波涌灌技术有其适宜条件。

波涌灌适宜的土壤条件为波涌灌的节水效果与田间土壤质地和入渗特性有密切关系，波涌灌间歇供水使田面形成致密层，降低了土壤的入渗能力和田面糙率，而影响土壤入渗能力的因素除波涌灌技术要素外，主要有土壤质地、耕作层土壤结构、土壤的初始含水率和黏粒含量等。大量间歇入渗和波涌灌试验表明：田面土壤条件不同，波涌灌效果也不同，对于含有黏粒的透水性中等的土壤能取得良好的灌水效果，而对于透水性不良的黏土和透水性过强且不含黏粒或黏粒极少的砂土，其灌水效果差，因而适宜波涌灌的土壤为：结构良好的中壤土、轻壤土、砂壤土和黏壤土。由于降雨和农田灌溉会使农田表层土壤板结，改变土壤原有结构，使土壤入渗能力降低，因而对于适宜波涌灌的土壤，在田面发生严重板结时，间歇入渗减渗效果和节水效果差。因此，在田面发生严重板结时，进行波涌灌前应进行松土，以提高灌溉效果。

波涌灌对田间沟畦的要求为沟畦条件，指水沟、畦的规格、农田平整程度和坡度等。原则上讲，适宜连续沟、畦灌的农田也适宜波涌灌，但为了使波涌灌获得节水效果明显和灌水质量高的目的，要求实施波涌灌的沟、畦纵向不存在倒坡，沟、畦长度一般应大于70cm。

（三）地面节水灌溉理论与新技术主要研究方向

（1）精细地面灌溉技术研究

研究激光控制平地技术应用体系（包括建立土地精平控制标准、开发国产激光控制平地铲运设备和相应的液压升降控制系统，提出与激光控制平地技术实施相配套的田间灌排工程系统）；研究覆膜条件下主要作物的需水量确定及最优灌溉制度，及土壤水、盐、肥、气综合调控技术体系，开发相应的实时监测技术及自动控制系统；开发新型控制性作物根系分区交替灌溉技术与田间配套设备。在对土壤入渗过程中气阻影响研究的基础上，水平畦灌、阶式水平畦灌的研究不断深入；传统的畦灌、沟灌也从过去单纯研究灌水技术要素对灌水均匀性、水分深层渗漏的影响转向综合研究灌水技术要素对土壤水肥运移、对水肥淋失的影响。

（2）地面灌溉对环境的影响研究

面对化肥的大量施用和引水灌溉产生大量水肥损失和水土流失等农业水土环境恶化的局面，农业水土环境问题研究不断深入，在灌溉对环境影响方面已经由过去单纯的研究灌溉条件下的水盐运动逐步转向各种农业化学物质在土壤——地下水系统中运移规律的研究。土壤——地下水中氮素的迁移转化关系，化肥、农药、污染物在土壤中的吸附、解吸、传输，地面灌溉中的水肥淋失规律和数值模拟，污水灌溉对土壤污染等方面也取得了不少成果，但亟待深入并在生产中应用。

（3）现代高新技术在农田灌溉中的应用研究

高新技术在农业现代化管理中应用日益广泛，在气象预报、作物需水量和土壤墒情预报、灌溉水源预报以及作物水分亏缺状况预报的基础上，预报作物灌水时间、灌水量以及渠系水量分配。

随着科学技术的飞速发展，微电子技术、传感测试技术、遥感技术和计算机技术、通信技术等已开始广泛应用，如土壤水分测量在TDR成熟技术的基础上，正在开发经济实用的基于电容法、热惯量、近红外技术的快速测量仪表；基于作物蒸腾过程和叶面—空气温差与作物旱情的关系，利用红外测温技术诊断作物旱情的研究也取得许多进展；同时，利用遥感技术来监测大面积土壤墒情、作物旱情预报技术研究方面也在不断深入。

在灌区灌溉管理中，综合各种预测技术、优化技术的灌溉用水计算机管理系统已开始在我国大面积应用，使灌区的灌溉用水实现了由静态用水向动态用水的转变，为提高灌区水资源的利用率提供了技术手段。为实现渠系优化配水的要求基于计算机技术的渠道量水、流量实时调控的研究也在国内外逐步兴起，灌区用水管理系统方面已逐步转向将研究数据库、模型库、知识库和地理信息系统有机融合的灌区节水灌溉综合决策支持系统。特别是近年来，发达国家已开展了基于田间水肥等生产要素的巨大差异性，利用全球卫星定位系统（GPS）和地理信息系统（GIS）、遥感技术（GS）和计算机控制系统，精细准确调整灌水施肥的精准灌溉技术研究，为最大限度优化各项农业投入，以及充分挖掘田间水肥差异所隐含的增产潜力创造了条件。

二、微灌技术与设备

（一）微灌技术的研究与发展

（1）微灌技术研究与发展现状

1.国外微灌技术的发展概况。最初，滴灌是从地下灌溉发展起来的。1860年，德国首次利用排水瓦管进行地下灌溉试验，管材是明接头的短瓦管，瓦管的间距5m，埋深0.8m，管上覆盖0.3~0.5m的过滤层。试验结果显示，作物产量成倍增加。这项试验连续进行了20年。1920年，德国在水的出流方面实现了一次突破，采用了穿孔管，使水沿管道输送时从孔眼流入土壤。

1923年，苏联和法国也进行了类似的试验，研究穿孔管系统的灌溉方法。1934年，研究用帆布管渗水灌溉。自1935年以后，着重试验各种不同材料制成的孔管系统，研究根据土壤水分的张力确定管道中流到土壤里的水量。荷兰、英国首先应用这种灌溉方法灌溉温室中的花卉和蔬菜。

第二次世界大战以后，塑料工业迅速发展，出现了各种塑料管。由于它易于穿孔和连接，且价格低廉，使滴灌系统在技术上实现了第二次突破，成为今天所采用的形式。当时使用的滴头是绕在管子上的一些微管，流道长，便于消能。到了20世纪50年代后期，以色列研制成功长流道管式滴头，在微灌技术的发展中又迈出了重要的一步。70年代以来，许多国家对滴灌开始重视，认识到滴灌不仅是一种灌溉方法，而且是一种现代化的农业技术措施，因此发展很快。1971年在以色列特拉维夫1974年，在美国加利福尼亚，先后召开了两次国际滴灌会议，有力地促进了滴灌的发展。据统计，1974年全世界滴灌面积仅5.78万hm^2，到1983年就发展到42.67万hm^2，其中美国占1/2以上，是世界上滴灌面积最大、发展最快的国家。其次是澳大利亚、以色列、南非、墨西哥、英国、法国、意大利等，约有20多个国家试验推广了滴灌技术。

在当今世界上工农业生产迅速发展，人口不断膨胀，水资源危机波及全球的情况下，滴灌特别引起人们的重视，促使人们在滴灌技术和滴灌设备方面进行深入研究。滴头的易堵塞性是限制滴灌发展的关键问题，因此，各国都在集中进行对滴头结构和水力性能的研究，各种各样的新型滴头不断问世。美国研制的滴灌带已由第一代发展到第四代；以色列和意大利联合研制了脉冲式滴灌装置；为了克服喷灌用水多、耗能大和滴灌易堵塞的问题，澳大利亚研制了多种微型喷水装置；苏联的雾灌，美国的涌泉灌溉业已问世。所有这些灌溉方式都远远超出了滴灌原有的范畴，形成了局部灌溉的新局面。这些灌溉方式的基本特点是相同的，即运行压力低、灌水流量小、灌水频繁、能精确地控制灌溉水量、灌水均匀、湿润作物根区部分土壤。因此，国际灌溉排水委员会将这一类的灌溉方法统称为微灌，并成立了专门的机构——国际微灌工作小组。1982年，国际微灌工作会议在印度召开，这次会议对"微灌"给予了明确的定义，指出微灌包括滴灌（drip Irrigation）、微喷灌（micro~sprinkles irrigation and microjet irrigation）和涌泉灌溉（bubble irrigation）。

微灌最先是用在干旱和半干旱的地区，现在，在那些年降水量较充沛，但时空分配不均匀的地区发展较快。在灌溉作物方面，由果树、蔬菜等少数经济作物向行播大田作物发展，如美国西部的棉花和夏威夷的甘蔗滴灌。在微灌方式上，由地表微灌系统向地埋式微灌系统发展，这样既方便了耕作，也防止了毛管过早老化，延长了使用期。在设备研制上，由小孔径灌水逐渐向低压大孔径方向发展，对防止堵塞有一定作用。由单一的滴灌向多种形式的节水节能型微灌发展。为了节省劳力，提高微灌设备的利用率，进行了机械化、自动化移动微灌系统的试验研究工作。电子计算机、激光、太阳能利用等现代化技术开始在微灌中应用，这些都标志着微灌技术已开始进入现代科学技术领域。

2.我国微灌技术的发展。我国新疆地区沿用已久的"瓜打吊针"就是滴灌的一种原始形式，它是利用酒瓶盛满水后，将瓶口用玉米芯塞住，中心通一小孔，插入几根芨芨草，把瓶倾斜倒放，瓶口靠近瓜秧根部，使水一滴一滴渗入土壤进行灌溉。这样做既省水又高产，它是我国劳动人民在抗旱斗争中的一种创造。

我国现代微灌技术的试验研究是从1974年引进墨西哥滴灌设备开始的，当时试点仅三个，面积约有5.33hm²，但试验都取得了显著的增产、省水效果。在学习国外经验的基础上，结合我国国情，本着经济实用、易于安装和便于推广的精神，由水电部水利科学研究院水利所、辽宁省水利科学研究所与原沈阳大东塑料厂合作研制了我国第一代滴灌设备，为在我国开展滴灌试验研究提供了设备条件。随之，一些省（直辖市）开展了滴灌试点工作，积累了一定的资料和经验，并多次举办滴灌技术培训班，同时也进行了多次国际技术交流。这些都促使我国滴灌事业有了较快的发展。我国的滴灌是从北方几个省首先发展起来的。辽宁省的苹果滴灌发展最早，面积也最大，1980年曾达到8667hm²，经济效益十分显著。以后北京、河北、山东、山西、河南、陕西等也都进行了果树、蔬菜及大田粮食作物的滴灌试验，均取得了较好的经济效益。我国南方的一些省，如江西、福建、湖南、广东等也先后进行了试验工作。在作物品种上，各地因生产需要和经济状况不同各有所取。但都以灌溉经济作物为主，如苹果、葡萄、板栗、柑橘、茶叶、蔬菜、各种瓜类、苗木花卉及药材等。现在不仅有滴灌，而且也发展了微喷和大田膜下滴灌等。在规划设计方面，结合我国情况进行了分析研究，对某些方面做了简化和修改，使微灌工程建设投资下降，微灌工程与解决人畜吃水的工程相结合，使单一目标的灌溉向综合利用方向发展。在管理方面，总结出了以专业承包和家庭承包为主的管理形式。在用水上以单位定量，按合同供水，以用水量收费等管理办法，使已建成的微灌系统保持正常的运行和效益的发挥。

3.我国微灌技术的发展前景。微灌事业在我国有着广阔前景。我国幅员辽阔，自然条件变化很大，根据综合农业气候区划，可以划分为干旱地区、半干旱地区、半湿润地区和湿润地区四种类型。干旱地区年降水量在200mm以下，包括西北和西南部分省（自治区），为我国的农牧业区；半干旱地区年降水量在200~400mm之间，包括东北西部、内蒙古、宁夏、甘肃大部地区；半湿润区包括黄淮海平原和东北松辽平原，是我国的主要棉粮产区，年降水量为500~800mm，但时空分配不均匀，干旱威胁一直是农业高产稳产的最大障碍；湿润地区包括长江以南的省（自治区），为我国水稻和重要经济作物茶叶、柑橘的产区，这一地区虽然雨量充沛，但因降雨量分布与作物需水之间的矛盾，也时常出现季节性春旱、夏旱和秋旱。南方的坡耕地和旱田仍有670万 hm²，急需发展灌溉。据统计，我国现有5300万 hm²耕地和2.7亿 hm²草原没有灌溉设施，330万 hm²的果园处于山丘地区也急需灌溉。这类地区的水利化难度大，投资高，一般不宜采用地面灌溉，适合发展喷灌、微灌和其他先进的灌溉技术。

大城市郊区是蔬菜集中产区，约有67万 hm²。由于城市供水紧张，迫使菜田的灌溉寻求节水型灌水技术。一些工业发达地区，由于工业用水量大，不得不挤占农业用水，迫使原有的灌区减少用水，甚至为保证工业用水而停灌。在这些地方有可能利用微灌来对原有灌区进行改造，在没有灌溉就没有农业的西北干旱地区，发展微灌更是大有可为。

（2）微灌技术的优势

微灌是利用专门的设备，将有压水流变成细小的水滴，以微小的流量湿润作物根区附近土壤的一种局部灌水方法。灌水时，通过低压管道系统将水输送到田间，再通过沿配水管道安装的灌水器，以间断（或连续）水滴、微细喷洒等形式进行灌溉，水在毛管作用和重力作用下进入土壤，供作物利用。

微灌的特点是灌水流量小，每次灌水时间长，是以微小的流量湿润作物根区附近的土壤，以满足作物的需水要求，不同于全面湿润的地面灌溉和喷灌，属于局部灌水技术。微灌具有以下优缺点。

1.节水。这是微灌最显著的优点，按照作物需水要求，用微灌进行灌水，仅湿润作物根区附近的土壤。蒸发损失小，而且由于灌水流量小，不易发生地表径流和深层渗漏，可以有效地降低灌溉水的损失和浪费，同时微灌能比较精确地控制水量，可适时适量地按作物生长需要供水，水的利用率高。因此，微灌一般比地面灌溉节水30%~50%，比喷灌节水15%~25%。

2.省工。由于微灌灌溉水量小，运行费用相应降低，且微灌不需平整土地，装有自动运行设备，劳动力费用也随之降低。另外，微灌田块的大部分土壤表面保持干燥，减少了杂草，相应清除杂草的劳力和除草剂的费用减少。同时，因在作物行间的土地仍然是干的，方便田间作业。再者，微灌时，肥料、杀虫剂等能注入灌溉水中，随灌溉施入田间，不需另外耗费劳力进行喷施，从而大大节省了劳动力。

3.灌水均匀。微灌系统能够有效，且较精确地控制各个灌水器的出水流量，灌水均匀度高，一般可达80%~90%。

4.增产。微灌能适时适量地向作物根区供水供肥，且不会破坏土壤结构，土壤中的养分也不易被淋溶流失，为作物生长提供了良好的条件，有利于实现高产稳产，提高产品质量。实践证明，微灌较其他灌水方法一般可增产30%左右。

5.对土壤和地形的适应性强。微灌的灌水强度可根据土壤入渗能力进行调节，可选用不同型号的灌水器，使作物根区能保持适宜的土壤水，而不产生地表径流和深层渗漏，造成水量浪费。由于微灌是用压力管道输水，可以适应不同的地形条件，即使是坡度很大甚至多石土壤无法用其他灌溉方法，也可利用微灌进行灌溉，产生一定的效益。

6.可用咸水灌溉。由于微灌灌水周期短，灌水频繁，土壤维持在稳定的湿度，可使土壤水中的盐分稀释，因而在一定条件下可用含盐量较高的水进行微灌。

（二）微灌技术的种类与特点

微灌按灌水水流出流方式不同，可分为滴灌、微喷灌和小管出流灌（涌泉灌）。

滴灌（drip irrigation）滴灌是利用滴头、滴灌带（滴头与毛管制成一体）等灌水器，以水滴或细流形式湿润土壤的一种灌水方法。通常毛管和灌水器放在地面上，有时为方便田间作业，防止毛管损坏或丢失，也可将其埋在地下30~40cm，又称为地下滴灌（subsurface drip irrigation）。

微喷灌（micro-sprinkler irrigation）微喷灌是利用微喷头将水喷洒以湿润土壤的一种灌水方法。

小管出流灌（涌泉灌）（bubble irrigation）小管出流灌是利用小管灌水器（涌水器）将末级管道中的压力水以小股水流或涌泉的形式灌溉土地的一种灌水方法。

（1）灌水器

灌水器的作用是把末级管道的水流均匀而又稳定地分配到田间，满足作物生长对水分的需要。灌水器的质量好坏直接影响到微灌系统是否工作可靠及灌水质量的高低。因此，常把灌水器称为微灌的"心脏"。对灌水器要求是：出水量小

（2~200L/h左右）；出水均匀、稳；抗堵塞性能好；制作精度高；结构简单，便于制造和安装；坚固耐用，价格低廉。

1.灌水器的分类。目前，国内外已制造出各式各样的灌水器。

①若按灌水器的出水方式，可将灌水器归为下列几类：

（a）滴水式：滴水式灌水器的出流特征是毛管中的压力水流经过消能后以不连续的水滴或细流形式向土壤灌水。如管式滴头、孔口滴头、涡流滴头等均是。

（b）喷水式：压力水流通过灌水器的孔口以喷射方式向土壤灌水。根据喷洒方式的不同又可分为射流旋转式和折射式两种。

（c）涌泉式：毛管中的压力水流以涌泉方式通过灌水器向土壤灌水。涌泉灌溉的特点是工作水头低，孔口直径较大，不易堵塞。

（d）渗水式：毛管中的压力水通过毛管壁上的许多微孔或毛细管渗出管外而进入土壤。渗水毛管有两种形式，即多孔透水毛管和边缝式薄膜管。

（e）间歇式：毛管中的压力水流以间歇、脉冲的方式流出灌水器而灌入土壤。因此，又把间歇式称为脉冲灌水方式。

②若按消能方式可分为以下几种：

（a）孔口消能滴头：孔口消能滴头是利用孔口的收缩扩散和孔顶折射产生的局部水头损失以消去毛管水流中的水头，经由横向出水道改变流向，将水流分散成水滴滴出。

（b）长流道管式滴头：长流道管式滴头是利用狭窄的流道，壁与水流之间产生的沿程水头损失来消去水流中的能量，变成水滴滴出。如微管滴头、内螺纹管式滴头。

微管滴头是一种等内径的半软塑料管，安装方式有直线散放式和缠绕式两种，直线散放式就是直接把一段微管插入毛管。缠绕式就是微管一端插入打好孔的毛管中，然后用微管缠绕毛管，形成螺纹流道，微管的另一端固定在毛管上，形成微管滴头。经中国水利科学研究院北京燕山滴灌技术开发研究所研究表明，为了防止微管弯曲打折卡死流道，微管的最小壁厚为0.6mm，并用调整其长度的方法控制出流量，使整个毛管沿程出水量达到设计的均匀流量。

利用微管滴头可以通过改变其长度来适应毛管内压力变化这一特点，设计出了同径变压等滴量毛管和变径变压等滴量毛管，大幅度降低了滴灌系统工程造价，同时满足了滴水均匀的要求。另外，由于微管滴头与毛管连接的方式是采用插接方式，如果滴头偶尔脱落，毛管仍能继续工作。

（c）涡流消能式滴头：涡流消能式滴头是利用灌水器涡室内形成的涡流来消能。水流进入灌水器的涡室内形成旋涡流，由于水流旋转运动产生的离心力迫使水流趋向涡室的边缘，在涡流中心产生一低压区，使中心的出水口处压力较低，因而出水量较小。设计良好的涡流型滴头的流量对工作水头的敏感程度比较小。

（d）压力补偿式滴头：压力补偿式滴头是利用水流压力对滴头内的弹性体（片）的作用，使流道（或孔口）形状改变或过水断面面积发生变化，当压力减小时，过水断面面积增大；压力增大时，过水断面面积减小，从而使滴头出流量自动保持稳定，出水均匀度高，同时还具有自动清洗功能。但制造较复杂，由迷宫底座、插座和橡胶补偿片三部分组成。

③若按滴头与毛管的连接方式又分为：

（a）管上式滴头：直接插装在毛管壁上的滴头，如微管滴头即属于管上式滴头。

（b）管间式滴头：安装在两段毛管之间，本身成为毛管一部分的滴头。如管式滴头，与毛管的连接方式即为管间连接，其接头分别插入两段毛管内，绝大部分水流通过滴头体腔流向下一段毛管，而很少一部分水流通过滴头体内的侧孔进入滴头流道流出。由于管间式连接，必须将毛管断为两截，除了流道起消能作用外，管间式滴头的中央通路还作为毛管的一部分，水流经过一个滴头流向下一个滴头，所以，如果滴头脱落，则水流将由此处流出管外，不会流向下一段毛管。为了克服管间式滴头与毛管连接易于脱落的缺点，即产生了将滴头与毛管组装成一个整体的滴灌带（管）。

2.滴灌带（管）。滴灌带（管）是在制造的过程中将滴头与毛管组装成一体，兼具配水和滴水的功能。其中管壁较薄，可压扁成带状的称为滴灌带；管壁较厚，管内装有专用滴头的称为滴灌管。

①滴灌带：随着滴灌技术的发展，目前国内使用的滴灌带类型多种多样。一种是0.2~1.0mm厚的薄壁软管上按一定间距打孔，灌溉水由孔口喷（滴）出湿润土壤；一种是在毛管制造过程中，将预先制造好的片式滴头热合在毛管的内壁上，称为内镶式滴灌带；再一种是滴灌带的一侧或管壁上热合出各种形状的迷宫流道，称为迷宫式滴灌带。迷宫流道具有扰动作用，增大了抗堵塞性能，且水流通过时由于边壁摩擦，弯道、流道的收缩、放大造成了大量的水头损失，使有压流变为水滴形式湿润土壤。一些迷宫式滴头外观和长流道滴头相同，但其流道短，流道截面积在相同压力和流量下，比长流道滴头大。

②滴灌管：滴灌管管壁较厚，一般不小于0.4mm。滴灌管在制造过程中，将预先制造好的滴头镶嵌在管内，称为内镶式滴灌管。内镶滴头有两种：一种是片式滴头，与滴灌带所用片式滴头一样；另一种是管式滴头。

滴灌带一次性投资低，但使用寿命短，一般使用1~2个灌季。滴灌管一次性投资高，但使用寿命长，一般抗堵塞性能和出水均匀性均高于滴灌带。

滴灌带（管）有压力补偿式与非压力补偿式两种。

以上滴头和滴灌带（管）这两种灌水器是将压力水流消能后以间断的水滴形式或连续的细流形式向土壤灌水，将用这两种灌水器进行灌溉的方式称为滴灌，相应的微灌系统为滴灌系统。

3.微喷头。微喷头是将末级管道（毛管）中的压力水流以细小水滴喷洒在土壤表面的灌水器。用这种灌水器的灌溉称为微喷灌，相应的微灌系统为微喷灌系统。在微喷灌中，压力水流经微喷头喷射到空气中，在空气阻力作用下形成细小水滴洒落在土壤表面，空气有助于微喷灌中的水量分布，而滴灌、小管出流灌主要是靠土壤来进行水量的分布。

微喷头的品种规格很多，按照结构和工作原理分为：射流旋转式微喷头、折射式微喷头、离心式微喷头。

①射流旋转式微喷头：水流从喷水嘴喷出后，集中成一束向上喷射到一个可以旋转的单向折射臂上，折射臂上的流道形状不仅可以使水流按一定喷射仰角喷出，而且还可以使喷射出的水舌反作用力对旋转轴形成一个力矩，从而使喷射出来的水舌随着折射臂做快速旋转。射流旋转式微喷头一般由折射臂、支架、喷嘴三个零件构成，其喷洒图形一般为圆形或扇形。其工作原理是利用水的反作用力，水流流经可转动的弯曲流道或可产生反作用效果的专用部件时，水的反作用力使喷嘴产生转动，喷洒出的水束随之做周向运动。旋转式微喷头具有有效湿润半径较大、喷水强度较低、水滴细小和均匀度高等优点，但使用寿命较短。

②折射式微喷头：水流由喷嘴垂直向上喷出，遇到折射锥即被击散成薄水膜沿四周射出，在空气阻力作用下形成细微水滴散落在四周地面上。折射式微喷头的喷洒图形各种各样，可呈全圆、伞形、条带状、放射状、水束或呈雾化状态等。喷嘴的结构形状不同，有孔状、缝隙状和其他几何形状。它的工作原理是使流经微喷头的水在其喷嘴附近被非运动的部件或结构强行改变其流动方向并被破碎成微小水滴后撒向空中，具有雾化程度较高、喷水强度较大和水滴细小等优点。

③离心式微喷头：水流从切线方向进入离心室，绕垂直轴旋转，通过处于离心式中心的喷嘴射出的水膜，在空气阻力的作用下被粉碎成水滴散落在微喷头四周。这种离心式微喷头的特点是工作压力低，雾化程度高，抗堵塞性能强，一般形成全圆的湿润面积，但其喷洒特性与折射式微喷头很近似。

4.涌水器和小管灌水器。涌水器的结构形式如图1-9所示，毛管中的压力水流通过涌水器以涌泉的方式灌于土壤表面。

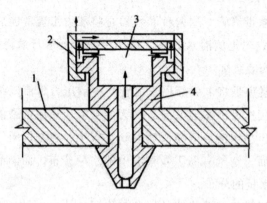

图1-9 涌水器

1-毛管壁；2-涌水器罩；3-消能室；4-涌水器体

用涌水器以涌泉的形式或用小管灌水器以小股水流形式灌溉土壤的方式称为涌泉灌（或小管出流灌），相应的微灌系统为涌泉灌（或小管出流灌）系统。

（2）灌水器的性能

1.流量与压力的关系。各种类型的灌水器无论是滴头还是微喷头都是通过水流克服摩擦阻力作功而消耗能量来调节流量的，其流量大小取决于工作压力和流道的几何尺寸。

2.灌水器的抗堵塞性能。因为微灌系统的灌水流量小，微灌灌水器流道尺寸一般在0.25~2.5mm之间，这样小的流道易于堵塞。影响灌水器抗堵塞性能的两个重要因素是灌水器流道尺寸和流道中水的流速。根据最小流道尺寸可将灌水器堵塞敏感程度进行分类。当流道最小尺寸小于0.7mm时，为很敏感；当流道最小尺寸为0.7~1.5mm时，为敏感；当流道最小尺寸大于1.5mm，为不敏感。对于流道中水的流速，一般认为流速在4~6m/s，可满足抗堵塞性能要求。为了减少堵塞，一般要求对各种灌溉水进行仔细过滤。同时，可将灌水器设计成具有一定的自冲洗功能。当系统打开或关闭时，在压力逐渐上升或下降过程中，压力低于某一特定值时，灌水器内的补偿元件就会脱离流道，使流道变得很宽，杂质被冲出。

3.灌水器的制造偏差。微灌灌水器流道尺寸很小，其流量与流道直径成正比，流道尺寸、形状等参数的微小变化，将会引起较大的流量偏差。在灌水器制造中，由于制造工艺和材料收缩变形等影响，不可避免地会产生制造偏差。

4.微喷头的其他性能。反映微喷头的工作性能除了以上几项外，还有射程、喷灌强度和灌水均匀度等性能参数。

①射程：射程是微喷头的主要水力参数之一，主要决定于工作压力和流量。一般微喷头的射程为0.1~6m。

②喷灌强度：喷灌强度是微灌系统的一个主要设计参数，是指单位时间内喷洒在单位面积土地上的水量。在一般情况下，喷灌强度应与土壤透水性相适应。

为了在喷洒作业过程中不致于产生径流，不破坏土壤表层结构而造成板结等状况，要求微喷头的喷洒强度不能超过土壤的入渗率，即渗吸速度。

喷洒强度受散水器结构、微喷头的喷洒仰角等影响。

③灌水均匀度：灌水均匀度是指在灌水面积上水量分布的均匀程度，是评价微喷头的一项重要指标。单喷头灌水均匀度可由喷洒均匀系数和喷洒水量分布图来表示。

（3）过滤器

过滤器是微灌首部工程的重要组成部分，由于微灌灌水器出流孔口很小，为了防止孔口被污物堵塞，对水质要求甚严，微灌用水必须是经过过滤处理的清洁水。自然界里的水（水库、河、井等水源）以其纯净状态存在是不会有的，这包含了来自大自然或来自人类活动废弃的杂质，有物理、化学、生物物质，人们通过各种方法以最小能量消耗及最小费用来改善水质，以达到各种用途。水的处理一般有化学处理和机械处理。目前，市场上的过滤器主要是机械过滤器，只起清除水中泥沙和污物的作用。本节所介绍的是微灌工程系统用于水质机械处理的设备，其主要类型有砂石过滤器、离心式过滤器和网式过滤器等。

1.离心式过滤器。这种过滤器的工作原理是基于重力及离心力，它对比水密度高的固体颗粒分离才有效。一般来说，旋流式水砂分离器不单独使用，而只是作为过滤系统的前端过滤。

旋流式水砂分离器一般安装在井及泵站旁，最适应分离水中含有大量沙子及石块，被分离物受重力和离心力的作用，所以过滤器里水的流速有必要保护恒定，以使有效的工作主要用于含沙水流的初级过滤。设计时，在进水口前应安装一段与进水等径的直通管，长度是进水口直径的10~15倍，以保证进水水流平稳。

2.砂石过滤器。砂石过滤器是通过分级了的颗粒厚层来进行水过滤，这些颗粒可以是沙子、砂石或其他粒状材料，过滤器精度取决于颗粒的有效尺寸及通过过滤器的过滤速率。砂石过滤器大多适于含有有机物质及淤泥的水过滤。但是砂石过滤器一般来说较贵，并需有良好的管理。

3.网式过滤器。网式（或叠片式）过滤器在结构设计上通常比较简单，与其他类型过滤器相比价格也比较便宜。其主要部件是一个塑料或金属的"滤网型"过滤元件，当水中悬浮物颗粒尺寸大于过滤元件上孔尺寸时，悬浮的颗粒就被截留。当过滤元件上积累了一定量的污物之后，过滤器进出口之间就会发生一定量的压力降，当这个压力降值达到一定量时，就有必要冲洗过滤元件，冲洗过程可以是手动，也可以是自动。主要用于灌溉水质较好，或当水质较差时与其他形式的过滤器单级或组合使用，作为末级水的过滤处理。

4.组合式过滤器。当单一的一种过滤器对灌溉水进行处理后，尚不能符合滴灌用水要求时，则要采用组合式过滤器。所谓组合式过滤器就是将离心式水砂分离器、砂石过滤器、网式（或叠片式）过滤器进行组合使用，使水通过多种过滤器进行过滤，将水中污物清除干净，然后送入输配水管网。

（4）施肥器

滴灌系统具有施肥随同灌溉水一起进行的功能。向微灌系统注入可溶性肥料或液体农药的设备及装置称为施肥器。微灌系统中常用的施肥装置有压差式施肥罐、开敞式肥料桶、文丘里注入器、注入泵等多种。我国常用的施肥设备为压差式施肥罐。

压差式施肥罐由储肥罐、进水管、出水管、调节阀和控制阀等部分组成。其结构原理如图1-10所示。

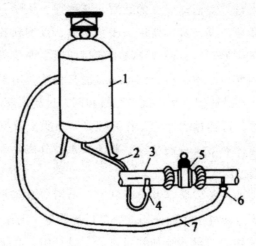

图1-10 压差式施肥罐

1-储肥罐；2-进水管；3-输水管；4-阀门；5-调节阀门；6-供肥液管

压差式施肥罐的优点是，加工制造简单，造价较低，不需外加动力设备。缺点是溶液浓度变化大，无法控制；罐体容积有限，添加化肥次数频繁且较麻烦；输水管道因设有调压阀，而调压造成一定的水头损失。

（三）微灌技术设备与研发

在微灌设备与产品开发方面，20世纪70年代以来，随着其他基础工业的发展，微灌设备和产品的研发已取得长足进步。美国、以色列、澳大利亚等国家特别重视微灌系统的配套性、可靠性和先进性，注重新设备和产品的研制及产业化，特别重视设备和产品的标准化、系列化和通用化，不断推出新的产品或品种，并不断改进老产品的性能。微灌系统的所有附件几乎均能根据需要进行制作，产品加工精良、性能可靠、使用方便。如以色列的微灌产品（微喷头、滴头、微灌带、过滤器、施肥器等）不仅具有较好的材质和制造工艺，在防堵性能、出水均匀度等方面均属一流水平，且规格品种齐全，仅微灌塑料器材品种就达近160个，规格有2000多种，产品的制造工艺和规模化水平达到较高程度，技术集成度亦具备相当高程度，且服务保障体系完善，产品畅销全世界。智能型的自动控制系统在喷微灌系统的应用，使得水、肥能够适时精量地同步施入到作物根区，提高水分和养分的利用率，减少了环境污染，优化了水肥耦合关系。

"九五"期间，我国研制改进了一批微灌器材，多项产品获得国家专利，使我国的微灌器材总体水平上了一个台阶。如旋转式微喷头的使用寿命超过1500h，流量偏差系数小于5%，达到国际标准规定的A类产品的指标。但总体来说，我国微灌器材的品种、性能、质量都远远落后于国外的同类产品。我国已加入WTO，微灌器材生产将受到国外的强烈冲击，但由于原材料的来源更加广泛，也会促进我国微灌器材的生产。

（1）内镶式滴灌管

我国最早生产内镶式滴灌管的企业是北京绿源联合公司。当时想从以色列耐特菲姆（NETAFIM）公司引进滴灌管生产技术，或者与耐特菲姆公司在中国合作生产，但是以色列耐特菲姆公司以高价格封锁技术，致使我国当时无法得到该项技术。北京绿源联合公司在学习了解以色列滴灌技术的基础上，选用了类似耐特菲姆公司的台风滴头，开始了自行研制内镶式滴灌管生产线。到1996年，先后完成了4条生产线，形成了年产1500万m（管径16mm，壁厚0.6mm，滴头间距300~500mm）内镶式滴灌管的生产能力。该产品技术指标基本上接近以色列同类产品的水平，质量可靠，价格远低于以色列的同类产品，为我国在20世纪90年代中后期推广应用滴灌技术，发展大棚蔬菜、经济作物类的精准灌溉提供了保证。

另一种是内嵌迷宫式滴灌管，由河北龙达灌溉设备有限公司引进以色列雷鸥（LEGO）公司设备生产的，滴头为圆柱状，年生产能力约为1000万m。该产品滴水均匀，不易堵塞，主要用于果树、蔬菜大棚。由于生产成本较高，售价接近国外同类产品，在我国推广应用发展速度不是很快。之后，甘肃省张掖轻工机械厂开发出第一台国产内嵌迷宫式滴灌管生产线，国内有几家企业选用国产设备生产这种滴灌管。由于内嵌迷宫式滴灌管滴头体积大，制造成本比较高，加之国产设备生产效率低，产品的质量稳定性不高，在使用上也出现了一些问题，致使该产品在市场上的推广应用范围很有限。

（2）压力补偿式滴灌及滴灌管

北京绿源联合公司早期从以色列PLASTRO公司引进的KATIF压力补偿式滴头的生产技术和滴灌管生产线，生产出管径12mm、16mm，滴头流量2.3L/h、3.75L/h，各种滴头间距的管上补偿式滴灌管。该产品一直是丘陵地带果园滴灌的首选产品，具有良好的压力补偿性，滴头工作压力在5~40m范围内，可保证毛管上每一滴头的出流均匀。同时，滴头有一定的自冲洗能力，增强了滴头的抗堵塞性能。目前，成都源田节水灌溉有限公司也自行研制开发了类似的压力补偿滴头。新疆天业塑料股份公司最近从美国引进压力补偿式滴头的生产技术和生产设备，其滴头流量为4L/h、8L/h、12L/h三种规格，滴头工作压力范围为100~600kPa。

（3）薄壁滴灌带

薄壁滴灌带最早是美国雨鸟（Rain Bird）公司在我国市场上推出的。目前，国内生产的薄壁滴灌带有两类。一类是以山东省莱芜塑料制品有限公司、新疆天业塑料股份公司先后从德国引进的薄壁滴灌带生产线为代表，该生产线集拉管与灌水器流道一次成型。其中，新疆天业塑料股份公司在引进的基础上，用2年多时间仿制出200条该类型生产线，即将形成年产15亿m薄壁滴灌带的生产能力，成为新疆大田棉花膜下滴灌工程的主要供应商。该产品由于制造成本低，基本上满足了大田作物滴灌要求一次投入低的需求，已在新疆较大面积使用。目前，新疆已经推广膜下滴灌技术11.33多万hm²，主要有新疆建设兵团农八师石河子垦区8万hm²棉花膜下滴灌技术，棉花平均单产4500kg/hm²，增产了750kg，节水50%。尽管这一产品在初期使用中出现过灌水均匀度不够、滴灌带破裂及管件连接处漏水的现象，但随着技术的提高和质量的不断完善，该产品在价格上有绝对的优势，是目前适合大田作物的滴灌设备。另一类薄壁滴灌带是内镶式滴灌管的原形，只是将管壁加工成0.2mm左右厚度，大大降低了单位长度滴灌管（带）的用料，降低了生产成本，以适应大田作物实施滴灌技术的需求。生产这一类型滴灌带全部是引进瑞士生产线。该生产线生产效率较高，一条生产线年产滴灌带4000万m。目前，我国先后引进了8条生产线，引进这种生产线有北京绿源、成都源田、陕西杨凌秦川节水、新疆天业等几家公司。该类型滴灌带具有灌水均匀度高、抗堵塞性能强等优点，应用效果良好。但生产工艺相对复杂，成本高于前面提到的一次性薄壁滴灌带。

（4）微喷头

微喷头主要用于果树、苗圃的灌溉工程。我国早期自行研制生产的微喷头以折射式为主。折射式微喷头的优点是结构简单，没有运动部件，工作可靠，价格便宜。缺点是由于水滴太微细，在空气十分干燥、温度高、风大的地区，蒸发漂移损失大。自北京绿源联合公司从以色列DAN公司引进微喷头生产技术后，我国的微喷头产品有了很大发展，微喷头由4~8个部件组装为满足不同使用要求和条件的成套产品，并且将微喷头的分流器设计成可更换的标准件，使一个喷头体可以通过不同的嘴和不同分流器的组合，形成多种多样的洒水特性，在规格种类上用户有了选择余地。目前，国内市场上已出现了不少仿制北京绿源或国外的微喷头产品，由于选用材料和加工工艺上达不到要求，其工作可靠性较差。

（5）过滤设备和施肥设备

我国较早研制和生产微灌过滤设备和施肥设备的企业是北京通捷机电公司及部分微灌专业生产企业。过滤设备的技术水平和质量基本上满足实际生产需要，有筛网过滤器、叠片式过滤、旋流式水沙分离器和砂石过滤器，以满足不同水源条件下微灌用水要求。施肥设备常用的是旁通施肥罐，这种施肥罐具有结构、组装和操作简单，价格较低，移动方便，不需要外界动力，对系统流量和压力变化不敏感等优点。其缺点是施肥罐必须承受系统内的压力（包括水锤），肥料溶液浓度不平衡，不易实现自动化控制，罐体有防腐要求等。从总体来说，我国在微灌过滤和施肥设备方面与国外相比差距较大，主要体现在设备工作可靠性不高、设备内密封性差和自动化控制程度低等方面。

（6）微灌管道连接件与防老化管材

微灌工程中大多用聚乙烯（PE）管。国内微灌用聚乙烯塑料管的连接方式和连接件有两大类：一是以北京绿源联合公司为代表的外接式管件，620mm以下的管件采用内接式管件。二是以山东莱芜塑料制品有限公司为代表的内接式管件，两者的规格尺寸相异。用户在选用时，一定要了解所连接管道的规格尺寸，选用与管道式相匹配的管件。目前，管道连接件已成系列化，质量较稳定，基本上满足使用上的要求。市场上防老化管材质量差异很大，用户一定要选用有信誉、质量好的企业的产品。

（7）控制、调节与保护装置

我国微灌工程专用的各种塑料阀门，流量和压力调节器等很少，在自动控制设备方面有国家节水灌溉杨凌工程技术研究中心开发的无线遥控灌溉系统、多压力自动变频灌溉控制系统等。但总体来说，我国灌溉自动控制设备种类少，档次低。

尽管我国微灌技术和产品设备研制、开发以及应用取得了较大进展，但仍然存在以下问题：

1.我国产品品种规格少，系列化程度低，配套水平低。我国微灌产品大多是引进或仿制外国的产品，自主开发的产品非常少，产品品种少，规格不统一，系列化程度低，技术配套能力差。

2.灌水器产品质量不稳定，部分产品质量差。我国生产的灌水器流量不稳定，制造偏差大。

3.微灌技术系统性差。我国在微灌技术研究和产品开发上，从整个微灌系统全局考虑得少，针对单个构件或设备考虑得多，因此，我国微灌技术系统性差。

4.价格昂贵，推广乏力。微灌虽属于最高效的灌溉方式，但相对于我国的实际情况，还是显得价格十分昂贵，因此，应用面积非常小，推广难度大。

（四）微灌技术与设备主要研究方向

针对我国微灌设备主要品种不全、部分关键设备质量不稳、耐久性差、能耗大、造价高的现状和在微灌系统系列化生产中存在的产品集约化程度低、成套系统的组合性差等问题，结合世界微灌技术的发展趋势，我国微灌技术的主要研究方向为：

（1）研发具有高效、低投入特点的微灌设备与新产品，开发集成配套的系列化微灌系统，形成温室滴灌系统、大田滴灌系统等各具特色的微灌系统批量生产能力

一种微灌产品不可能适应各种作物，也不可能适应各种种植模式。目前，我们应当集中力量，开发适合不同种植模式和作物类型的具有不同特色的微灌技术系统，如温室滴灌系统、果园滴灌系统、大田滴灌系统等。

（2）我国的微灌设备实现产品系列化、标准化、通用化

为了解决我国微灌产品系列化、标准化和通用化差的问题，今后研究微灌产品如何做到系列化、标准化和通用化，同时修改技术标准和行业规范，使我国的微灌技术产品向国际标准化迈进。

（3）研究适合我国国情、价格低廉、性能优良的新滴灌系统

滴灌技术从其开始实用的时候起，便被定位为昂贵的灌水技术，应用于高经济效益的作物。正是这昂贵，使滴灌到目前仍然仅能在经济效益比较高的作物上应用，严重地制约着微灌面积的更大发展。研究开发价格低廉、性能优良、适合我国国情的经济型滴灌系统将是我们今后开发的重点。

（4）实现滴灌产品的高质量和系统自动化

今后主要研究性能稳定、质量可靠、规格齐全的微灌技术产品，研究开发不同档次、不同型号、适宜多种应用途径的自动化控制灌溉设备。

三、喷灌技术与设备

（一）喷灌技术的研究与发展

喷灌又称人工降雨，它是通过管道将压力水输送到田间，由喷头将水流的压力能量（势能）转变为动能，喷射到空中，水舌在空气阻力作用下碎裂成小水滴，撒落到地面，像天然降雨一样浇灌作物的一种灌水方法。一方面喷灌采用了管道输水，避免了输水过程中的渗漏损失和蒸发损失；另一方面喷灌是利用压力水灌溉，而且喷洒点随时可以更换和移动，这样有利于灌溉水量的控制，也避免了地面灌溉中的超渗（深层渗漏）问题和灌水不均匀的问题，所以喷灌是一种现代新型节水灌溉技术。

喷灌技术诞生于20世纪初期，发源于欧美地区的城市草地和公园灌溉，开始用压力水配备简单的设备喷洒浇灌草地和公园，逐渐发展到比较专用的喷洒工具，然后应用到比较昂贵的苗圃和经济作物。第二次世界大战以后，随着全球经济的复苏，西方发达国家（特别是美国）的工业化水平迅速发展，使得农用机械和设备广泛使用，同时快接轻质钢管和铝管的投产，连同冲击式喷洒器的出现，又为发展喷灌提供了设备，使喷灌几乎可以用于全世界干旱和湿润地区的所有作物。最初的喷灌系统是固定的或人工移动的，随着许多新方法和新技术的出现和应用，喷灌设备进一步设计成田间机械移动的支管装置或连续移动的喷洒器，喷灌装置也由简单的小型喷灌系统发展到大型的移动式喷灌机，喷灌系统的造价也有所降低。喷灌的应用对象也从城市的草地、公园和经济作物发展到大田粮食作物、草场。这些新发展进一步减少了灌溉时所需要的劳动。从此以后，喷灌从欧美个别地区几乎扩展到全世界各个国家。

喷灌技术涉及材料、机械加工、土壤、农业、气象等多种学科，与喷灌技术对应的喷灌工程则是一个复杂的系统，包括灌区规划、水源选择、调蓄加压、输配水系统及其管网布设的确定，灌水量、灌水均匀度、灌溉制度的设计等多方面内容。经过近一个世纪的研究和发展，到目前为止，喷灌技术已从公园草地、花卉的喷灌发展到苗圃、经济作物和大田粮食作物喷灌，从机压喷灌发展到自压喷灌，从小型固定式和人工移动喷灌发展到自动移动的大型机组式喷灌，技术也基本上趋于完善。

我国在20世纪50年代建立了一些喷灌试验工程，到70年代后才有规模地引进、研究喷灌技术，并着手喷灌产品的研发。先后开展了全国不同土壤允许喷灌强度测定，喷头设计理论研究，并开发出PY系列摇臂式喷头、垂直摇臂式喷头和拥有自己知识产权的步进式全射流喷头。70年代后期，开始大中型喷灌机的开发研制，由于技术薄弱、材质较差、加工工艺水平落后等多方面因素制约，整体水平与欧美发达国家相比，差距较大。进入80年代后，我国先后从奥地利引进喷头生产线，从美国、德国、澳大利亚、南斯拉夫引进了水动和电动圆形喷灌机、大型平移式喷灌机、绞盘式喷灌机、滚轮式喷灌机和双臂式喷灌机等多种型号的喷灌设备，并组织有关科研院所和高校进行了联合攻关。但由于当时农村经营体制的巨大变化，地块化小，承包经营，大中型农业机械设备失去了市场，所以，大型喷灌机的发展缓慢。但在喷灌技术研究方面，科学家们根据我国山丘地区的特点，开展了自压喷灌技术的研究，取得了较大的成果，并得到了大规模的应用。进入90年代中后期，干旱缺水成为制约农业生产发展的瓶颈，节水灌溉再次被提到议事日程，特别是喷灌技术研究和喷灌设备开发受到相关科研院所、大专院校和生产企业的高度重视，进口设备和国产设备纷纷进入市场。特别是由国家节水灌溉杨凌工程技术研究中心自行研制且拥有全部知识产权的GJY系列全圆旋转喷头，在同等压力和喷洒均匀度条件下，与美国雨鸟公司（Rain bird）的同类喷头相比，射程增加15%~20%，标志着我国农田灌溉用喷头的研制水平已跻身于世界先进行列。同时，国家为了推广节水灌溉技术，将节水灌溉（包括喷灌和微灌）列入国家"九五"科技攻关项目，并确立了300个节水示范县，建立了8个农业高效用水科技产业示范区，以带动全国节水灌溉的发展。到20世纪末，全国喷灌面积已达到126.67万 hm²。在"十五"计划中，将节水灌溉列入"863"重大专项，开展以产业化为主要目的的技术研究和产品开发。

（二）喷灌的分类与优缺点

（1）喷灌系统的分类

喷灌系统的形式很多，各具特色，分类方法也不同，按喷灌系统获得压力的方式可分为机压喷灌系统和自压喷灌系统；按喷灌设备的组成可以分为机组式喷灌系统和管道式喷灌系统两大类。

机压喷灌系统是指喷灌系统的压力来源为机械加压，一般使用水泵加压，动力机可采用电动机、柴油机、汽油机等，机压喷灌系统为最普遍、也是最易实现的喷灌形式，缺点是需要消耗能量，运行管理费较高。

自压喷灌系统主要是利用地形高差所产生的自然水头进行喷灌。自压喷灌系统多建在山丘区，将高程势能转化为压力势能，当水源具有足够的落差时，用管道将水引至喷灌区发展喷灌。自压喷灌系统无需消耗能源，大大降低了系统的运行费用，特别适宜于贫困山区发展喷灌。

还有一种介于机压喷灌系统和自压喷灌系统中间的形式，它是利用水泵将水扬至高处的蓄水池，然后再按照自压喷灌的方法实现喷灌，也是山丘区常见的一种形式，多在供电没有保证或水源供水量不足，以蓄水池进行调蓄的情况下采用。

机组式喷灌系统按照喷灌机的运行方式分为定喷机组式喷灌系统、行喷机组式喷灌系统两类。管道式喷灌系统又分为固定管道式喷灌系统、半固定半移动式喷灌系统和移动式喷灌系统。

将喷灌系统中的提水加压设备、过滤与控制设备、干支管道和喷洒器组装成一个可移动的整体，称之为喷灌机组。定喷机组式喷灌系统由喷灌机（柴油机、电动机或汽油机驱动）、输水管道和喷洒器三部分组成。

行喷式喷灌机是行走喷洒式喷灌机的简称，在国外也称为连续移动喷灌机。其移动方式有人工移动式、拖拉机牵引移动式和电动自走式三类。行喷式喷灌机的特点是机组在运动过程中喷洒，也就是边移动边喷洒，或者边转动边喷洒。在定位喷洒时水量分布常不很均匀，但在行走喷洒中则可大为改善，特别是行喷式喷灌机的移动或转动速度是可以调整的，所以能达到很高的喷洒均匀度。有些行喷式喷灌机还可以使用雾化程度很好的低压散水式喷头，只要喷灌强度允许，可不考虑单喷头控制面积多少，因为喷灌机的支管所到之处，也是行喷式喷灌机所能控制的面积。所以，行喷式喷灌机的喷洒质量是很高的。行喷式喷灌机中常见的有双臂式、时针式、平移式、绞盘牵引式和平移一转动式等，其中使用最广泛的是时针式喷灌机。

固定管道式喷灌系统是指干支管都埋在地下，也有把部分支管铺在地面上的，但在整个灌溉季节都不移动。其特点是便于管理，节省劳力，可靠性高，使用寿命长。不足之处是单位面积设备的一次性投入过高，设备的利用率不高。适合于经济发达、劳力紧张地区或灌水频繁、经济价值较高的作物。

移动式喷灌系统是指干管和支管都采用移动式铝合金管或塑料软管。其特点是平均单位面积设备用量少，投入低。其不足之处是管理运行费用较高，设备易损坏，人力需求量较大。

半固定半移动式管道喷灌系统是指干管固定，支管移动，这样可以大大降低支管用量，降低单位面积设备的一次性投入。其特点介于固定管道式喷灌系统和移动式喷灌系统之间。

（2）喷灌技术的优缺点

1.优点。

①节约灌溉用水：喷灌属于一种设施灌溉方式，喷灌的输水系统采用全封闭压力管道，几乎不存在输水损失。而灌溉系统又是采用专门的喷洒设备，以降雨的形式灌溉农田，所以能够很好地控制灌溉强度和灌水量，避免了深层渗漏。喷灌条件下的灌水均匀度较高，一般情况下可以达到80%~85%，同时也提高了水的有效利用率，其有效利用率在80%以上。测定结果表明：在相同的灌水目标下，喷灌的灌溉用水量比地面灌溉节约用水30%~50%，节水效益十分明显。

②有利于提高作物产量：喷灌像降雨一样湿润土壤，不破坏土壤结构，为作物生长创造良好的水分状况。由于灌溉用水通过各种喷灌设备输送、分配到田间，都是在有控制的状态下工作，可根据供水条件和作物需水规律进行精确供水。此外，灌溉还能够调节田间小气候，在干热风季节用喷灌增加空气湿度，降低气温，可以收到良好的效果。在有些季节，还可利用喷灌进行防灾防病。实践表明，喷灌条件下作物产量比地面灌溉提高15%~25%。

③适应性强：喷灌适应各种类型的土壤和大多数作物，受地形条件的限制较小，凡可以应用地面灌溉的地形、土壤和作物均可采用喷灌。而且在砂土地、地形不平、地面坡度太大、逆坡等无法实施地面灌溉的地方也可以采用喷灌。在地下水位较高的地区，地面灌溉使得土壤耕层过湿，易引起土壤渍害和盐碱化，喷

灌可以控制灌水量，从而有效地避免上述现象的发生。

④节省劳力：一方面，喷灌是一种有压灌溉，对地形平整程度要求较低，一般情况下可以不用平整土地，从而节省大量的人力、物力和财力；另一方面，喷灌也是一种可控制灌溉，喷灌系统的机械化程度较高，而且有利于实现自动化控制。所以，可以大量地节省灌溉成本和劳动力，降低灌水的劳动强度，缩短灌水时间，提高灌水效率。

⑤提高耕地利用率：采用喷灌可以大大减少田间内部沟渠、田埂的占地，增加了实际播种面积，与渠道输水灌溉相比，可以提高耕地利用率7%~15%。

2.缺点。

①受风的影响大：喷灌时刮风，会吹走大量的水滴，增加水量损失。风力还会改变水舌的形状和喷射距离，降低喷灌的均匀度，故一般在3~4级风时应停止喷灌。

②蒸发损失大：水喷洒到空中以后形成大量的小水滴，增大了水与空气的接触面积和对流机会，因此其蒸发量大于地面灌溉时的蒸发量。尤其在干旱的气候环境下，空气湿度相对较低，蒸发量更大，水滴降落到地面之前最大可以蒸发掉10%的灌溉水量。因此，喷灌宜在夜间风力较小时进行，以便减少蒸发损失。

③投资较大：喷灌属于一种设施灌溉，对水质也有一定的要求，从水源到田间都需要专门的设备，而且是一种有压灌溉。因此，对设备的要求相对较高，投资较大。

（三）喷灌系统设备与研发

（1）喷灌系统的组成

喷灌是将灌溉用水加压并输送到田间，借助于专门的喷洒设备进行灌溉的方法。喷灌不同于常规的地面灌溉，需要一系列设备进行组装配套，属于一种设施灌溉。组成一个完整的喷灌所需设备仪器的总和称之为喷灌系统。一个完整的喷灌系统主要由以下几部分组成：水源工程、首部枢纽、输水管网、喷洒器及配套设备和建筑物。

1.水源。水源是实现灌溉的前提和保证，以便在灌溉季节能够满足灌溉所需的水量和质量，喷灌的水源可以是河流、渠道、塘库、井或泉。

2.首部枢纽。首部枢纽主要包括水泵、动力、过滤和控制设备。为喷灌系统提供符合水质要求的有压水流，同时进行灌溉时间和灌溉水量的控制。

3.田间管网。田间管网通常分为干管、支管和毛管，为了连接和控制管道系统，还要配置一定的弯头、直通、三通、闸阀和堵头等管件，其作用是将压力水流输送到田间每一个喷洒点。

4.喷洒器。喷洒器也称之为喷头，是喷灌的专用设备，是喷灌系统的重要部件。其作用是把压力水流喷洒成均匀的细小水滴，以降雨的形式散布到田间。

（2）喷灌系统主要设备

1.喷头。

①分类：喷头又称之为喷洒器，是喷灌系统中的核心设备。喷头按材质可以分为金属喷头与塑料喷头两类，金属喷头按材料的不同又可分为铜质喷头、锌铝合金喷头等。喷头按工作压力和射程大小可分为低压喷头（或称之为近射程喷头）、中压喷头（或称之为中射程喷头）以及高压喷头（或称之为远射程喷头）。对喷头压力和射程的划分及其各自的特点见表1-1。

表1-1　喷头按工作压力和射程分类

类别	工作压力/kPa	射程/m流量/（m³/h）		特点及适用范围
低压喷头（近射程喷头）	100-200	2-15.5	0.3-2.5	耗能少，水滴打击强度小，主要用于菜地、果园、苗圃、温室、公园、草地、连续自走喷式喷灌机等
中压喷头（中射程喷头）	200-500	15.5-42	2.5-32	均匀良好，喷灌强度适中，水滴合适，适用范围广，如公园、草地、果园、菜地、大田作物、经济作物及各种土壤等
高压喷头（远射程喷头）	>500	>42	>32	喷灌范围大，生产率高，耗能高，水滴大，适用于对喷洒质量要求不太高的大田、牧草等

按结构形式和喷洒特征，可以分为旋转式（射流式）喷头、固定式（散射式）喷头、喷洒孔管三类，此外还有一种同步脉冲式喷头。

摇臂式旋转式喷头应用最为普遍，它是绕其自身铅垂轴线旋转的一类喷头。它把水流集中呈股状，在空气作用下碎裂，边喷洒边旋转。根据是否装有换向机构和喷嘴数目，旋转式喷头又分为全圆喷洒、扇形喷洒和单喷嘴、双喷嘴等形式。它的射程较远，流量范围大，喷灌强度较低，均匀度较高，是中射程和远射程喷头的基本形式，也是目前国内外使用最广泛的一类喷头。

②主要技术参数：喷洒器是决定喷灌系统质量好坏的重要因素。衡量喷洒器质量好坏的指标主要有：雾化程度、喷灌强度（要小于土壤允许喷灌强度）、运转的可靠性和使用寿命等。其主要技术参数包括：接口管螺纹尺寸外径（mm）、喷嘴直径（mm）、工作压力（kPa）、射程（m）、喷水量（m³/h）。详细参数参见有关产品介绍。

我国目前使用较多的国产喷头有河南省水利机械厂生产的ZY型喷头和新昌、金坛、新郑、云梦等喷灌机厂生产的RY1型金属喷头，以及福建亚通塑胶有限公司和吉林通化塑料厂生产的塑料喷头；使用的国外喷洒器主要有美国、以色列、意大利等国家的产品，其中美国雨鸟公司最多，其生产的喷头多为铜质，副喷嘴为异形喷嘴，喷嘴档次密度大，用户选择幅度宽广，喷洒水雾化程度高，散布均匀，喷头加工精致，使用寿命长。其性能指标都优于同类大多国产喷头。

2.输水管道与管件。

①分类：喷灌用的输水管道要输送高压水流，因此要求管道有足够的耐压强度，管道与管件配合精密，不得漏水。实践经验表明，管网在喷灌系统建设中约占工程投资的60%~70%，因此，在喷灌微灌工程建设中，一定要选用质量优良的管材，杜绝一切低质量的伪劣管材进入工程，确保工程质量。喷灌用管道按材料可分为金属管道和非金属管道；按使用方式可分为固定管道和移动管道。金属管道主要有钢管、镀锌钢管、薄壁铝管、铝合金管以及铸铁管等。非金属管道包括水泥管和塑料管两类，水泥管主要有自（预）应力钢筋混凝土管、石棉水泥管等；塑料管主要有聚氯乙烯管、聚乙烯管、改性聚丙烯管、加筋塑料（聚乙烯）管、维塑软管和锦塑软管等。近年来，随着化工技术的快速发展，金属管道在喷灌工程中的应用已越来越少，塑料管道的应用非常普及，大有取代金属管道的趋势。

②主要技术参数：在喷灌工程中管道是有压输水，所以其主要技术参数有：管径（mm）、壁厚（mm）和工作压力（kPa）。

3.喷灌机组。

①分类：喷灌机按照移动时所需动力的不同可以分为人力移动式喷灌机组、拖拉机牵引式喷灌机组和自走式喷灌机组。

a.人力移动式喷灌机组有手抬式轻型喷灌机、手推车式轻小型喷灌机。

（a）手抬式轻型喷灌机：特点是重量轻、体积小、价格低廉和移动方便，适用于山区、丘陵、市郊的小地块粮食作物、茶园、果树及蔬菜的喷灌，工作时为定位喷洒，在一个位置喷洒完毕后，由两人抬起转移至另一位置。手抬式喷灌机的动力用2.2~4.4kW风冷内燃机或4kW电动机；水泵多为自吸泵，为使整机重量减轻、结构紧凑，水泵与动力多采用直联（或同轴）；喷头一般用中压摇臂式并用金属竖管直联在水泵出口上方，或用软管、三脚架支于喷洒位置。其中喷头与水泵直联的形式只用于动力为电动机的情况，原因是小型柴油机多为单缸机，工作时振动较大，不利于喷头的正常运转。手抬式轻型喷灌机的流量12~18m³/h，扬程35~45m，移动管道多为锦塑水带（力50）或铝合金管，管长100~200m，安装喷头5~6个，单机控制面积3~7hm²，每千克柴油浇地0.067~0.08hm²。

（b）手推车式轻小型喷灌机：优点是结构简单，价格低廉；缺点是不宜在黏重土壤上使用，如一定需要在这种土壤上使用，则须有加衬砌的渠道和车道，不然泥泞不堪，转移困难。手推车式喷灌机所用的动力是柴油机或电动机，轻型机所需功率为2.2~4.4kW内燃机或4kW电动机；小型机所需功率为7.4~8.8kW内燃机或7kW电动机。手推车式喷灌机所用的水泵是自吸离心泵或普通离心泵等加压装置。配置一或两条支管，用PYS15、PYS20、PYS30或PY_1、PY_{30}型喷头4~10个，接上水源形成一个小型移动式喷灌系统，此时如按7天一个灌水周期，灌水30mm计算，一台手推车式喷灌机可控制面积3~7hm²。

（c）滚移式喷灌机：滚移式喷灌机的支管是金属管（国外多用强度铝合金管），节长6~12m，用快速接头连接，管径为100~150mm，整个支管长度可达400m。滚移式喷灌机的支管用大滚轮架起，大滚轮一般在每节管道中部安装，滚轮即以支管为轴，滚轮直径为1~2m，视作物的高矮而定，大滚轮既是支管的支承，也是移动支管时的行走装置。支管的接头处安装喷头，支管的一端用软管与干管连接，另一端安装堵头。有的滚移式喷灌机则在管节中部安装喷头，而将滚轮安装在接头处。滚移式喷灌机上的喷头多为中、低压摇臂式喷头。滚移式喷灌机一般用于大田矮秆作物的喷洒，不宜在坡度较大的地块工作。

b.拖拉机牵引式喷灌机组主要有绞盘牵引式喷灌机和双臂式喷灌机。

（a）绞盘牵引式喷灌机：绞盘牵引式喷灌机是一种用绞盘卷扬使喷头连续移动进行喷洒的喷灌机，它的支管是高压充水条件下特别耐磨的软管，喷头是远射程大喷量喷头。其优点是构造简单、制造方便、设备成本低、操作容易、省工、能够喷灌各种作物、能够适应各种形状的地块，而且不受地块中的电杆、树木等障碍的限制。但这类喷灌机的喷灌强度较大，拖管易损坏庄稼，若预留机行道，则土地利用率较低，另外还需要较高的工作压力，并且受风的影响较大。

绞盘牵引式喷灌机的主要部分是一台喷灌车，喷灌车上装有绞盘和动力（个别的形式是将绞盘和动力放在地头）。通常是由拖拉机把喷灌车移到起始工作位置或每一行程的起点，有的绞盘牵引式机组成的喷灌车专门设置了行走机构和动力，成为自走式喷灌机。绞盘牵引式喷灌机按其绞卷牵引的不同而分为两大类，即钢索牵引式和软管牵引式。绞盘牵引式喷灌机都是直线移动，所以其行程控制的面积是一个矩形条幅，条幅的宽度也就是喷头的喷洒直径。使用绞盘牵引式喷灌机的喷灌系统，干管布置在地块中线上，使得输水软管可以在干管两侧都充分利用。

（b）双臂式喷灌机：双臂式喷灌机的结构是在行走机或拖车的两侧各伸出一个悬臂式桁架，桁架的下弦就是喷洒支管，喷洒时是一个条幅，靠整体移动或转动控制一块矩形或圆形面积。一般分为两大类，一类是移动喷洒的双臂式，它一般配备有可行走机构；一类是转动喷洒的双臂式，它装在拖车上，用拖拉机或绞盘牵引。前一类喷灌机多沿渠道取水，后一类则用高压软管接给水栓取水，所以前一类多利用行走机的动力通过变速机构带动水泵给灌溉水流增压,可以减少一套动力设备。双臂式喷灌机的喷洒质量很高,移动的双臂机还有使用低工作压力的优点,单机控制面积可达67hm²以上。其优点主要是机动性强、可以直接利用拖拉机的动力,所以设备投资小。缺点是机行道占用土地多、喷灌强度大,受风的影响大。

c.自走式喷灌机组主要有时针式喷灌机、平移式喷灌机和水力驱动自走式喷灌机。时针式喷灌机、平移式喷灌机为电力驱动。

(a)时针式喷灌机:时针式喷灌机由固定的中心支轴、薄壁金属的喷洒支管、支撑管的桁架或悬挂支管的拉索、支塔架及行走机构等组成,由井泵或给水栓供给压力水。工作时,压力水由支轴下端进入,经支管到各个喷头再喷洒到田间,与此同时,驱动机构带动支塔架的行走机构,使整个喷洒支管绕中心支轴缓慢转动,实现行走喷洒。

时针式喷灌机的喷洒支管长度大都在400m左右,最短为60m,最长的已达800m,所以,一台时针式喷灌机控制的面积可在13~215hm²之间,如果地面允许有较大的喷灌强度,喷灌机可以在较短的时间内喷完一片,在灌水周期内可转移至另一位置再实施喷灌,则机组就控制了两块面积,一台时针式喷灌机的实际控制面积就增加了1倍。

(b)平移式喷灌机:平移式喷灌机的外形和时针式喷灌机很相似,也是由几个到十几个塔架支承一根很长的喷洒支管,一边行走一边喷洒。但是它的运动方式和时针式完全不同。

时针式喷灌机的支管是转动,平移式的支管是横向平移,因而其喷洒特征也不同,两者区别如下:

第一,平移式的喷灌强度沿支管各处是一样的,而时针式的喷灌强度则由中心向外圈逐渐加大;

第二,平移式喷洒矩形地块,而时针式一般只喷洒圆形、扇形地块,由于一般地块多呈矩形,所以平移式不致漏喷;

第三,平移式喷灌的均匀度较高,受风的影响也较小;

第四,平移式的塔架是直线前进,时针式的塔架走圆弧,而耕作、种植、管理的工作方式都是直线,因而平移式喷灌机的适应性强;

第五,平移式喷灌机可以在地头为运输状态,所以在使用一台机组轮浇两片地时,它不必专门预留转移的车道。

除此之外,平移式还具有许多时针式和牵引式喷灌机的优点,所以,它是一种极有发展前途的自动化喷灌机具。

(c)水力驱动自走式喷灌机:水力驱动自走式喷灌机的工作原理与绞盘牵引

式喷灌机基本上相近，它是将钢绞线的一端固定在地头或地块中的某一处，另一端与喷灌机上的齿轮传动部件相连，利用水力带动齿轮转动，同时收卷钢绞线，从而带动喷灌机后退。水力驱动自走式喷灌机类似于绞盘牵引式喷灌机，也具有同样优点：构造简单、制造方便、设备成本低、操作容易、省工、能够喷灌各种作物、能够适应各种形状的地块，而且不受地块中的电杆、树木等障碍的限制。其不足之处是喷灌强度较大，拖管易损坏庄稼，若预留机行道，则土地利用率较低，另外还需要较高的工作压力，并且受风的影响较大。

4.水泵。

在喷灌工程中，水泵的作用主要是提水和加压之用。常用的几种水泵类型主要有：喷灌专用泵、离心泵、潜水泵、管道泵等。在动力配套方面，离心泵、潜水泵和管道泵只能电配，离心泵和喷灌泵既可柴油机配也可电配。

（3）我国喷灌产品研发现状及存在的主要问题

1.产品研发现状。我国目前生产的喷灌设备主要是大、中、小（轻）型喷灌机，喷灌用水泵，喷灌用地埋管道和地面移动管道，喷头，附属设备等。

①喷头：目前我国生产和使用最多的是 PY_1、PY_2 铝合金摇臂式喷头以及 PYS 塑料喷头，凡生产喷灌机的企业几乎都生产喷头。我国喷头的生产能力充足，但产品档次不高，使用寿命短，品种单调。1987年投放市场的 ZY 系列喷头和最近投放市场的 PY 系列喷头引进国外生产线，以锌铝合金和黄铜为主要材料制造，性能好，但价格较贵。在 PYS 塑料喷头基础上开发研制的 PYS2 系列喷头主要部件采用耐磨防腐金属镶嵌新工艺，提高了产品性能和使用寿命，其性能价格比具有较强的市场竞争力。

我国在大型喷灌机组专用喷头的开发和制造上与国外尚存在较大差距，致使喷灌机整机性能不佳，不得不依靠进口喷头配套。

②管道：在喷灌工程中的管道投资占材料设备费的70%~80%，降低管材的费用一直是发展喷灌的关键所在。随着塑料工业的发展和应用范围的扩大，基于树脂的复合型管材备受人们的关注。在节水灌溉工程中广泛采用塑料管材（PE管和UPVC管）。目前，国内的华亚牌、南亚牌、山东齐鲁武峰、福建亚通等十余个品牌和厂家生产的UPVC管，莱芜塑料制品（集团）总厂生产的UPVC管和PE管，质量上乘。目前，可用于喷灌中UPVC管管径从20mm到400mm都有，其中200mm以下的管道比较普遍。工作压力多在0.63~1.6MPa。相应的管件配套也比较齐全，基本上已经取代了金属管道。近年来，在PE管的基础上又开发出了加筋塑料管，使其最大工作压力增加到3.5MPa，而且使得在壁厚不太大的情况下，大口径塑料管道的加工生产成为可能。这种管材具有耐压能力高、重量轻、耐腐蚀、水力性能好、价格低等优点。与1.0MPa级的管材比较，新管材的成本仅为一般

PVC管的50%~65%，是理想的替代产品。

地面移动管道主要使用带有快速接头的薄壁铝合金管和塑料软管。其中薄壁铝管的生产工艺经历了冷拔、焊接、挤压三个阶段，已达到铝材生产的先进水平。挤压铝合金管较冷拔管的成品率高得多，而力学性能又优于焊接管。移动铝管除管材外，还要配上快速接头，才能成为移动管道。快速接头及其他附件一般是由喷灌机厂生产并成套供应移动管道式喷灌系统，如太原市喷灌集团公司生产的TPL型喷灌管道系列，配套完整，年生产能力可供发展6.67万hm^2喷灌的需要。

地面移动管道中的塑料软管，我国也有足够的生产能力，如金坛喷灌机厂的维塑管年生产能力达100万m，泰州市喷灌机厂的涂塑软管年生产能力达200万m。

近年来，由于市场不规范，优质难以优价，许多不具备条件的小工厂也开始生产移动管道，但其质量难以保证。

③喷灌机：喷灌机分为大型喷灌机、卷盘式喷灌机和轻、小型喷灌机。

（a）大型喷灌机：目前，我国生产的大型喷灌机主要有DYP-415型电动圆形喷灌机，塔架为10跨，系统长度415m，一个作业点的控制面积约60hm^2。此外还有DPP-400型平移式喷灌机，塔架为10跨，系统长度356m，双侧配置，控制面积120hm^2。大型喷灌机的自动化程度和作业效率高、单机控制面积大，每公顷投资较低（3000~6000元），适用于机械化程度较高的规模化农业。

我国大型喷灌机的开发、研制和生产应用经历了20多年的努力，积累了一定的技术基础，但产业发展举步艰难。其原因是方方面面的，不能简单地归结为"不适合国情"的一个原因。大型喷灌机是机电一体化的大型机具，要求较好的产业基础和综合配套能力，从单项技术到集成技术，再到产品需要实现巨大的跨越。我国大型喷灌机产品的主要差距是能耗高，抗风性能差，整机重量大，专用零部件配套能力不足，防锈蚀工艺落后，系列短等。这些差距大多集中在产业化开发的环节上，并非单纯的技术问题，而是技术与经济、企业与市场相互影响的结果。

（b）卷盘式喷灌机：我国目前批量生产的卷盘式喷灌机有JP40、JP50、JP65、JP75T和JP90系列产品，其换代新产品的整机性能已接近国际先进水平，产品质量有较大提高，形成了一定的生产规模，1998年下半年开始投放市场，为发展产业奠定了较好的基础。

卷盘式喷灌机因结构的限制，供水管道和水涡轮上的水头损失较大，单喷头配置时入机压力较高，能耗偏大。但该机型机动性好，适应性强，对于补充灌溉单机控制面积大，单位面积投资低，经济效益显著。目前，应用较多的JP75型卷盘式喷灌机有效喷洒长度300m，有效喷洒幅度50~60m，喷洒流量18~27m^3/h，单机控制面积达18hm^2，每公顷投资4500元左右。

　　(c) 轻、小型喷灌机：轻、小型喷灌机使用最多的为手抬式和手推式的机组，是当前我国喷灌机具的主力军。我国轻、小型喷灌机已形成相当规模的生产能力，主要有新昌喷灌机厂、金坛喷灌机厂、新郑喷灌机厂、太原喷灌公司等十余家。轻、小型喷灌机组机动灵活，使用方便，单位面积投资低，适合我国当前的农村经济体制和农业经营规模，这是它应用广泛的主要原因。但是，这种机型的喷洒质量往往难以保证。轻、小型喷灌机的生产制造分散，产品质量和工艺水平参差不齐，一些企业虽已形成规模生产，但规模效益尚不明显。轻、小型喷灌机虽小，但设备齐全，包括机体、水泵、管道和喷头，它的质量实际上反映了我国喷灌设备的总体水平。1991年，原机电部进行的喷灌机行业产品质量评比表明，产品总的合格率仅为57%，这种质量状况实际上也代表了轻、小型喷灌机的质量状况。造成质量不稳的原因：一是企业质量管理不善，缺乏长远考虑，没有真正树立质量是企业生命线的发展战略；二是技术上、装备上没有形成专业化生产的格局，生产工艺落后，缺少专用加工设备，缺少必要的检测手段。

　　④喷灌泵：我国目前生产的喷灌专用水泵主要是50BPZ、65BPZ、80BPZ等8种型号的自吸泵和65BP、80BP两种型号的非自吸泵，以及这些专用水泵的变型泵。喷灌专用水泵多是与轻、小型喷灌机配套使用的，基本上由喷灌机生产企业组织生产制造，其中金坛喷灌机厂的年生产能力已达8万台。

　　除喷灌专用水泵外，喷灌工程还广泛使用QJ系列井用潜水电泵等通用水泵，目前已初步形成了一些具有较强实力和竞争能力的企业。就整体来说，我国农用水泵的制造水平与国外先进水平相比差距是明显的，突出反映在铸造水平上。

　　2.存在问题。目前，我国灌溉设备的可靠性与世界水平相比仍有较大差距。其主要原因是由于材质较差，加工设备及工艺落后。当然，使用管理水平也有一定影响。

　　产品质量的稳定性有待进一步提高。质量不稳定的原因大体有以下几种：一是企业对产品的质量重视程度不够；二是出厂检验手段不完善；三是加工过程专用设备少，致使产品批次质量不稳定；四是忽视装配质量和外购外协件的质量。

　　喷灌机具缺乏成套性。这些年来，我国喷灌机的研制和生产，较多地注重"三化"（一体化、配套化和规模化）、提高效率和可靠性。但对系统内动力、水泵、管道及附件、喷头、监控及调控仪表等综合配套研究不够，尚未形成具有中国特色的实用、高效、配套合理及相对完整的典型系统。从研究来看，对监控、调控仪表和各种阀类研究不够；从专业化生产来看，生产机、泵、管、头的多，生产各种专用阀门和仪表的很少，尚未形成国外一些喷灌机具企业产品配套齐全的局面。

　　喷灌机具的材质有待提高。目前，学我国喷灌机具的材质仍以普通的铸铁、钢、铝合金、黄铜为主，基本上没有高档材质，也没有专用材质，特别是一些弹簧件，因而影响了机具的可靠性和寿命，而国外产品大都用铜合金、铝合金、不锈钢及工程塑料等。当然，提高材质固然会增加成本，但产品的质量和可靠性大大提高，同时还要考虑用工程塑料代替一些金属材料，可使成本降低。

新产品研制、开发中遇到的困难较多。一是科研部门和大专院校经费不足，主管部门无投入或投入很少；二是生产企业想开发，但又感技术力量不足。再加上目前我国农村体制现状，高技术产品购买力和使用水平跟不上，故而厂家除少量改进外，大都维持产品现状，无力更新产品，改进工艺装备。

（四）喷灌技术与设备主要研究方向

（1）喷灌设备的研发方向

发展节水灌溉技术是国民经济发展的需要，也是农业现代化的需要。喷灌是一种机械化灌水方法，具有节约劳力、提高作物产量和品质的显著效益，它对推动农业的集约经营和适度规模经营，提高劳动生产率、土地产出率和产品商品率，逐步实现现代化农业有着重大作用。我国节水灌溉设备今后发展的方向应该是：

1.实用、成套、可靠、高效。实用是指根据我国自然、经济条件，因地制宜地发展节水灌溉设备。对广大农村，根据今后一段时期经济体制不变的要求，仍以轻小型喷灌机为主，研究方向是一机多用，减轻重量和提高可靠性。国营农场、农垦系统等经济条件好的地方可推广大型喷灌机。水泵则应着重提高吸程，增大流量（考虑与管灌配套）。另外，要针对不同的需要研制一些专用泵（如针对含沙量大的耐磨损泵）和专用喷灌机具。总之，要根据我国国情搞出特色，以适合不同地区、不同作物喷灌的需要。成套是指灌溉设备的动力机、传动装置、输水设备（管道及附件、各种阀）、灌水器和调控仪表等，作为一个整体系统加以研究和制造，使之相互适应协调，成为实用、高效、配套合理的完整系统，以提高整个系统的装置效率和降低能耗，并要做到成套供应。高效一是指提高动力机、水泵、输水管路、灌水器的性能和效率；二是指增加灌溉设备的使用功能，以达到降耗节能、增加效益的目的。可靠是指提高系统内机、泵、管、阀、头及整个系统运行的耐久性。

2.灌溉设备应用范围延伸，增加生产企业的效益和生产稳定性。近年来，我国一些喷灌机具已在防尘、清洗、降温、城市园林喷灌和喷泉、农村供水和消防、水利工程开挖等应用方面显示出多用途的前景，科研部门和生产企业应进行总结，形成"三化"（一体化、配套化和规模化）。

3.对现有机具进行成套、优化和更新研究。加强专用材质和基础件的研究，重点扶持一些企业，使其改善加工条件，完善检测手段，实现上水平、上质量、上规模、上效益，降低成本，以便普及推广。

4.提高产品质量，降低产品成本，实现规模化生产。一项节水灌溉技术的大面积推广，建设成本和运行成本是重要的制约因素。我国节水灌溉是在国民经济不发达的条件下起步的，"少花钱、多办事"有时成了唯一的准则。我国不少节水灌溉工程是提前报废的，原因很多，但片面追求低成本发展是重要的原因之一。在材料设备方面，不能以牺牲必要的性能和质量为代价来换取低成本。

5.企业与科研单位联合，实行技术经济一体化。我国节水灌溉材料设备企业生产的不少产品是20世纪70年代末、80年代初国家有关部门组织全国联合设计的成果，但在市场经济体制下，单纯依靠国家的科技投入已远远不够。企业应主动与科研单位联姻，并成为投入的主要承担者和成果的所有者。国家科技部启动的农业高效用水科技产业示范工程、现代节水农业新技术和产品设备研究与开发以及组建国家节水灌溉工程技术研究中心，目的都是为了推动节水灌溉相关产业的发展，实现技术经济一体化。我国的企业既要抓住当前节水灌溉市场发展的契机，也要抓住国家推动技术经济一体化的契机，实现产业的发展。

6.行业自律和质量认证亟待完善。针对我国节水灌溉材料设备生产企业小而分散的格局，建立行业自律机制和质量认证机制极为重要。目前的市场不规范，不公平竞争造成低劣产品充斥市场，优质不能优价，用户身受其害，正规企业也身受其害。在要求生产企业通过加强行业管理（据悉中国水利企业协会灌排设备分会已经组建），严格行业自律的同时，主管部门应建立、健全有关的质量认证工作。

（2）喷灌设备的研发内容

1.大田作物半固定式喷灌系统关键设备研发与产业化。包括研发节能异形喷嘴喷头、仰角及雾化程度可调的多功能喷头、非圆形喷洒域喷头；开发新型移动式管道和管件；对移动式管道生产工艺进行改进，形成标准化、系列化的半固定式喷灌系统，并进行产业化开发。

2.轻小型喷灌机组研发与产业化。研发机动灵活的低压轻小型移动式喷灌机组和适用于低压管道灌溉系统的轻小型喷灌机组；开发与低压行走式喷灌机相配套的精量施灌设备；对轻小型喷灌机组的配套工艺进行改进，形成标准化、系列化的小型喷灌机组，并进行产业化开发。

3.大型自走式喷灌机组研发与产业化。研发智能同步控制型的圆形和平移式喷灌机；开发圆形和平移式喷灌机设计软件；对桁架设计与生产工艺进行改进，形成系列化的大型自走式喷灌机组，并进行产业化开发。

四、地下渗灌技术与设备

（1）渗灌的概念

渗灌（地下滴灌）是指灌溉水以滴渗方式湿润作物根系层，实现作物灌溉，以满足作物需水要求的一种灌水技术。目前，工程上的做法是将灌溉水通过低压渗灌管管壁上的微孔（裂纹、发泡孔）由内向外呈发汗状渗出，随即通过管壁周围土壤颗粒，颗粒间孔隙的吸水作用向土体扩散，给作物根系供水，一次连续性实现对作物灌溉的全过程。渗灌水流进入土壤后，仅湿润作物根系层，地面没有水分，故蒸发量更少，比其他灌水方式更为节水。

（2）国内外渗灌技术研究及进展情况

自19世纪60年代，德国就开始利用排水瓦管进行地下灌溉试验，管材是明接的短瓦管，瓦管的间距5m，埋深0.8m，管上覆盖0.3~0.5m厚的过滤层。试验证明，作物产量成倍增加。这项试验连续进行了20多年。1920年，德国在水流出流方面实现了突破，首次采用管道穿引技术把水流输送到土壤中去。1923年，前苏联和法国也进行了类似的试验，研究穿孔管系统的灌溉方法。1934年，美国研究用帆布管渗水灌溉。1935年以后，着重试验各种不同材料制成的孔管系统，研究根据土壤水分的张力确定管道中流到土壤里的水量。此后，日本、英国、荷兰等国也先后进行了类似的试验，研究不同材料制成的孔管系统，不同土壤水分渗流机理及作物的需水量。

20世纪中叶，塑料工业得到了长足的发展，一大批塑料管材蜂拥而出。由于各种塑料管易穿孔，易连接，价格低廉，以至今天，塑料管仍在渗灌管中占有相当重要的地位。直到20世纪80年代初期，美国成功研制了专用的渗灌管，渗灌灌溉技术才真正实现了质的飞跃。到目前为止，国外已研制成功以聚烯烧、废橡胶轮胎等为原料的渗灌管。渗灌技术在美国、法国、澳大利亚、以色列等国家被广泛应用于温室大棚、菜田、果园等。

我国早在晋朝，山西省临汾就出现了以家庭饮用水为水源的地下渗灌工程。随后，河南济源又出现了在土壤内埋设由透水瓦片拟合而成的透水管道进行渗灌。20世纪70年代以来，我国的河南、陕西、山西、江苏等省和中国水利科学研究院、清华大学、西北农林科技大学、山西省水利科学研究所等单位均开展了地下灌溉研究，地下灌溉方法更加丰富，所用管材也愈来愈多。但遗憾的是，这些科研成果都没有进一步推广使用。1991年，山西省万荣县农民王高升，用塑料管打孔作为渗灌管埋入地下实施果树灌溉，果园面积为0.667hm^2，使用后，节水效果明显，省工省时，苹果单个大，经济效益十分显著。接着运城行署地委积极扶持推广。这在干旱年份发挥了重要的作用。

虽然近几年，我国科研单位、科技工作者做了大量的实验和研究，主要表现在：我国渗灌研究整体水平比较低，没有自己独立开发的渗灌管及配套设施；渗灌机理的研究及渗灌系统的设计没有一套完善的办法，更没有一套综合的评价体系；渗灌技术牵涉到工程给水、管网布设、渗灌管选型、非饱和土壤水二维流动机理等方面问题。另外，渗灌管埋设在作物根系层，天长日久，易产生堵塞，毛管在埋设时由于人为原因易形成打折、折断等现象，漏水、跑水严重。

（3）渗灌的特点

渗灌是低压条件下，通过埋设在作物根系范围内的渗灌管，向作物根系层适时、适量灌水的灌溉方法，因为这种灌溉方法中灌溉水在作物根系层进行，有效地降低了地表蒸发量，具有省工、省时、省水、增产、增收、便于管理及耕作等优点，特别适合于宽行距的行播作物灌溉。

1.节水、节能、便于中耕。渗灌时灌溉水仅湿润作物根系层，地表土壤含水量很小，故地面蒸发量小，非常节水，同时渗灌管都在低压条件下渗水（工作压力 0.6~3Mpa），灌溉水所需动力小，节省能源。实验证明：渗灌节水 50%~80%，每公顷节水 5700m^3。以草莓为例，用明水灌溉每公顷年需水 1600m^3，采用渗灌技术仅需水 650m^3，省水达 59%。种植其他作物，都有不同程度的节水，其中以甜瓜和苹果节水效果最为明显；且毛管或出水管道埋设于地表下，不会妨碍地面上的中耕、喷药等。

2.节省工时。用明水浇地需大量人力，若采用渗灌，因管道全部埋入地下，地表土壤含水量少，没有适宜杂草生长的环境，故省去了除草用药及人工除草工时，省工率达 95%。

3.不破坏土壤结构。渗水管出渗水流非常缓慢，多为层流，管内水流压力低，灌溉水通过管壁周围土壤颗粒的吸水作用向土壤扩散，不会破坏田间土壤结构，防止土壤板结、干裂。同时，能够保证田间土壤具有良好的通透性。

4.按需供水，给作物创造良好生长环境。渗灌非常适应蔬菜和果树生长，并能有效地抑制病虫害发生。菜苗生长一般都是从育苗床上移栽过去的，秧苗在苗床中，土壤具有一定含水量，移栽后的干土与原秧苗苗床含水量不一致，不能有机地结合成一个整体。一般秧苗定植后 3 天开始变黄，再经过 7 天的缓苗期，共需 10 天时间，秧苗才能恢复原状，开始生长。如果管理不善，死苗现象是非常严重的。采用渗灌后，能够按时、按量供水，不用封埯，整个苗区没有干土，秧苗在苗床所带土壤与苗田里土壤很容易结合为一体，适合秧苗生长，秧苗没有缓苗期，死苗率很低，每百株秧苗仅补苗 4~5 株。

渗灌解决了一些特殊品种需水问题，如草莓。草莓秧适宜生长在长期湿润的土壤中，而草莓果又不能接触明水，沾上水的草莓果很容易霉烂。过去采用的大畦漫灌、膜上灌、喷灌都无法解决这一问题。采用渗灌后，不但很好地解决了这一问题，而且生产的果实个大，质量好。

5.一物多用，灌水时可同时施用化肥、根系灭菌剂。渗灌在保护地中应用效益更加明显。同时，能较好地调节土壤中的水、肥、气、热状况。

渗灌技术虽然具有诸多优点，但由于渗水管埋设于作物根系层，出水口小且不均匀，作物根系具有趋水性，很容易产生堵塞，清理也很困难，埋设于地面以下的管道，属于隐蔽工程，不同位置的出水量、堵塞情况、深层渗漏等问题不易被发现。每季作物收获后，检查清理渗灌管难度较大。施加有机肥的过滤器（网）容易锈蚀，减少了有效过水断面面积。

渗灌技术虽经过多年研究，但由于土质差异、作物差异，确定不同土质、不同作物下合理的灌水技术要素指标，还存在一定问题。同时，不合理的渗管出流量，也会引发灌溉水出现深层渗漏现象。土壤渗透性很大或地面坡度较陡的地方采用渗灌技术都存在问题。

（二）地下渗灌技术及其主要设备

（1）渗灌管的分类

目前，世界上现有渗水管大致有四种类型：

1.意大利生产的直径610~20mm的塑料边缝式薄膜管，沿管道开有毛细通道，每根管长100m。使用时，管道两端与供水管相连，埋设于地下，管内流速很低，流态为层流，供水时因管壁受内水压力使毛细通道张开向外渗水，停水时张力消失，毛细通道闭合。毛细通道一般为0.1~0.25mm宽，高为0.7~2.5mm，长为150~600mm。

2.法国生产的由塑料加发泡剂和成型剂混合挤压而成的塑料渗水管，管壁上有无数多发泡状微孔。供水时，水沿发泡孔状管壁渗出进入土壤，渗水量大小及渗水均匀度主要取决于发泡孔孔径、材料均匀性、管内水流运行压力等因素。

3.以废旧橡胶、塑料树脂和添加剂经过科学方法和特殊工艺制成的橡胶渗水管，管壁上布满细小弯曲的毛状透水孔，使用时，管内压力水沿毛细孔渗出，在管壁周围形成水滴湿润土壤。

4.以PE、PVC或UPVC制成低压给水管道，在管道上用成孔机钻孔，孔中安装渗水头。给水管道可以铺设放在地面上，也可以埋入土层，渗水头有海绵渗水头或针杆式渗水头。

（2）渗灌系统的组成

渗灌系统由水源工程、首部枢纽、输配水管网、渗水管道、水量量测设备、水流控制部件等组成。

1.水源工程。河流、湖泊、塘坝、渠道、水库、井泉等只要水质符合要求，都可以作为渗灌工程的灌溉水源。

2.首部枢纽。首部枢纽通常由水泵（自流取水除外）、控制阀门（水闸）、水质净化装置、施肥（药）装置、压力及量水设备等组成。首部枢纽是渗灌系统的调度中心，它肩负着渗灌系统的供水、净化、力口肥、检测和调控的任务。

①水泵：水泵分为离心泵、轴流泵、潜水泵、混流泵、活塞泵、水轮泵等。

离心泵结构简单、体积小、效率高、供水均匀、流量和扬程可以在一定范围内调节。它的主要构件有叶轮、泵壳、泵轴、轴承、填料函。离心泵在启动之前，首先应在泵壳和吸水管之间充满水，要排净积存的空气。由于一个工程大气压（98kPa）可压水9.8m高，故离心泵必须安装在距水面相对位置较低的地方。

轴流泵的工作原理与飞机飞行原理相仿。飞机靠飞行时机翼上产生的外力支持它在空中飞行。轴流泵靠叶轮旋转时，叶片对绕流液体产生的升力工作。轴流泵一般扬程低（8m左右），但流量较大，结构简单、重量轻、外形尺寸小，启动时无需充水，操作简单方便。轴流泵叶轮的叶片可以调节，当工作条件变化时，只要改变叶片角度，仍可保持在较高效率区运行。

混流泵是介于离心泵与轴流泵之间的一种泵，它是靠叶轮旋转而使水产生的离心力和对于叶片产生的推力双重作用而工作的。混流泵的流量比离心泵大，较轴流泵小，扬程比离心泵低，较轴流泵高，泵的效率高，且高效区较宽广。流量变化时，轴功率变化较小，有利于动力配套，吸程较高。

②控制阀门：用于控制和调节通过管道流量的设备。安装在主管道及支管的端部。常用的控制阀门有闸阀、逆止阀、进排气阀、水动阀、电磁阀等。

（a）闸阀：渗灌系统中使用的闸阀形式多种多样，不管采用哪种形式的闸阀，都要求其开启和关闭力小，对水流的阻力小，不易锈蚀。

（b）逆止阀：又名回止阀，主要作用是防止水流倒流，一般用在供水管道与施肥系统之间的管道中。当供水停止时，逆止阀自动关闭，使肥料罐中的化肥或农药不能倒流到供水管中，另外在水泵出水口装上逆止阀后，当水泵突然停机时，防止管道水倒流，从而避免水泵损坏。

（c）进排气阀：又称真空破坏阀，进排气阀能够自动排气和进气，而且压力水来时又自动关闭。主要安装在渗灌系统中的供水干管、支管等端口处。当管道开始输水时，管中的空气受水的"排挤"向管道高处集中，利用排气阀主要起排除管中空气的作用，防止空气在管道中产生气阻，保证管网安全供水。当停止供水时，随着管道中水流的排出，进气阀向管道中注入空气，防止管道中出现负压。

③水质净化装置：渗灌系统中渗水管（渗水头）出水口孔径一般都很小，一般水源中都不同程度地含有各种污物和杂质，即使水质良好的水，也会含有一定

数量的沙粒和可能产生化学沉淀的物质。因此，对水源进行净化处理是渗灌系统中必不可少的部分，是系统正常运行的关键部位。

水源中所含的污物和杂质一般有有机质和无机质两大类。有机质杂质主要包括动、植物残骸及细菌。无机质杂质主要是由河道、井底带出的沙粒。随着社会的发展，目前，化学污染已愈来愈严重，在灌溉水中处理化学污染显得十分重要。

a.有机质杂质、化学污染杂质的处理办法是在灌溉水中加入某些化学药剂中和或溶解杂质。采用的办法是氯化处理和加酸处理。氯化处理可以杀死水中藻类真菌和细菌等微生物。加酸处理可防止可溶物沉淀，同时也可以抑制灌溉水中微生物的生长。

b.对无机质杂质的处理常用工程措施。对漂浮物可采用拦污栅、拦污筛（网），防止泥沙可采用沉淀池、沉沙条渠、水砂分离器、砂石过滤器、滤网式过滤器等。

（a）拦污栅：主要用于河流、水库等含有大量大体积漂浮物的灌溉水源中，如拦截枯枝、残叶、杂草和其他较大的漂浮物等。拦污栅可以防止上述杂物进入沉淀池或其他过滤设备中。拦污栅构造简单，工程上一般用圆钢或扁钢做成15cm×15cm的方格。也可以根据工程实际情况自行设计。

（b）拦污筛：安装在水泵进口处的一种网式拦污设施。拦污筛一般用浮筒固定在水泵吸水管进口周围，筛网把污物拦在网外，水泵从筛网中抽取清水。另外，必须设一条分水管从供水管中引出一部分水送回到筛网中的冲洗旋转臂中，通过旋转臂上的冲洗刷喷射到筛网上，将附着在筛网上的污物向外冲开。

（c）沉淀池：是一种经济有效的水处理设施。对砂粒、淤泥、悬浮固体污物净化处理效果较好。工作原理是通过重力作用，使水中污物在静止的水体中自然沉入水底达到净化效果。但仅能作为初级过滤器使用。

（d）水砂分离器：压力水流由进水口以切线方向进入旋涡室后，开始做旋转运动，并通过旋涡室内壁上的切向加速孔使水流进入分离室，水流在分离室内除做平面旋转运动外，同时在重力作用下逐渐下沉，使污物汇集到储污室。水砂分离器的主要优点是能连续过滤高含砂的灌溉水，但不能清除灌溉水中密度小于水的密度的污物。特别是工业水污染物。因此，亦只能作为初级过滤设施。

（e）砂过滤器：是以砂作为过滤介质，具有较强的除污能力，是清除灌溉水中污物的理想设备之一。

（f）滤网过滤器：是一种简单而有效的过滤设备，主要用于过滤灌溉水中的粉粒、砂和水垢等污物，对有机质的过滤效果较差。

④施肥（药）装置：施肥（药）装置是指通过某些装置向渗灌系统压力管道内注入可溶性肥料或农药溶液的设备。常用的施肥装置有：压力差式施肥缸、开

敞式肥料缸自压施肥装置、文丘里注入器、注射泵等。

（a）压力差式施肥缸：一般由储液缸（化肥缸）、进水管、供液管、调压阀等组成。

其工作原理是在输水管上的两点形成压力差，并利用这个压力差，将化学药剂注入系统。储液缸为承压容器，承受与管道相同的压力。

因缸内装有作物所需的化学肥料或农药，易产生锈蚀或堵塞，故化肥缸在选用时尽可能选用耐腐蚀、抗压能力强的塑料或金属容器。对封闭式化肥缸还要求具有良好的密封性能。容器的容积应根据灌溉面积大小及单位面积施肥量和化肥（农药）溶液浓度等因素确定。压力差式施肥缸制造简单，造价低廉，不需要外加动力设备。但缸内溶液浓度变化大，无法控制。缸体容积有限，添加化肥次数频繁，而且比较麻烦。因此，压力差式化肥（农药）缸一般多用于小面积大棚灌溉系统中。

（b）开敞式化肥（农药）缸自压施肥（加药）装置：修建一个开敞式肥料箱（肥料池），调整肥料箱（肥料池）的位置至合适位置（一般位于蓄水池下部适当位置上），将肥料箱（肥料池）供水管与水源相连接，将输肥管与渗灌管网连接，打开供肥阀门，化肥液即随管道水流进入田间。

（c）文丘里注入器：修建一个肥料箱（肥料池），利用文丘里注入装置向输水管道中注入肥料。

（d）机械泵注入器：利用机械泵将化肥溶液以压力方式送入灌溉系统输水管道，化肥液随水流进入田间对农作物施肥。

⑤压力及量水设备：压力及量水设备主要用于测量管道中的水头压力及管网中某一固定管道的流量。常用的设备有水表、压力表。随着电测技术的日益发展，目前已出现了一些管道自动流量测试仪器，测流仪表安装在主管道或支管道上。主要用于测试灌溉总用水量或测量支管的灌溉用水量。压力表用于测量管网（线）中的内水压力，通过观察压力表，可以判断施肥量的情况。

⑥输配水管网：输配水管网是将首部枢纽处理过后的水按照要求输送分配到每一级主管、支管管道中，起着按作物需水量要求向田间作物输送水的作用。管网布设的好坏，直接影响到工程投资大小，管网效益的发挥。

a.输配水管网的布设原则：渗灌工程采用低压输水管道。因此，必须要求输配水管网在布设时：

（a）主管道尽量少转弯，避免过大的水头损失。

（b）尽量使用不易生锈的管道，防止增加管道糙率。

（c）支管在与主管道连接时，水流方向夹角保持在90°范围内。

（d）在不需要加装仪表的管道中，尽量不加仪表，避免产生局部水头损失。

b.管道及连接件的要求：对于大型渗灌工程或主要输水管道，当塑料管及连接件不能满足设计要求时，可以考虑采用铸铁管、钢管或其他形式管道。其他管网部分建议采用UPVC管道及管件，目前市面上的UPVC管道与管件品牌繁多，管道壁厚相差较大。因此，在选用UPVC管道及管件时应从以下几个方面考虑：

（a）管道与管件能承受一定的水压力，确保正常输水。

（b）使用耐腐蚀抗老化性强的材料，保证在输水送水过程中，不易锈蚀，不易产生化学沉淀，不利于藻类微生物繁殖，避免出现管网系统堵塞，从而延长管网的使用寿命。

（c）尽量选用标准件，便于日后检修与更换。

3.渗灌系统技术参数。渗灌系统技术参数包括管道埋深、灌水定额、管道埋设间距和管道长度等。

①渗灌管埋设深度：渗灌管埋设的深度取决于土壤性质、耕作条件、作物种类等条件。管道埋设的深度要考虑灌溉水能借助土壤毛细管作用充分湿润作物根系层。同时，使灌溉水到达计划湿润层，产生深层渗灌的可能性最小。一般蔬菜根系浅，管道埋设深度应小；果树等经济林根系深，管道埋设深度要大。另外，管道的埋深与土质质地密不可分。一般黏质土埋深要大些，砂质土埋深要小，因地区差异、作物种类差异，渗水管埋深还必须满足耕作深度要求。同时，考虑到管道本身的抗压强度，不致因拖拉机或其他耕作工具行走而产生破坏。对于北方寒冷地区，还应考虑冻土层深度。一般渗灌管应放在冻土层以下，防止管道中水流产生冰冻现象。目前，我国渗灌管埋深为40~60cm。在免耕地中可浅埋，多埋深10cm左右。表1-2是不同作物用渗灌管埋设深度参考值。

表1-2　渗灌管埋设深度参考值

作物	草莓、春菊、西瓜、菠菜、韭菜、生菜、葱等	黄瓜、茄子、番茄、青椒等	葡萄、玫瑰、康乃馨、草坪	果树
埋深/cm	5-30	20-40	10-30	30-60

渗灌管埋设方法一般分为两种，一种是在作物根系附近开沟，将渗灌管埋入沟内，主要适应干旱、半干旱地区。在多雨地方，采用第二种埋设方式，即在地表铺设渗灌管，然后填垄。

采用沟埋渗灌管时，应注意沟上填土及可能出现的外力作用，防止沟埋渗灌管在过大外力作用下产生破裂或变形，影响渗灌质量，严重者会产生局部破坏而堵塞。

②灌水定额：渗灌灌水定额应以相邻两条渗灌管之间的土层得到足够湿润，要以不发生深层渗漏为准，根据清华大学对渗灌的非饱和土水流模型研究发现，

渗灌条件下的非饱和土水运动具有规律。

③渗水管间距的确定：渗灌管间距的大小主要决定于填土性质、供水压力大小和作物种植条件。两管间距过大，中间部分作物水分得不到满足，影响整体产量；过小则会增加工程造价，不够经济。因此，确定管道间距时应充分考虑当地填土性质、供水管道水压力和种植作物品种。填土颗粒愈细，则土壤的吸水能力愈强，渗灌时灌溉水的湿润范围也愈大，渗水管管道间距可适当布置大些。在设计管道间距时，应考虑相邻两条管道的浸润曲线重合一部分，以保证填土润湿均匀。一般砂质土壤管道间距较小，而黏重土壤中的管道间距较大。管道中水压力愈大，管距可以较大，而无压渗灌的管距较小。目前，渗灌管的间距多在1.0~3.0m之间。对于较大面积的可按实测资料设计。

④管道供水压力及管道长度确定：供水压力和渗灌管长度直接影响灌水均匀性。适宜管道压力应根据所选渗灌管的技术参数确定。同时，应考虑作物所在地地形坡度。管道长度的确定应使管道首尾两端土壤能湿润均匀。一般情况下，管道坡度陡，供水压力大时，管道可长些；否则，管道应短些。目前，国内外渗灌管埋设长度一般不长于100m，特殊情况可延长到200m。

⑤渗灌管管材用量计算：渗灌管管材用量在计算时应按工程实际设计计算出理论用量。

4.渗灌系统规划设计。在渗灌工程的规划设计中，正确确定设计参数是获得最优设计方案的关键。渗灌工程的设计参数包括作物需水量、渗灌耗水强度、土壤湿润比、灌溉水均匀度、灌溉水有效利用率和管道工作水头等。这些参数的取值大小直接影响到渗灌工程的投资、运行管理成本和灌溉质量，对工程的综合效益评定至关重要。

①作物需水量：包括作物蒸腾量和棵间土壤蒸发量。影响作物需水量的因素有气象条件、土壤类别、土壤初始含水量、作物品种、生育阶段和农业措施等。由于影响作物需水量的因素错综复杂，因此，作物需水量的确定最有效的方法是进行田间实际观测。在规划设计时根据当地实测资料或条件相似的地区实测资料作为设计依据。在实际设计时，由于各种原因，往往缺乏实测资料。这时就要求根据实际情况进行初估，亦可以根据目前现有的实验公式进行估计。关于作物需水量估算的方法很多，但常用的方法有两种，即根据自由水面蒸发量估算作物需水量和根据参照作物蒸腾量估算作物需水量。

②作物耗水强度计算：渗灌工程主要用于灌溉果园或有一定间距的条播作物，由于果园或条播作物覆盖了部分土壤地面，并且渗灌仅湿润作物根系层，故作物耗水量主要由作物本身的生理腾耗产生，地面蒸发量极小，作物耗水强度（日耗水量）可用微灌耗水强度计算公式乘上折减系数确定。

③土壤湿润比计算：土壤湿润比是指灌溉时被湿润的土壤占计划湿润深度总土体的百分比。规划设计时，常以地面以下20~30cm处的湿润面积占总灌溉水湿润面积的百分比作为土壤湿润比。影响土壤湿润的因素很多，如管道的布设方式、渗灌管型号、压力水头、渗灌管出水量、灌水均匀度和土壤性质等。

在初步设计时，选定土壤湿润比，不仅要考虑作物对水分的需要，还要考虑工程投资规模及合理性。设计湿润比越大，系统的出水量越大，越易满足作物需水要求，而且渗灌的保证率越高，系统的投资和运行费用也越大；反之亦然。在缺乏资料情况下，对于北方干旱、半干旱地区，设计土壤湿润比取较小值（一般取20%~30%），对于南方湿润地区和大田密植作物可取较大值（一般取50%~80%）。

④设计灌水均匀度确定：在设计渗灌工程时，选定的灌水均匀度越高，灌水质量越好，水利用率也越高，而系统投资和运行管理费用也越大。因此，设计灌水均匀度的确定，应根据作物对水分的敏感程度、经济价值、水源条件、地形和气候等因素综合考虑确定。

⑤灌溉水有效利用率的确定：在对作物进行渗灌时，由于各种原因，可能会造成灌溉水沿管路、田间产生深层渗漏。

⑥灌溉工作水头的确定：灌溉系统的工作水头应根据所选输水管道和渗灌管型号予以确定。一般国内外生产的微孔渗灌管压力水头在5~15m之间。

⑦管网布设方式：灌溉系统的管道布设通常是在地形图上作初步的布置，然后将规划方案带到实地与实际地形作对照，并进行必要的修正。灌溉系统在布置时应采用1/500或1/1000地形图。在灌区很小情况下，可根据实际布设。但应绘制灌溉系统布置示意图。

（a）渗水管布设方式：渗水管道布设方式与作物种类密切相关，对于果树或密植作物应沿作物行方向布置。根据作物株距，1行作物可布置1条渗水管或2行作物布置3条渗水管。每条渗水管的最大长度以不超过60m为宜。渗水管布设时应考虑实际地形坡度，渗水管水流方向应与实际坡度一致，且坡度不宜过陡，一般不陡于1/500为宜。

（b）干、支管布置：干、支管的布置受制于地形、水源、作物种类和渗水管布设。要求干支管布置应达到管理方便、工程费用尽量小的原则。在丘陵地区，干管多沿分水线布置，亦可沿等高线布置。支管则尽可能垂直于干管。在地势平坦地区，干、支管布设应尽可能多地控制灌溉面积。要以双向控制为宜，节省管材。

（c）多孔管渗灌：多孔管渗灌是采用塑料管打孔埋入地下进行灌溉的一种地下灌溉方式，这种灌溉方式投资少，简单易行，便于操作。设计时应主要考虑管径、管距、孔径、孔距、最大埋设管道长度、管道供水压力、灌溉水均匀度。采用多孔地下渗灌管时，要严格控制打孔孔径、孔距。孔径过大，易造成管道末端无水，孔径过小又容易造成堵塞。埋设多孔渗灌管时，管道中间最好不要设置连接件和支管，防止局部渗漏或产生过大的局部水头损失。管道埋设时应防止管道打折，造成折后管道无水现象。同时，末端要露出地面一定高度用来排气，排气结束后，用堵头堵塞。

5.渗灌系统防堵技术。堵塞是渗灌系统在应用中最严重的问题，严重时会导致整个系统瘫痪甚至系统报废。引起堵塞的原因是多方面的，主要原因是物理因素、生物因素和化学因素。因此，灌溉系统对水质要求较严，一般灌溉水均应进行过滤，必要时还需进行沉淀和化学处理。

①渗灌系统堵塞原因：

（a）悬浮物质堵塞。如水中的泥沙、有机物或微生物引起的管道或渗灌管堵塞。

（b）盐分积累形成的堵塞。在含盐量较高的土壤或利用咸水进行渗灌时，盐分会随系统应用时间加长积累在湿润区边缘形成堵塞，同时由于温度、流速、pH的变化，也亦常引起一些不易溶于水的化学物质沉淀在管道中，按化学组分主要有铁化合物沉淀、碳酸钙沉淀和磷酸盐沉淀。

（c）作物根系形成的堵塞。由于渗灌仅湿润作物根系层土壤，加之作物的根系有向水性，这样就会引起作物根系集中向湿润区生长。日积月累，就会在渗灌管周围形成腐殖质包裹层堵塞渗灌管。

（d）有机物堵塞。含有胶体的有机质、无机质、微生物等一般不易被过滤器过滤掉而形成的堵塞。

②灌溉水水质标准：根据水利部农村水利司编著的《微灌工程技术规范》SL103—95规定，灌溉水净化标准如下：

（a）当灌溉水中无机物含量小于10mg/L，或粒径小于80μm时，宜选用砂过滤器、200目筛网过滤器或叠片式过滤器。

（b）灌溉水中无机物含量在10~100mg/L之间，或粒径在80~500μm之间时，宜先选用旋流水砂分离器或100目筛网过滤器作初级处理，然后再选用砂过滤器。

（c）灌溉水中无机物含量大于100mg/L，或粒径大于500时，应使用沉淀池或旋流水砂分离器作初级处理，然后再选用200目筛网或砂过滤器。沉淀池的表面负荷率不宜大于3.0mm/s。

（d）灌溉水中有机污物含量小于10mg/L时，可选用砂过滤器或200目筛网过滤器。

（e）灌溉水中有机污物含量大于10mg/L，应选用初级拦污筛作第一级处理，再选用砂过滤器或200目筛网过滤器。

(f) 微灌水源工程应按有关工程技术规范进行设计。设计蓄水池时，应考虑沉淀要求。从河道或渠道中取水时，取水口处应设拦污栅和集水池，集水池的深度和宽度应满足沉淀、清淤和水泵正常吸水要求。

(g) 微灌水源工程应防止水质被污染。蓄水池和引渠宜加盖封闭，蓄水池结构应便于进行水处理。

(h) 微灌水处理建筑物设计可按GBJ3《室外给水设计规范》有关规定执行。

(i) 微灌工程首部枢纽应将加压、过滤、施肥、安全保护和量测控制设备等集中安装。用于人畜饮水的管道应与微灌供水管道分开，化肥和农药注入口应安装在过滤器进水管上。

(j) 清洗过滤器、化肥罐的废水未经处理，不得排入原水源中。

③灌溉系统堵塞处理措施：灌溉水在使用时，必须进行过滤处理，对一些发生堵塞的情况可采用以下措施进行清堵。

(a) 酸液冲洗法。对于碳酸钙沉淀，可用0.5%~2%的盐酸溶液，用1m水头压力输入灌溉系统，滞留5~15min。当被钙质黏土堵塞时，可用硼酸冲洗液冲洗。

(b) 压力疏通法。对因有机物形成的堵塞，可用 $5.05 \times 10^5 \sim 10.1 \times 10^5 Pa$ 的压缩空气或压力水冲洗灌溉系统。

（三）地下渗灌技术与设备主要研究与开发方向

针对我国渗灌产品品种不全、部分关键设备质量不稳、容易堵塞的现状和在渗灌系统系列化生产中存在的产品集约化程度低、成套系统的组合性差等问题，结合世界微灌技术的发展趋势，研究开发适合我国国情，有区域特色的渗灌技术与设备，并要和作物密切结合。近期，我国渗灌技术的主要研究方向为：

(1) 解决渗灌的堵塞问题

渗灌的堵塞问题是当前渗灌技术及设备开发方面存在的最主要的问题，目前应当从渗灌设备的材料、材质以及渗灌管的结构形式等几个方面研究，解决堵塞问题，开发抗堵塞、寿命长、价格低廉的渗灌产品。

(2) 果树渗灌系统

果树非常适合使用渗灌技术，开发适合果园使用的渗灌设备是渗灌技术与设备开发的主要方向之一。

(3) 研究开发设施农业渗灌系统

由于设施农业效益高，一般都要采用比较先进的灌水技术，设施农业采用的灌溉方式主要是滴灌、渗灌。因此，针对设施农业的特点，开发适合设施农业的渗灌系统，必然是今后渗灌技术发展的一个主要方向。

（4）探讨大田渗灌系统

渗灌技术节能、高效、便于耕作的优点，是其他灌水方式无法比拟的。渗灌技术要在大田中得到应用，必须要对大田作物、耕作等条件下，适宜的渗灌技术设备及其规划设计方法进行研究。

第三节　智慧农业节水关键支撑技术

一、传感器技术

作为信息采集系统的前端，传感器是一种能把特定的信息（物理、化学、生物）按一定规律转换成某种可用信号输出的器件和装置。国家标准GB7665-87对传感器的定义如下：能够感受规定的被测量并按照一定的规律转换成可用输出信号的器件或装置，通常由敏感元件和转换元件组成。传统传感器一般由三个部分组成：敏感元件、转换元件和转换电路。其中，敏感元件是直接感受被测量并输出与被测量形成确定关系的元件；转换元件是将敏感元件感受或响应的被探测量转换成电路参数量的元件；转换电路是将上述电路参数接入并转换为电量输出，信号调理转换电路将相关电信号转换为通用的电流或电压信号，方便与相关采集器连接。

近年来，传感器正处于传统型向新型传感器转型的发展阶段。新型传感器的特点是微型化、数字化、智能化、多功能化、网络化。微型化是建立在微电子机械系统（micro-electromechanical systems，MEMS）技术基础上的，目前已成功应用在硅器件上形成硅压力传感器（如EJX变送器）。微电子机械加工技术，包括微机械加工技术、表面微机械加工技术、LIGA技术（lithographic，galanoformunga，abformung，即X射线深层光刻、微电铸和微复制技术）、激光微加工技术和微型封装技术等。MEMS的发展，将传感器的微型化、智能化、多功能化和可靠性水平提升到了新的高度。检测仪表和传感器是一种专用的数字化、智能化测量系统，是在电子技术和微电子技术的基础上，采用集成运算放大器、A/D、D/A、存储器等相关集成电路的方式封装设计而成的。具体的网络构建方法，目前主要采用多种现场总线或以太网（互联网），根据具体的需求，选择其中的一种或多种，近年流行的方法有基金会现场总线（foundation field bus，FF）、过程现场总线（pro-cessfield bus，Profibus）、控制器局域网络（controller area network，CAN）、Lon-Works、传感器/执行器接口（actuator-sensor-interface，ANI）、Interbus、TCP/IP等。新型传感器的发展还有赖于新型敏感材料、敏感元件和纳米技术，如新一代光纤传感器、超导传感器、焦平面陈列红外探测器、生物传感器、纳米传感器、新型量子传感器、微型陀螺、网络化传感器、智能传感器、模糊传感器、多功能传感器等。

智能传感器是指含有微处理器，将传感器监测信息的功能与微处理器的信息处理功能有机地融合在一起，具有一定人工智能的传感器，是21世纪具有代表性的一项高新科技成果。从使用角度来看，智能传感器能够满足准确度、稳定性和可靠性的要求。智能传感器系统本身是数字式的，国际上有关标准化研究机构正在积极推出国际规格的数字标准（IEEE1451、现场总线等）。

无线传感器网络（wireless sensor networks，WSN）能够通过各类传感器协作地实时监测、感知和采集网络分布区的环境或监测对象的信息，并通过无线的方式接收发送信息，以自组织多跳路由的网络方式传送到用户终端，同时还具有简单的数据处理和控制功能。无线传感器网络为农业各领域的信息采集与处理提供了新的思路和有力手段，能够弥补以往传统数据监控的缺点，已经成为农业科技工作者的研究热点。无线传感器网络技术能够实时提供用户/农民地面信息（空气温湿度、光照参数、CO_2浓度、风速风向、降雨量）、土壤信息（土壤温湿度、张力、墒情）、营养信息（pH、EC值、离子浓度）、有害物监测与报警（动物疾病、植物病虫害、农业环境污染）、生长信息（植物生理生态信息、动物健康监测）等，帮助用户调整相关策略、及时发现问题并准确地确定发生问题的位置，使农业从以人为中心、依赖于孤立机械的生产模式转向以信息和软件为中心的生产模式，大量的各种自动化、智能化、网络化生产设备被集成使用，真正实现无处不在的数字农业。

具有简单控制功能的无线传感器网络节点采用电池供电，通过相关的电源处理可以控制不同中小功率的直流电磁阀（电动水动电磁阀、减压阀、调压阀、安全阀及流量控制阀等）。节点软硬件的节能策略能够将网络的工作时间延长到一年以上，同时太阳能等新能源的应用能够很好地解决灌溉过程中耗电大等问题。由于传感器网络具有多跳路由、自组网络及网络时间同步等特点，灌区面积、节点数量不会受到限制，可以灵活增减轮灌组。传感器节点具有水利信息、土壤、气象等信息测量功能，通信网关具有Internet与GPS技术相结合的动态信息采集分析功能，结合作物需水信息采集与精量控制灌溉功能、专家系统功能等，可构建高效、低能耗、低投入、多功能的农业节水灌溉平台。

传感器网络在温室、庭院花园绿地、高速公路中央隔离带、农田井用灌溉区等不同场合得到应用，实现了农业节水技术的定量化、规范化、模式化、集成化，促进了节水农业快速健康发展。

二、数据传输技术

数据传输技术是包括数据源与数据宿之间通过一个或多个数据信道或链路、共同遵循一个通信协议而进行数据传输的技术方法和设备。典型的数据传输系统由主计算机或数据终端设备、数据电路终端设备及数据传输信道组成。数据的传输过程是数据终端（data terminal equipment，DTE）把人们要传送的文字、图像或语言信息经机电转换、光电转换或声电转换的人机接口变成设备内的电信号，再通过数据通信设备（data communication equipment，DCE）变成适合信道传输的信号送到数据传输信道。接收端的数据通信设备（DCE）将线终信号还原后输入计算机，最后还原成文字、图像或语言信息。

数据传输网络是一种网络数据传输系统，一般由数据采集终端、数据交换设备、数据传输设备和接口电路组成。数据在网络中的传输必须遵循某一共同的通信协议。网络的功能是保证网络内各终端设备之间数据的正确传输和交换。典型的数据传输网络包括有线网络和无线网络。有线网络包括：①由专线组成的专用网络；②公共通信网，主要指公众电话交换网（public switched telephone network，PSTN）和公众数据网（public data network，PDN）；③RS485有线网络等。无线网络最近几年发展十分迅速，主要包括：GPRS、蓝牙网络、无线电台以及以太网等。

数据传输网络具有不同分类形式：按传输距离可分为局部网和广域网；按拓扑形式可分总线网、星形网、环形网、树状网和网状网；按交换方式可分信息交换、电路交换和分组交换。

通信协议是网络涉及的各通信设备在通信传输中必须共同遵循的一种规程，它的功能是保证数据在传输前最佳路由的选择、信道或链路的建立、建立后信道的同步和维持，以及数据在转移过程中格式和顺序的正确、流量的控制、差错的检出和纠正等。不同的通信网络均有各自不同的通信协议，在计算机通信中不同型号的计算机也采用各自的通信协议。同步串行链路协议有美国IBM的二进制同步通信（binary symmetric communication，BSC）和同步数据链路控制（synchronous data link control，SDLC）DEC的数字数据通信电文协议（digital data communication message protocol，DDCMP）、UNIVAC公司数据链路控制（universal data link control，UDLC）、BURROUGH公司数据链路控制（byte data link controller，BDLC）、美国国家标准ANSI的先进数据通信控制协议（advanced data communication control protocol，ADCCP）等。异步方式主要用在终端与计算机或终端与终端之间的通信，同步方式则用在计算机与计算机之间的通信。目前，国际上常用的同步协议有国际标准化组织（International Organization for Standardization，ISO）

的开放系统互联（open system interconnect，OSI）、高级数据链路控制（high-level data link control，HDLC）和国际电报电话咨询委员会（International Telephone and Telegraph Consultative Committee，CCITT）的 CCITTX.25 协议等。

目前，被广泛应用于农业节水的数据传输技术主要是采用无线传输技术，包括：GPRS 技术、蓝牙技术、Wi-Fi 技术以及 ZigBee 技术。

GPRS 技术是通用分组无线业务的英文简称，是在现有 GSM（global system of mobile communication）系统上发展出来的一种新的承载业务，目的是为 GSM 用户提供分组形式的数据业务。GPRS 采用与 GSM 同样的无线调制标准、同样的频带、同样的突发结构、同样的跳频规则以及同样的 TDMA（time division multiple access）帧结构。这种新的分组数据信道与当前的电路交换的话音业务信道极其相似，因此现有的基站子系统 BSS（basic service set）从一开始就可提供全面的 GPRS 覆盖。GPRS 允许用户在端到端分组转移模式下发送和接收数据，而不需要利用电路交换模式的网络资源，从而提供了一种高效、低成本的无线分组数据业务，特别适用于间断性的、突发性的和频繁的、少量的数据传输，也适用于偶尔的大数据量传输。

蓝牙技术是一种无线数据与语音通信的开放性全球规范，其实质内容是为固定设备或移动设备之间的通信环境建立通用的近距无线接口，将通信技术与计算机技术进一步结合起来，使各种设备在没有电线或电缆相互连接的情况下，能在近距离范围内实现相互通信或操作。其传输频段为全球公众通用的 2.4GHz ISM 频段，提供 1Mbit/s 的传输速率和 10m 的传输距离。

Wi-Fi 的全称是 wirelessfidelity，是一种无线保真技术。与蓝牙技术一样，同属于短距离无线技术。该技术使用的是 2.4GHz 附近的频段，该频段目前尚属没用许可的无线频段。其目前可使用的标准有两个，分别是 IEEE802.11a 和 IEEE802.11b。它的最大优点就是传输速率较高，可以达到 "Mbit/s，另外它的有效距离也很长，同时也与已有的各种 802.11DSSS 设备兼容。

ZigBee 无线通信技术比蓝牙、Wi-Fi 技术更简单实用。它使用 2.4GHz 波段，采用跳频技术。它的基本速率是 250kbit/s，当降低到 28kbit/s 时，传输范围可扩大到 200m，并获得更高的可靠性，同时，它可与 254 个节点联网，组成庞大的物联网系统。与蓝牙相比，ZigBee 更简单、速率更慢、功率及费用也更低。

三、自动控制技术

自动控制技术是在无人直接参与的情况下，利用附加设备使生产过程中的某个执行环节自动按照某种规律运行，使被控对象的工作状态、参数或加工工艺按照预定要求变化的技术。自动控制技术包含自动控制理论和方法（决策分析和博弈、分散控制、鲁棒性、支持决策系统、系统建模、图像处理与模式识别等）、自动控制系统（分布式控制系统、可编程控制系统、现场总线控制系统、数据采集和监控系统等）、控制软件技术（控制、模糊控制、人工神经网络、专家系统、组态软件等）、自动控制设备（嵌入式工业电脑、工控机、分布式 I/O、人机界面、视频监控、工业通信等）、安全可靠性技术（故障诊断、冗余等）。随着自动控制技术的不断发展，获得系统动态最佳性能的方法不断完善，使得自动控制技术广泛应用于农业节水成为可能。

传统控制理论包括经典控制理论和现代控制理论，经典控制理论和现代控制理论都是建立在控制对象精确模型之上的控制理论。通过建立被控对象的数学模型并进行分析，进而设计出合适的控制器。经典控制理论在解决简单的控制系统方面是很有效的。现代控制理论主要研究多输入、多输出、时变参数、高精度复杂系统的分析和设计（刘丁，2006）。然而，农业作为一个复杂的生命系统，传统控制理论在实际应用中遇到了很大的困难，具体体现在无法获得精确数学模型、自控系统提出的假设不实用、复杂系统无法建模等方面，直接导致控制系统很复杂，增加系统成本及维护费用并降低可靠性（孙亮等，1999；陶永华，2002）。

经典控制理论、现代控制理论和人工智能、模糊数学等学科的结合形成了智能控制科学。智能控制是指驱动智能机器自主地实现其目标的过程。智能控制是人工智能、控制论、运筹学和信息论等学科的交叉，其特点是模仿人的智能来研究解决复杂控制问题。智能控制系统在分析和设计时，重点集中于智能机模型上。在一些复杂系统中，非数学模型的描述、模式识别、知识库和推理机的设计成为智能控制研究的重点。神经网络控制、模糊控制、专家系统、遗传算法等已成为主要的智能控制算法，并得到很多成功应用。将智能控制科学与传统控制理论相结合已经成为当前研究的热点领域。

四、智能决策支持系统

智能决策支持系统（intelligence decision support system，IDSS）是在决策支持系统（decision support system，DSS）的基础上集成专家系统（expert system，ES）而形成的。决策支持系统主要是由问题处理与人机交互系统（语言系统和问题处理系统）、模型库系统（模型库管理系统和模型库）、数据库系统（数据库管理系统和数据库）等组成。决策支持系统主要解决计算机自动组织和协调多模型运行的问题，对大量数据库中数据进行存取和处理，达到更高层次的辅助决策能力。决策支持系统的新特点是增加了模型库和模型库管理系统，把众多的模型（数学模型和数据处理模型以及更广泛的模型）有效地组织和存储起来，建立模型库和数据库。

专家系统是一个智能计算机程序系统，通过对人类专家对问题求解能力的建模，采用人工智能中知识表示和知识推理技术，来模拟通常由专家才能解决的复杂问题的过程，达到具有与专家同等解决问题能力的水平（史忠植等，2007）。其主要包括六个部分：知识库、推理机、综合数据库、人机接口、解释程序以及知识获取程序。

知识库存放问题求解所需要的专业领域知识，包括基本事实、规则和其他有关信息。知识的表示形式具有很多种，包括框架表示、规则表示、语义网络等。知识库是专家系统的核心组成部分。一般来说，专家系统中的知识库与专家系统程序是相互独立的，用户可以通过改变、完善知识库中的知识内容来提高专家系统的性能。

推理机是实施问题求解的核心执行机构，它实际上是对知识进行解释的程序，根据知识的语义，对按一定策略找到的知识进行解释执行，并把结果记录到动态库的适当空间中。推理机的程序与知识库的具体内容无关，即推理机和知识库是分离的，是专家系统的重要特征。推理机可以采用正向推理、逆向推理、混合推理及双向推理等策略。

知识获取负责建立、修改和扩充知识库，还可以对知识库的一致性、完整性进行维护，是专家系统中把问题求解的各种专门知识从人类专家的头脑中或其他知识源那里转换到知识库中的一个重要环节。知识获取机构可以通过手动、半自动或者通过机器学习等智能手段实现自动获取知识，完成知识库的修改和完善，使系统能够更有效地求解问题。

人机接口是系统与专家、计算机工程师以及用户之间信息交换的界面。通过该界面，用户输入基本信息、回答系统提出的相关问题，并输出推理结果及相关的解释。

解释器用于对求解过程作出说明、解释推理结论的正确性，并回答用户的提问。解释机制涉及程序的透明性，它让用户理解程序正在做什么和为什么这样做，向用户提供了关于系统的一个认识窗口。在很多情况下，解释机制是非常重要的。为了回答"为什么"得到某个结论的询问，系统通常需要反向跟踪动态库中保存的推理路径，并把它翻译成用户能接受的自然语言表达方式。

数据库是依照某种数据模型组织起来并存放二级存储器中的数据集合。这种数据集合具有如下特点：尽可能不重复，以最优方式为某个特定组织的多种应用服务，其数据结构独立于使用它的应用程序，对数据的增、删、改和检索由统一软件进行管理和控制。从发展的历史看，数据库是数据管理的高级阶段，它是由文件管理系统发展起来的。数据库的基本结构分三个层次：第一层是物理存储设备上实际数据的集合，称为物理数据层；第二层是数据库整体逻辑表示，数据库的中间一层，称为概念数据层；第三层是用户所看到和使用的数据库，表示一个或一些特定用户使用的数据集合，称为逻辑数据层。

第二章　智慧农业节水信息系统网络架构

第一节　系统网络结构

农业节水信息系统包括灌溉自动控制、水资源计量调度、墒情监测以及水质监测等多个方面，根据监控的区域和目的不同，衍生了多种系统结构。按网络结构可分为集中式监控系统、基于串行总线的分布式系统、基于以太网的网络监控系统、基于无线传感器网络的监控系统和多层远程监控系统，以下分别介绍这几种系统的结构和特点。

一、集中式监控系统

集中式监控系统由一台主控设备（中央灌溉控制器、数据采集器等）连接若干个传感器和阀门、电动机等执行设备组成。主控设备可以独立工作，也可以通过串行总线与主控服务器连接，其结构如图2-1所示。

集中式监控系统呈星形结构，结构简单，性能稳定，适合在传感器和阀门等设备分布相对集中的监控区域内使用，由于长距离传输信号衰减及电压下降的影响，其一般控制有效区域不超过500m（根据传感器输出方式和执行设备功率不同有差异）。主控设备可以通过RS485、无线电台、以太网或GPRS等方式与远程的监控中心的计算机连接，完成信息采集和控制命令执行。

在这种网络结构中，主控设备与传感器及执行设备呈星形连接，因此，系统需要大量的连接电缆，在主控设备上的接线比较多，施工的成本较高；而且集中式监控系统冗余性较差，当监控主机出现故障时，监控系统所有测量和控制功能都无法运行。

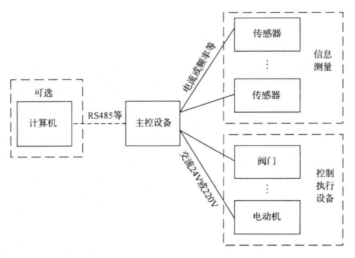

图 2-1　集中式监控系统

二、基于串行总线的分布式系统

串行总线分布式系统是一种比较常见的监控网络结构，大量应用于设施农业园区中，其通过串行总线连接分散在较大区域内的远程终端单元（remote terminal unit，RTU），由 RTU 完成对现场信息的采集和设备的控制，由主控计算机完成数据存储和控制策略制定等。常见的通信形式有四线制、两线制、无线制等几种。

（一）四线制分布式系统

四线制是最常见的一种分布式系统，由主控计算机（或可编程控制器）、RTU、传感器、执行设备及通信电缆组成。其结构如图 2-2 所示。

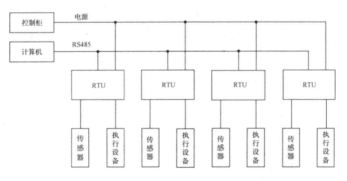

图 2-2　四线制分布式系统

该系统从中控室引出包括 2 条供电电源线和 2 条通信信号线在内的 4 条电缆依次串行连接现场的每个 RTU。RTU 是安装在远程现场的电子设备，用来实现远程传感器数据采集及设备控制，它将测得的状态或信号转换成可在通信线路上发送的数据格式，并将从中央计算机发送来的数据转换成命令，实现对设备的功能控制。

（1）基于 RS485 的四线制分布式系统

RS485 是一种典型的通信标准，它的全称是 TIA/EIA-485 串行通信标准。它的数据信号采用差分传输方式，也称为平衡传输。RS485 输出电压为-7~+12V，其中+2~+6V 表示"0"，-6~-2V 表示"1"。RS485 有两线制和四线制两种接线，四线制只能实现点对点的通信方式，现在很少采用。现在多采用的是两线制接线方式，两线制可实现真正的多点双向通信，这种接线方式为总线式拓扑结构。在同一总线上一般来说最多可以挂接 32 个节点，部分芯片节点数可以增加到 256 个。

在 RS485 通信网络中一般采用的是主从通信方式，即一个主机带多个从机。实现 RS485 的连接很简单，在一般场合采用普通的双绞线就可以。在要求比较高的环境下可以采用带屏蔽层的同轴电缆。在使用 RS485 接口时，对于特定的传输线路，从 RS485 接口到负载其数据信号传输所允许的最大电缆长度与信号传输的波特率成反比，这个长度数据主要是受信号失真及噪声等因素所影响。理论上 RS485 的最长传输距离可达 1200m，最大传输速率为 10Mbit/s，但在实际应用中传输的距离要比 1200m 短，具体能够传输多远视周围环境而定。在传输过程中可以采用增加中继的方法对信号进行放大，最多可以加 8 个中继，这样也就是说理论上 RS485 的最长传输距离可以达到 9.6km。如果需要长距离传输，可以采用光纤为传播介质，收发两端各加一个光电转换器，多模光纤的传输距离为 5~10km，而采用单模光纤可达 50km 的传输距离。

在基于 RS485 的通信网络中，Mod-bus 协议是一种使用较为广泛的通信协议。Mod-bus 协议是一种应用层协议，位于 OSI 参考模型的第七层。该协议可以使各种控制设备通过 RS485、以太网等网络进行通信。Mod-bus 协议是一个主从通信协议，通信网络中有一个主控设备和多个从设备，通信由主控设备发起，从设备接收消息后根据协议中的地址决定是否需要应答。Mod-bus 有 RTU（十六进制）和 ASCH（字符）方式两种信息格式，协议在此基础上规定了消息、数据的结构、命令和应答的方式。

1.ASCII 模式

ASCII 模式中，消息以字符":"开始，以回车换行符结束（ASCH 码 0DH、0AH）。帧格式如图 2-3 所示。

图 2-3　ASCII 数据帧格式

2.RTU 模式

RTU 模式是一个十六进制传输协议，没有固定的开始和结束字符。因此，RTU 协议使用大于3.5个字符时间的停顿作为数据帧的起始标志。网络中的设备不断接收总线上的数据，当检测到合适的起始条件后，开始接收数据，RTU 模式的第一个字节为目标设备地址，设备接收该字符并判断该消息是否是发给自己的，如果是，则设备继续接收数据并根据命令进行相应的应答。在RTU 模式下，消息传送结束后，应该至少保留3.5个字符的空闲时间再启动下一次数据传输，否则将导致一个错误。RTU 帧格式如图2-4所示。

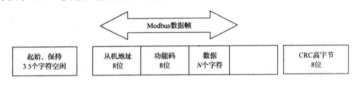

图 2-4　RTU 帧格式

（2）基于现场总线的四线制分布式系统

现场总线是用于过程自动化、制造自动化等领域的现场智能设备互联通信网络。目前，已形成国际标准的现场总线有CAN、Profibus等12种。将现场总线通信网络应用于节水灌溉设备，沟通了生产过程现场与控制设备之间及其与更高控制管理层次之间的联系。其具有互操作性和互用性强、对现场环境具有较高的适应性等技术优势，成为自动化技术发展的热点。现场总线设备的工作环境处于过程设备的底层，作为设备级基础通信网络，现场总线具有协议简单、容错能力强、安全性好、成本低的特点；同时，具有一定的时间确定性和较高的实时性要求、网络负载稳定、多数为短帧传送、信息交换频繁等特点。基于以上优点，现场总线已成为当前灌溉自动化设备通信研究的热点。

伍伟杰等针对在农田灌溉中自控系统工作在野外开阔区域的特点（范围大、距离远、系统节点分散、天气多变、野外干扰多、工程量大等），在传统通信方式不能满足要求的基础上，从可靠性、通信距离、开发难易程度、价格等方面进行对比选择，提出了一种基于CAN总线节水灌溉自控系统。

（二）两线制分布式系统

为进一步节约电缆和降低安装施工成本，众多机构开始研究两线制分布式系统，即将通信信号叠加到供电线路上，使用编解码器来实现对信号的采样和解码。其结构如图2-5所示。

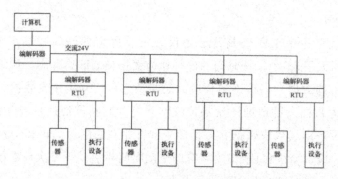

图 2-5　两线制分布式系统

两线制分布式系统的核心技术是一种在低压电力线上进行数据传输的技术，称为低压电力线载波通信。该技术由于可以利用已有的或铺设的电源线路来实现数据的远距离高速传输，从而降低了系统的复杂度，减少了施工难度，降低了工程成本，因而在信息节水领域有着广阔的发展前景。农业中通常以交流24V电源线作为数据传输媒介进行通信，能够实现两种设备间的单向或双向通信，通信速率可以达到9.6kbit/s，通信距离可以达到1000m。

针对农业领域节水灌溉的特点，为进一步降低系统复杂度和可靠性，国外在此基础上提出两线制编码解码的方法和设备。如图2-6所示，该系统通过对连接电磁阀供电电线编码解码来实现两根线对多区域和多电磁阀的控制管理，省去了原系统中的RTU，进一步降低了系统成本。美国雨鸟公司于1990年应用该项技术，研制了LDI、SDI解码控制，FD系列田间解码器系列，SD传感器解码器等产品，并在全球市场进行推广。美国Hunter、Toro、Underhill公司，以色列耐特费姆及欧洲部分公司都有类似独立解码系统，部分已经取得成熟应用。

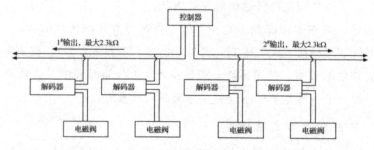

图 2-6　两线制灌溉系统

（三）基于无线技术的分布式网络

农业灌溉，特别是大田和果园自动灌溉系统中，土壤水分测量点和阀门控制点比较分散且与控制中心距离较远，同时由于需要进行机械作业，田间布线条件不好，为了防水和防止意外破坏，需要增加穿线管，因此田间布线成本较高。根据这一特点，出现了基于无线通信技术的分布式网络系统。这种系统将计算机与

RTU间的通信方式改为无线方式，RTU单元采用太阳能供电，并使用直流电磁阀作为控制机构，构成无须布线的现场采集控制节点，其结构如图2-7所示。

　　系统中计算机通过串口与无线通信模块连接，其发送的指令经无线通信模块编码调制后发送，现场RTU站点的无线通信模块接收到命令后传送给RTU，后者判断数据中的地址域，决定是否执行命令和应答。因此，从根本上说，这种监控系统结构与四线制通信系统是相同的，只是在数据传输的介质上发生了改变，其无线数据传输可以采用任意的透明传输模块完成，包括229MHz的无线电台、433MHz无线通信模块和2.4GHz的高速频段等，其通信距离由使用的发送功率和频段决定，不过增加发送功率将加大系统功耗，从而导致太阳能供电功率增加，也就增加了系统成本，因此，无线通信模块的功率应根据实际需要合理选择。

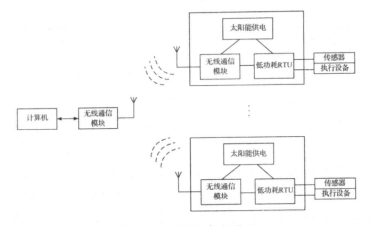

图2-7　无线分布式系统

　　综上所述，基于总线的分布式监控系统具有施工维护方便、安装简单、控制面积大等优点，可以满足现代农业不断扩大规模的需求。

三、基于工业以太网的网络监控系统

　　21世纪以来，随着全球性的网络化、信息化进程加快，工业以太网成为颇具活力的高科技领域，将网络通信技术应用于节水灌溉成为一种趋势。农业节水信息系统在采用原现场总线的基础上，应用工业以太网的控制网络，并且把所有的现场设备、控制器件和个人计算机工作站集成为一个高度可靠、低能耗和实时的控制系统。系统最大限度使用了数字化通信和分布式计算技术。

　　工业以太网技术应用于农业节水信息系统中，其优点有：①系统布线简单而且易于扩展。总线只需要一根无源的双绞线或同轴电缆，具有良好的扩展性。②控制系统通过节点连接控制模块，这样可以实现大面积的数据采集和设备控制。③系统容错性能好。当系统某一模块发生故障后可以自动与总线脱离，不影响其他模块的正常工作，从而提高了整套系统的容错性。④与集散控制系统和分布式

控制系统相比，降低了监控系统的成本，尤其适用于大规模农业节水信息系统的控制。

基于工业以太网的农业节水信息系统包括计算机、交换机、以太网RTU和现场测量执行设备等，结构如图2-8所示。RTU可以使用具有以太网功能的模块，也可以使用串口以太网转换器和通用RTU配合实现。数据传输的实现具有多种方式，包括TCP、UDP、HTTP协议。

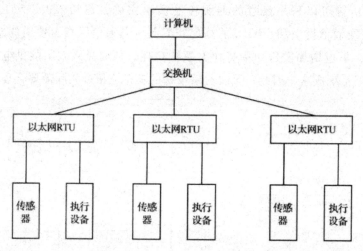

图2-8基于工业以太网的网络监控系统

工业以太网的基础通信协议是传输控制协议/互联网络协议（transmission control protocol/Internet protocol，TCP/IP），由网络、传输、应用层组成。在TCP/IP中没有定义数据链路层和物理层，它只要求主机必须使用某种协议与网络连接，以便能在其上传播分组数据。网络层使主机可以把分组发送到任何网络，并使分组独立地传向目的地。这些分组到达的顺序和发送的顺序可能不同，因此需要上层协议对数据进行重新组合和排序。该层定义标准的分组格式和协议即为IP协议。网络层的功能就是把分组数据发送到应该到的地方。传输层位于网络层之上，它使源主机和目标主机上的对等实体可以进行会话。该层定义了两个协议：第一个是传输控制协议（TCP）。TCP是一个面向连接的协议，具有流量和差错等控制，它允许从一台机器发出的字节流无差错地发送到互联网上的其他主机上。TCP在发送时把输入的字节流分解为报文传给网络层，接收时把报文重新组装成数据帧并交给应用层。第二个协议是用户数据报协议（user datagram protocol，UDP）。它是一个不可靠的无连接协议，用于不需要排序和流量控制的应用。传输层之上的应用层有很多协议，比如常用的文件传输协议（file transfer protocol，FTP）、超文本传输协议（hyper text transfer protocol，HTTP）、简单邮件传输协议（simple mail transfer protocol，SMTP）等。在农业节水信息系统中，经常使用基于TCP协议的应用层协议。

（一）计算机工作于TCP服务器模式

此模式下，RTU模块工作于TCP客户模式，模块启动后主动连接计算机，当建立连接后，RTU即开始向服务器传送监控数据，计算机也可以发送命令到RTU模块。此时，RTU模块与计算机保持为常连接状态。此模式适合计算机作为服务器长期运行的监控系统。

（二）RTU工作于TCP服务器模式

计算机工作于客户模式，存储每个RTU模块的IP地址，当计算机要与某个RTU通信时，计算机发起连接请求，连接后进行数据通信。如果RTU模块支持HTTP协议，则计算机可以通过浏览器直接查看RTU的测量数据，并可进行参数设置等。此模式适合RTU模块长期运行测量，计算机按需查看或下载数据的模式。基于TCP的Modbus协议也要求RTU工作于服务器模式。

四、基于无线传感器网络的监控系统

大面积的农田墒情监测和灌溉自动监控一直受到设备安装和供电困难的制约，传统使用的有线和星形无线方式都面临着以下问题。

（一）传统有线方式缺陷

首先由于农田面积很大，铺设电缆需要的施工和材料成本都很高；其次电缆可能会影响农田的机械化作业。

（二）传统无线方式缺陷

首先星形通信方式的覆盖区域为一个以控制中心为圆心的圆形，而实际监控区域很难如此理想；其次节点间距离较远，需要较大的太阳能供电系统，在监测和控制节点增加时会导致成本大量增加。

随着现代信息技术的发展，具有动态路由功能和低功耗、低成本的无线传感器网络为大面积农田墒情监测和灌溉自动控制网络搭建提供了有效的解决方案。无线传感器网络是一种无中心节点的全分布式系统。在该系统中，众多传感器节点被密集部署于监控区域，各传感器节点集成有传感器模块、控制器模块、通信模块和电源模块等，它们以无线通信方式，通过分层的网络通信协议和分布式算法，可自组织地快速构建网络系统，传感器节点间具有良好的协作能力；通过集成的不同功能的传感器，节点可探测包括温度、湿度、噪声、光强度、压力、水质状况、土壤成分、移动物体的大小、速度和方向等诸多人们感兴趣的物理量；通过网关，WSN可以接入Intemet/Intranet，从而将采集到的信息回传给远程的终端

用户。由此可见，WSN为解决大面积农田精准灌溉及信息采集提供了一个全新的技术手段，由于具有动态路由功能，基于WSN的监控点分布可以更灵活，节点需要的发射功率更小，因而功耗和成本都更低。因此，网络中的传感器和监控节点可以使用内置锂电池供电，体积更小更适合农田应用。

图2-9为一个典型的基于WSN的农业精准灌溉系统的结构图。在这样一个网络中，传感器节点和控制节点互相协同实现监测区域内的数据采集和控制，最后汇聚的信息通过WSN网络发送至监控中心。WSN网关与监控中心可以通过有线、无线方式通信，包括RS485、无线电台、GPRS等。

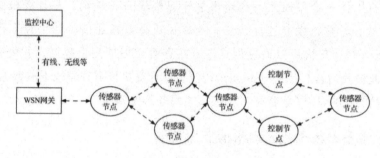

图2-9　基于WSN的精准灌溉系统的结构图

无线传感器网络有多个协议标准，其中ZigBee获得了广泛认可和大量应用。ZigBee是基于IEEE802.15.4标准的一套无线自组织通信技术标准，其协议栈分成两个部分，IEEE802.15.4处理低级MAC层和物理层协议，而ZigBee联盟对其网络层和API进行标准化。图2-10为ZigBee协议栈架构各层之间通过服务接入点（SAP）来实现层与层之间的数据通信与协议栈管理。一般来说，层与层之间有两个服务接入点，一个提供数据传输服务，另一个实现管理。

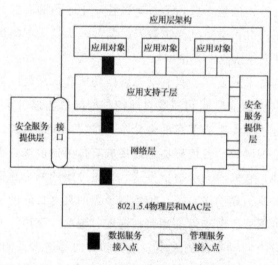

图2-10　ZigBee协议栈

ZigBee 技术使用免费的 2.4GHz、915MHz 和 868MHz 频段，传输速率为 20~250kbit/s，具有双向通信功能。ZigBee 定义了两种物理设备类型：全功能设备（full functional device，FFD）和精简功能设备（reduced functional device，RFD）。其中 FFD 实现了全部功能，而 RFD 只是实现了部分功能。RFD 只能和 FFD 设备通信，却不能与其他 RFD 设备通信。从网络配置上来讲，在 ZigBee 网络中有三种类型的设备：ZigBee 协调器、ZigBee 路由器和 ZigBee 终端设备。ZigBee 协调器必须是 FFD，并且一个 ZigBee 网络有且只有一个协调器；路由器是中继节点，也是 FFD，可以选择路由转发数据；终端设备功能比较单一，往往只是发送和接收简单信息。

每个 ZigBee 网络都有一个标识符，用来和其他 ZigBee 网络进行区分，该标识符是由 ZigBee 协调器在建立网络时确定的。当节点加入网络时会分配一个 16 位的网络地址，以后该节点就用这个网络地址和其他节点通信。ZigBee 网络可以实现下面三种网络拓扑结构：星形网、树形网、网状网。

在星状拓扑中，网络由唯一的协调器，即中心节点控制，它初始化并保持其他在网络中的设备。其他设备都是末端设备，直接与协调器进行通信。星形拓扑最大的优点是结构简单、管理方便，但需要将末端节点都放在中心节点的通信范围之内，这无疑会限制无线网络的覆盖范围。树形拓扑是多个星状拓扑的集合，保持了星状拓扑的简单性，对存储器需求不高，上层路由信息少，因此成本相对于网状拓扑较低。它具有信息多级传输的能力，也解决了低功耗 RF 收发器所带来的覆盖范围通常不能超过百米的问题。网状拓扑中的每个节点都是一个小的路由器，都具有重新路由选择的能力，以确保网络最大限度的可靠性。它通过一系列广播、路由查询和维护命令来动态地升级整个网络的路由信息。发起消息的节点通过查询邻近节点来建立一条适当的路径。这个查询广播式地发送请求，直到找到目标节点并得到应答。

五、多层远程监控系统

以上介绍的监控系统都是分布于监控现场和单一监控中心的系统，随着网络技术的不断发展和人们对远程、移动监控功能的需求增加，具有多层远程监控功能的监控系统开始出现。多层远程监控系统具有如下特点：①监测区域现场具有一个监控中心；②在远程的办公区域也可以远程进行监控；③具有 Web 发布功能，可在任何地方通过互联网进行监控；④可通过手机等移动设备进行监控。

图 2-11 为某园区温室灌溉控制系统结构图。系统中，每个温室内使用平板电脑作为温室内监控网络中心，其内部网络结构可以是上面介绍的网络结构中的一种。各温室通过以太网与园区内的现场监控计算机连接，现场监控计算机可以实

时监控每个温室内的灌溉状态和环境参数。现场监控中心安装有短信收发设备，可以接收和发送短信，可以实现短信报警、短信遥控等功能。现场监控计算机通过 ADSL 或 GPRS 等无线网络设备进入互联网与远程的中心服务器连接，从而实现在互联网上的 Web 数据发布。

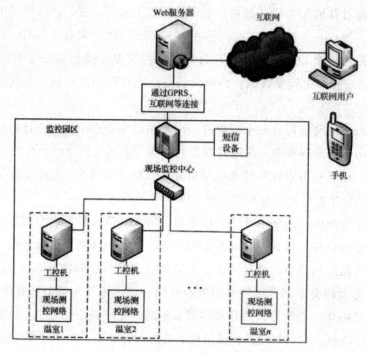

图 2-11 温室灌溉控制系统结构图

GSM/GPRS 作为一种公众通信网络在农业节水信息系统中得到了广泛应用，可以为系统提供遥控、远程监控等。它具有诸多优点：①标准化程度高，接口开放，联网能力强；②能提供准 ISDN 业务；③支持点到点双向的短消息业务；④保密、安全性能好，具有鉴别、加密功能；⑤价格便宜。在我国 GSM 公用数字移动通信网是覆盖面积最大、系统可靠性最高、话机持有量最大的数字移动蜂窝通信系统。

郭建等开发了基于 SMS（short messaging service）的高速公路绿化带灌溉监控系统，利用流量、压力等传感器实时测量、分析灌溉设备的灌溉参数，通过 SMS 传送给中心控制计算机，当分析发现数据异常时，自动报警系统将启动应急处理通过 GSM 发送警报信息给管理员，并自动关闭水泵和电磁阀。

GPRS 系统利用 GSM 系统的全部基础设施，覆盖 GSM 的全部功能并提供分组服务。GPRS 提供与数据分组交换网的接口，可通过维护协议和 X125 协议与其他数据网相连。GPRS 系统可灵活运用时隙来提供多种速率。GPRS 系统的出现，给用户和运营公司都带来了一定的好处。从用户的角度来看，GPRS 系统可为用户提供更快的接入时间和更高的数据速率；GPRS是按通信量的大小来计算，从而使得收费合理化。

以上灌溉自控系统主要由中心主控系统（主计算机、控制柜）、电磁阀、田间湿度传感器（可测土壤湿度绝对值）、气象观测站（可测量气温、风向、风速）等设备组成。系统由多个控制单元组成，每个控制单元管理一片区域。利用GPRS/GSM网络，由中央计算机统一管理。室外的空气温湿度传感器把结果送入计算机，进行灌溉参数设置及对灌溉情况进行统计，并可通过专用软件在计算机上存储，显示数据和图表。同时，可以人工进行特殊操作。通过互联网获取天气信息，有预见性地实施灌溉（上海步特电气有限公司，2000）。

第二节　常用通信设备

以上介绍了农业节水信息系统网络的结构和常用的通信协议，本节以三个实际产品为例，介绍农业节水信息系统中常用的Modbus、GPRS、以太网等通信设备的实现方法。

一、支持Modbus的RTU模块

基于RS485总线的通信系统是应用最多的一种结构，基本上所有RTU模块、控制器均支持RS485接口。本节以一个具有RS485接口的支持Modbus协议的RTU为例介绍RS485接口实现的关键技术。

（一）RTU模块总体结构

如图2-12所示为一个RTU模块的总体结构，包括电源电路、采集电路、控制电路和通信接口电路。在此只讨论电源和通信接口电路。

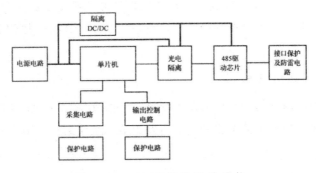

图2-12　RTU模块硬件结构

RTU模块在测控的现场使用，其通信和供电线路一般比较长，因此模块干扰抑制和内核保护是保证模块稳定可靠工作的关键。常用的技术有接口隔离、共模

信号抑制和感应雷抑制。

（二）电源电路

电源电路包括两个部分：一个是输入电源的降压和隔离；另一个是输入电源的保护。因为RS485通信接口采用光电隔离的方式，所以必须提供与主芯片隔离的电源给RS485驱动器供电。此部分典型的电路结构为：输入电源经过开关电源电路后降低为5V，然后使用隔离DC/DC电源模块提供隔离的5V输出电源作为RS485驱动芯片的电源；同时，5V的输出经线性稳压电源（LDO）后产生3.3V电压给RTU主芯片等电路供电。

电源供电线路通常是类似双绞线的导线，其干扰产生通常为共模模式，因此，先采用共模线圈进行共模干扰抑制，然后在其后端增加两级防雷和瞬时脉冲干扰抑制电路。

（三）通信接口电路

RS485通信采用光电隔离的方式，驱动芯片共有三条信号与MCU连接，分别是接收数据、发送数据和方向控制信号。例如，系统为支持高速485通信，设计使用了高速光电隔离芯片TLP113。当然，在多数应用中低速光电隔离芯片即可满足需要。单片机UART接口信号RX、TX和方向控制信号经过TLP113光电隔离后与驱动芯片U109连接，后者驱动通信线路。在U109的后端，设计中使用了共模电感T101进行共模干扰抑制和TVS与放电管共同组成的两级保护电路。其中，特别需要注意的是，R103和R104组成的上拉和下拉电路对模块的抗干扰性和稳定性具有重要作用。

二、GPRS透明传输模块

基于GPRS的远程监控是近年来流行的一种技术，它具有通信范围广泛、通信费用相对较低、安装方便等特点，而这些特性很好地满足了农业野外监测控制的需求，因此在信息化节水系统中得到了广泛使用。本节介绍一种GPRS透明传输模块的实现方法。

（一）模块总体结构

模块以ARM7内核的LPC2132为控制核心，由支持GPRS的MC39i手机模块作为网络接入设备，以及电源电路和接口电路组成。系统结构如图2-13所示。

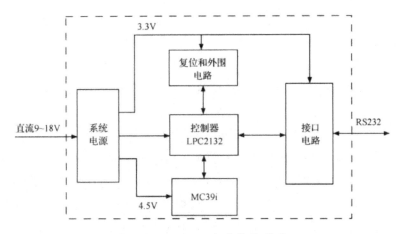

图 2-13 GPRS透明传输模块

目前，市场上支持GPRS的模块有很多种，综合考虑后采用西门子的MC39i模块，该模块在支持GSM的基础上增加了对GPRS的支持，上传波特率可达21.4kbit/s，下传波特率最大为85.6kbit/s，并支持CS4、CS-2、CS-3、CS-4四种编码方案，是一个具有较高稳定性的工业级模块。MC39i的工作电压范围为3.3~4.8V，传输功率在GSM1800时为1W，休眠电流为3mA。MC39i提供一个40引脚的外部控制接口，其中包括控制、数据传输、SIM卡、声音以及电源接口。MC39i接口采用AT指令集，并支持部分西门子的扩展AT指令。

（二）硬件电路

（1）电源电路

MC39i的电源采用单个3.3~4.8V的电源，MC39i在进行数据传输或通话过程中峰值电流可能达到2A，所以电源必须能够提供足够的电流以保证在大电流时电源电压不低于3.3V。如果在工作过程中电源电压下降到低于3.3V或电压下降幅度超过400mV时，MC39i将会自动关闭。例如，在峰值电流2A时，在线路上的电压损耗必须考虑，如果线路电阻为50mΩ，那么电压损耗为100mV，因此在布线时必须考虑这些问题。在MC39i的接口上，1~5的引脚为电源引脚，6~10为地线，另外还有一个VDDLP引脚用于模块掉电时实时时钟的供电，该引脚在模块工作时提供输出电压，其最大电压为电源电压，在模块关闭时由外部提供电压，电压范围为2.0-5.5V。

（2）串行接口

MC39i提供了一个8线、不平衡、异步串行接口，其串行口使用8位数据位、无奇偶校验和1位停止位的串行通信格式，通信波特率支持300~230400bit/s，其中可以支持以下波特率的自动识别：4800bit/s、9600bit/s、19200bit/s、38400bit/s、57600bit/s、115200bit/s和230400bit/so，另外还包括状态线RTS0和CTSO以及硬件握手线 RTS 和 CTS，当然通过 AT 指令也可以设置使用硬件流量控制还是软件流量控制 XON/XOFF。

（3）控制信号接口

MC39i 中的控制信号分为两类，即输入和输出信号。输入信号是 MC39i 的启动和关闭信号，输出信号是 MC39i 工作状态的指示。

1.输入信号。

输入信号包括启动引脚/IGT 和紧急关闭信号/EMERGOFF。在启动 MC39i 时，将/IGT 引脚设置为低电平超过 100ms 来启动模块，在/IGT 设置为低电平期间，BATT+电源引脚的电压不能低于 3V。一般使用 AT 指令 ATSMSO 来关闭模块。但是，如果出现异常，需要紧急关闭模块，则使用/EMERGOFF 引脚来关闭 MC39i，将该引脚设置为低电平超过 3.2s 将关闭模块，但是这样关闭模块有可能丢失设置信息。

2.输出信号。

MC39i 接口中有一个 SYNC 引脚提供 MC39i 工作状态的指示。通过 AT 指令 ATSSYNC=< mode > 可以将该引脚配置为两个不同的工作模式：mode=0 时该引脚用来指示 MC39i 消耗功率的增加，即在数据传输状态模块电流增加时 SYNC 引脚输出高电平，工作模式为低电平。

（三）软件实现

（1）软件流程

系统有两大任务，即通信和参数设置。系统中将这两个任务分配到两个不同的主循环中，分别位于两个不同文件中。主程序启动后，先检测是否要进入设置状态，如果在 5s 内没有接收到该命令就进入通信状态。

（2）网络通信过程

通信过程包括拨号、建立 TCP 连接、数据传输三个阶段，其中拨号阶段为一个基于点对点协议（point to point protocol，PPP）的连接建立过程，为了在一个点对点链路上建立通信，通信双方必须发送链路控制协议数据包来配置和测试链路。当链路建立后，通信的一方可能需要进行鉴权，然后使用网络核心协议（network core protocol，NCP）数据包来选择和配置网络层使用的协议。这个链路将一直存在，直到通信的一方发送链路控制协议（link control protocol，LCP）、NCP 数据包关闭链路或发生其他意外事故。建立连接后，GPRS 透明传输模块即开始进行 TCP 连接，发送 TCP 请求数据包，与设定的服务端口进行连接，建立连接后即可传输用户数据。

三、嵌入式以太网模块

互联网应用的日益普及促使嵌入式以太网技术快速发展并被应用到众多领域，其中就包括农业节水信息系统，而在该系统中，RTU通常由单片机系统实现，因此，基于以太网的网络系统中通常使用的是基于单片机设计的嵌入式网络RTU或控制器。目前，嵌入式设备网络化的实现方案包括以下三类。

（一）使用网络转换设备实现

在测控系统中增加一个网络服务器，现有测控设备通过RS232或RS485连接到网络服务器上，网络服务器再通过以太网络连接到远程计算机或其他主控设备上。目前，这类以太网串口服务器比较多，这种应用模式也比较普遍。

（二）使用通用网关设备连接

嵌入式系统本身具有基本的TCP/IP网络通信功能，系统通过以太网络与网关连接，由网关连接到远程控制计算机或设备上。

（三）嵌入式设备实现Web服务器功能

嵌入式设备设计时就具有Web服务功能，每个设备可以直接接入以太网，远程用户可以直接通过网络登录到设备的监控网页上进行设备控制和参数设置，这种方案是未来嵌入式系统发展的主要方向。

嵌入式设备实现Web服务器功能是目前比较流行的方式。一般情况下，采用单片机配合以太网控制芯片来实现。以太网控制芯片目前使用较多的有：

（1）使用传统的PC使用的控制芯片，如RTL8019等，这些芯片由于不是针对嵌入式系统设计，其体积和芯片引脚很多，一般都是32位数据总线接口，在嵌入式系统中使用不是很合适。

（2）使用专门为嵌入式系统设计的以太网芯片，有8位并行接口或串行外设接口（serial peripheral interface，SPI）等串行接口的芯片，这类芯片比较典型的有Silicon Lab公司的CP2200系列和Microchip公司的ENC28J60芯片，前者是符合8051系列单片机接口的并行接口，后者为串行SPI接口。在软件方面，前者提供了包含完整协议库的动态库文件，但不提供源文件；后者则提供了TCP/IP协议的源程序。

（3）使用具有以太网功能的核心模块，比较典型的是Z-World公司的RCM2200系列核心模块。这类模块提供了良好的硬件和软件支持，使用比较方便，只是成本较高。

基于以上分析，下文给出一个基于CP2201芯片的嵌入式以太网数据采集器的设计方法。

1.总体结构

设计采用 C8051F020 单片机，RAM 外扩为 32KB，使用以太网控制芯片 CP2201，具有 8 路 12 位 A/D 采集和 12 路输出控制功能。结构如图 2-14 所示。

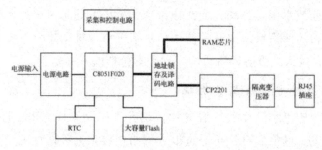

图 2-14　基于 CP2201 的以太网数据采集器结构

由于 CP2201 是并行接口，按照 51 单片机并行口扩展方法，给其分配合适的外部地址即可。设计中使用 74HC573 作低位地址锁存，使用 74HC137 作地址高位译码来实现芯片片选和地址段分配。另外，如果要使用芯片厂商提供的协议库，则 CP2201 输出的中断信号需要占用单片机的外部中断 INT0。

2.软件设计

嵌入式系统中实现 Web 服务器的主要困难在于 TCP/IP、HTTP 等协议的实现，对于 8 位或 16 位的嵌入式系统来说，很难提供足够的硬件资源来实现完整的 TCP/IP 协议。针对这个问题，CP2201 的生产厂商提供了一个基于向导的 TCP/IP 协议程序库，可以支持 TCP、UDP、HTTP、Telnet 等众多标准协议，在很大程度上降低了用户开发的难度。利用免费的 TCP/IP 库，基于开发向导，用户可以实现基于 TCP 的用户自定义通信、基于 TCP 的 Modbus 协议、基于 UDP 的数据传输、嵌入式 HTTP 服务器、嵌入式 SMTP 协议、收发 E-mail、嵌入式 FTP 客户和服务器、嵌入式 Telnet 服务器。有关各个开发过程中的详细细节，可以参考芯片的相关文档。

农业节水信息系统是信息化技术在农业节水中应用的基础载体，它融合了多种学科和多种技术，是一个随着电子和通信技术不断发展而发展的应用系统。本章针对不同形式的农业生产现场，分析总结了国内外最新的节水信息系统的结构和组成，重点介绍了集中式、分布式、多层网络结构的信息监控系统，讨论了不同结构的系统主要适用的场合、优缺点等，并给出 Modbus RTU 模块、GPRS 透明传输模块和嵌入式以太网模块的设计和实现方法，可以为相关设备开发人员、工程设计人员提供一定的参考。

第三章　智慧农业节水灌溉自动控制技术

第一节　概述

一、灌溉自动控制意义

节水灌溉自动控制技术是用来控制灌溉供水、灌溉出水机构的一套综合控制技术，是在微电子、信息和自动控制等相关技术的基础上发展起来的，从最早的水力控制、机械控制，到后来的机械电子混合协调式控制，再到当前应用广泛的计算机智能控制，节水灌溉自动控制系统控制的规模和精度都在不断地提高，智能化程度也越来越高，自动控制的范围也逐渐覆盖灌溉设施的全程，包括首部供水设备、过滤、施肥、田间出水等各个过程。

目前，在人们心中存在一个误区，认为自动化设备投资太高，在国内用不上，也不会带来什么经济效益，得不偿失，实际上灌溉自动化不仅带来节水方面的经济效益和社会效益，还会在其他方面带来好处。

在实际生产中，有几个场合只有通过自动化灌溉技术才能够实现灌溉控制，否则将给我们的灌溉管理带来极大不便。

第一种情况是针对超大规模灌溉情况，如新疆生产建设兵团或者黑龙江农场，灌溉面积万亩以上区域。这种情况下，人工进行灌溉需要配备大量的人力、物力，而自动化的灌溉管理一个人可以轻松完成几十个人的工作，灌溉效率和效益大大提高。

第二种情况是针对重庆、四川等多山、丘陵地区，灌溉区域分散在不同的山头，分布广而散的情况。在这种情况下，原始的人工灌溉是人力挑水漫灌或者畦灌，需要付出很大的人力，即使这样有的山头上由于地势原因也难以灌溉。采用节水灌溉控制系统后，在压力满足的情况下灌溉变得非常轻松，灌溉效率和节水效果都非常显著。

第三种情况是针对狭长地带的灌溉情况，如高速公路或者城市快速路中央隔离带的灌溉，人工进行灌溉由于机动车的高速行驶变得非常困难，很多时候都要考虑到安全问题，这时自动灌溉控制系统变得尤为重要。

第四种情况是针对面积虽然不大，但区域分布特别多情况，如在设施农业基地有几百个大棚灌溉的情况下，由于水源出水量有限，在作物需水期可能出现大棚用水争抢以至于管道压力太小没水的现象。这时，通过采用节水灌溉自动控制系统，合理安排轮灌周期和灌水时间，可以保证大棚的及时用水，满足作物需水需求。

第五种情况是需要根据墒情或者气象信息进行灌溉的情况，比如在高尔夫球场，绿地的灌溉需要根据草坪需水情况进行严格控制，这时就要采用智能灌溉控制系统，系统根据气象、墒情因素综合影响进行灌溉，达到草坪最佳的生长状态（周平，2010）。

第六种情况是灌溉时间特殊的情况，如公园绿地灌溉为了不影响游人观赏而选择晚上灌溉，采用人工开关阀门进行灌溉给公园管理带来了诸多不便，而自动控制灌溉系统设定好轮灌组的灌溉制度后系统自动运行，灌溉变得非常方便。

在上述情况下，灌溉自动化技术可以解决人们手工难以完成的工作。另外，水资源短缺将有可能超过耕地减少，成为我国农业持续发展的最大障碍，若采用智能化的节水技术和设备，到 21 世纪中期，我国的灌溉水利用率可以提高到 60%~70%，由此节水潜力为每年 600 亿~1000 亿 m^3，相当于两条黄河的流量，基本上能够保证远期灌溉的需求。当前我国灌溉水单方水生产粮食不足 1kg，还不到发达国家水分生产率的一半，采用灌溉自动控制技术后，可以有效提高灌溉水利用率，减少水资源浪费，并能提高作物品质。因此，灌溉自动控制技术的应用对提高我国农作物产量，达到节水增产、优质高效的目的，有着极为重要的意义。

二、灌溉自动控制技术现状

作物灌溉自动控制的最早研究是从温室作物开始的。20 世纪 60 年代中期，荷兰引进了模拟式温室气候控制系统，开创了温室环境自动控制的新纪元。随着科学技术向农业领域的不断渗透，农业生产过程的自动化、智能化程度不断加强。大田作物的灌溉控制，经历了简单的定时开关控制、定时定量的可编程逻辑工业控制和根据土壤湿度传感器的阈值控制等不同阶段，当前已进入智能控制的高级阶段。本阶段主要是将土壤墒情与作物水分状况的监测技术与作物生长模型技术相结合，对作物的灌溉提供决策支持。在作物智能诊断灌溉控制技术中，土壤墒情与作物水分信息状况的准确监测、作物生长过程的准确监测、作物生长与灌溉过程的精确控制是三个关键技术环节。

总体而言，按技术集成模式和控制方式，灌溉技术有自动控制和智能化控制两种形式。自动灌溉控制系统模式功能简单，不能预测灌溉水量，只是执行灌溉过程控制，是一种开环控制灌溉系统。智能化灌溉控制具有多种输入信息，控制系统可以完成何时开始灌溉、灌溉多少等任务，并具有信号反馈功能，是一种前沿控制技术。融合包括专家系统、模糊逻辑系统、神经网络在内的人工智能技术的灌溉控制系统近年来发展迅速。以色列学者运用智能科学和人工智能计算技术构造了农田灌溉中的"作物——水——土"科学融合的模型（irrigation intelligent model，IIM），用来解决灌溉原理中的"作物——水——土"关系仿真问题。IIM吸收了传统的物理和数学模型的优点，在形成复合模型的基础上，融入智能化技术，进而发展形成具有模拟过程和模拟结果的仿真的智能化模拟模型，并具有智能故障诊断识别能力、数据智能挖掘潜力，形成科学智能问题，被认为是最有前途的发展方向。

目前，国外发达国家农业灌溉与用水管理的发展趋势是信息化、自动化、高效化。3S技术和Internet技术开始应用于灌溉管理，计算机技术应用于灌区信息管理和运行决策，水量监测技术设备应用受到普遍重视，并向智能和自动化方向发展，灌溉用水管理软件的开发和广泛应用，使发达国家的水管理已经基本实现自动化、智能化。

三、灌溉自动控制系统

节水灌溉自动控制系统的控制对象是灌溉系统中的执行设备，一个典型的灌溉系统由水泵、施肥、过滤、电磁阀及出水器组成。自动控制系统通过控制系统中的水泵、施肥器、过滤器及灌水单元电磁阀实现对灌溉过程的自动控制。

与工业自动控制系统相似，节水灌溉自动控制系统由信息测量、控制决策、控制执行及中央监控四个主要部分组成，图3-1所示的系统为一个完整的节水灌溉控制系统。系统中，控制设备获取传感器的信息，通过其内部的灌溉决策模型作出灌溉决策，控制阀门、水泵等相关设备实现对农田作物的灌溉，远程的中央灌溉控制软件则可以通过多种通信方式与灌溉控制设备通信，实现对灌溉系统的总体监控。实际应用的灌溉控制系统可以是一个完整的控制系统，也可以只使用其中的一部分。

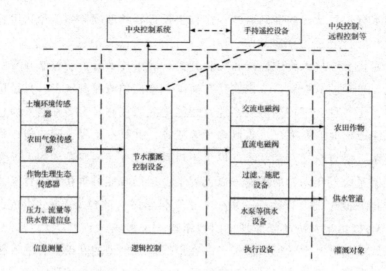

图 3-1　节水灌溉自动控制系统结构图

（一）执行设备

系统控制的对象包括首部设备和灌水单元电磁阀，其中首部设备包括水泵、过滤器、施肥器等设备，田间灌水单元主要为电磁阀，分为交流电磁阀和直流闭锁电磁阀。交流电磁阀为常闭阀门，使用24V交流电控制，当阀门两端有24V交流电时阀门打开，当断开供电时阀门关闭。直流闭锁电磁阀是一种可保持状态的阀门，使用不同方向的直流脉冲控制阀门开关，在工作期间无须供电，所以直流阀门功耗很小。

（二）控制决策

根据有无反馈信号（即信息测量部分），节水灌溉自动控制系统分为闭环控制灌溉系统和开环控制灌溉系统，其中闭环控制系统通过测量田间土壤和气象等信息进行灌溉控制调节，系统具有较高的智能度；而开环控制系统为时序控制系统，其不使用传感器测量信号作为灌溉控制依据，而是由使用者根据经验设定灌溉开始时间及灌溉时间长度，为定时控制系统。

智能灌溉控制系统均为闭环系统，根据使用的反馈信号，又可以分为基于环境信息的控制系统和基于作物缺水信息的控制系统。前者使用土壤水分传感器和气象传感器测量环境信息，系统可以根据土壤中当前的含水量启动和停止灌溉，也可以根据气象信息计算作物水分蒸腾量，通过蒸腾量控制灌溉水量。面向作物缺水信息的控制系统使用作物生理生态信息传感器测量作物体内的实际含水信息，并根据该信息进行灌溉控制，从理论上讲，后者更具有针对性，灌溉控制更加精细，但是因为作物生理生态信息的测量难度较大，相关设备比较昂贵，目前还处于研究试验阶段，实际应用中还很少见。

开环控制系统结构简单，使用灌溉时间作为控制依据，其灌溉决策是由人工经验设定的，通常这种系统会提供多种方式设定启动时间、灌溉时长等，虽然这种系统智能程度不高，但具有很高的实用性，目前得到了广泛应用。

（三）灌溉控制

根据灌溉控制系统功能实现方式划分，节水灌溉自动控制系统可以分为集中式自动化控制系统和分布式自动化控制系统。集中式自动灌溉控制系统由一个控制主站实现采集、决策、控制等全部功能，控制器功能比较强大，可以控制的电磁阀和测量的分布式自动灌溉控制系统一般由一个中央控制计算机和分散的小型控制器构成，小型控制器负责将本站的作物、土壤等信息传送到中央控制计算机，后者进行灌溉决策后将灌溉控制指令发送给小型控制器，由小型控制器完成本站内电磁阀等设备的控制，分布式自动灌溉控制系统结构如图3-2所示。

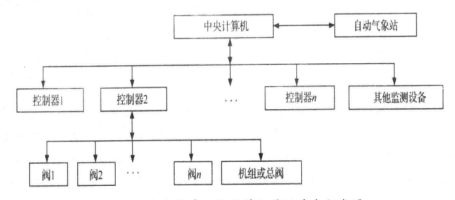

图 3-2　中央计算机控制灌溉系统基本组成图

分布式灌溉控制系统中采用的灌溉控制器通常体积较小、功能较弱、控制站点较少，但是功耗更低并集成有多种与中央控制器通信的通信接口，并且成本较低。

（四）中央控制系统

中央控制系统处于灌溉自动控制系统的顶层，通常为运行在监控服务器上的软件系统。该系统负责与灌溉区域内所有灌溉控制设备通信，以图像化的方式直观显示所有灌溉区域的灌溉状态，是用户控制灌溉系统的主要操作窗口。中央控制系统包括通信模块、数据处理模块、灌溉决策模块、界面定制模块、数据存储模块等，由于灌溉区域总是变化的，中央灌溉控制系统需要控制界面和控制设备的加载与动态管理，在实际应用中可以采用专用灌溉控制软件系统、针对灌溉区域定制开发控制软件等方式。

第二节　节水灌溉自动控制设备

一、低功耗简易直流灌溉控制器

低功耗简易直流灌溉控制器是广泛应用于设施农业、小面积农田、家庭花园、城市小型绿地及其他分布式灌溉控制系统中的低成本灌溉控制设备，该控制器操作简单、使用方便、价格低廉，可以实现基于时间及土壤水分的灌溉自动控制，是目前较为常见的一种低成本节水灌溉自动控制设备。

低功耗简易直流灌溉控制器控制直流闭锁电磁阀，具有4路直流电磁阀控制通道和1路土壤水分测量通道，使用2节7号电池供电，平均功耗小于$10\mu A$，其主要功能包括：4路控制通道；1路水分传感器；1路RS485通信接口；支持有线方式的远程控制；支持每天、单号、双号、星期、水分五种灌溉启动方式；支持循环渗透灌溉功能；具有电池电压监测功能、低电压自动关闭功能。

（一）总体结构

低功耗简易直流灌溉控制器以超低功耗单片机C8051F930为核心，通过端口扩展和电磁阀驱动电路实现4路直流电磁阀控制和1路水分传感器采集；使用外接12V电源和内部7号电池两种方式供电，通过电源切换电路为主电路提供电源；RS485通信链路只有在使用外接电源的条件下才工作，使用电池供电时自动关闭；为满足直流电磁阀6~9V的驱动脉冲要求，使用升压电路将3V输入电压提升为9V；控制器采用点阵液晶，它通过并行接口与单片机连接，实现中文显示。

（二）关键技术

（1）升压电路

控制器使用7号电池供电，供电电压仅有3V左右，但是大多数直流电磁阀驱动电压需要6~9V的驱动电压，因此，需要使用升压电路进行电压变换。电路的设计需要重点考虑两点：其一是电路的静态功耗，这将影响整个控制器的平均功耗；其二是驱动功率，直流电磁阀的驱动为脉冲电流，需要在短时间内输出较大的电流，这要录驱动电路具有良好的响应特性和驱动能力。因此，控制器使用微功率升压型DC/DCLT1615作为电路核心，配合二极管及储能电解电容实现阀门驱动电路。

LT1615是采用5引脚SOT-23封装的微功率DC/DC转换器，其输入电压范围为1.2~15V，输出电流最大为350mA，静态电流为$20\mu A$，并且具有关断模式，在关断模式电流仅有$0.5\mu A$，这种极低的关断电流使得该芯片很适合在低功耗设计中使用，但是其提供的电流无法满足驱动电磁阀的要求，因此把升压电路改成了充电电路，使用两个大容量电解电容进行能量存储，LT1615提供的电压通过二极管后对两个电容充电，充电结束后再打开驱动电路驱动阀门，同时使用程序控制充电时间和阀门驱动时间，这样可以有效地控制阀门驱动电压。

（2）电磁阀驱动电路

控制器通过使用PCF8564扩展了8个双向I/O口，用来控制直流电磁阀。

（三）软件实现

低功耗简易直流灌溉控制器程序设计以实现用户操作简单、运行稳定为目标，使用可靠的消息机制来实现程序。为最大限度降低系统功耗，控制器使用单片机内部集成的RTC产生的秒信号作为系统节拍，在通常状态下单片机处于掉电模式，阀门驱动电路和升压电路都被关闭。当RTC产生中断信号后，单片机从掉电模式被唤醒，处理相应的定时事件，然后重新进入掉电模式。当有用户按键时，同样可以产生中断信号将系统从掉电模式唤醒。

（四）设备应用

低功耗简易直流灌溉控制器在设施农业、果园、园林绿地灌溉自动控制中得到了大量的应用，该系统中每个温室安装有一个控制器，所有的控制器通过RS485总线连接，由监控中心的中央灌溉控制软件控制。温室中每个控制器控制4个直流电磁阀，并使用1个土壤水分传感器进行土壤水分监测，控制器根据土壤水分信息自动进行灌溉，当土壤中水分含量低于设定值时，控制器自动打开电磁阀进行灌溉，当土壤水分含量达到设定上限值时，控制器停止灌溉。

二、ZigBee无线自组网灌溉控制器

ZigBee无线自组网灌溉控制器是采用无线传感器网路技术开发的一款网络型灌溉控制器，它具有自组网、低功耗、低成本、高稳定性等特点，主要功能有：①具有自组网功能；②2路采集通道，可以采集土壤水分、降雨等灌溉决策信息；③4路直流闭锁电磁阀控制通道；④低功耗，休眠模式下功耗小于$5\mu A$。

（一）总体结构

ZigBee无线自组网灌溉控制器以ZigBee片上系统芯片EM250为核心，使用多路电源控制电路、外部锁存电路等实现符合IEEE802.15.4协议的无线自组网灌溉控制器。控制器具有2路模拟信号采集通道、4路直流电磁阀驱动通道等，其总体结构如图3-3所示。

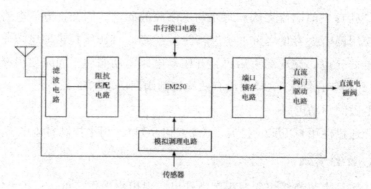

图3-3 ZigBee无线自组网灌溉控制器结构图

EM250集成了一个符合IEEE802.15.4标准的2.4GHz的射频收发器和一个功能强大的高速率16位微处理器，支持网络级的调试，系统的软件开发简便。EM250具有工作、待机和深度睡眠三种状态：在工作状态时运行用户程序，典型电流为8.5mA；在待机状态，处理器不再工作，但允许中断唤醒，外围器件及射频收发器正常工作；而在深度睡眠状态，处理器和射频收发器都不再工作，直至有外部中断或定时中断唤醒，典型情况电流仅为$1.5\mu A$。因此，该芯片的这三种工作模式能够有效降低系统的整体功耗，非常适合农田灌溉自动控制。

（二）关键技术

脉冲电磁阀驱动需要的脉冲信号的瞬时电流值通常比较大，设计采用控制大电容瞬间放电的形式来提供所需要的大电流脉冲，具体电路如图3-4所示。电路中电容选择的是1000uF的大电容，电容电压由AAT4285芯片的输出电压提供，通过一个防止反向充电的二极管D1和一个限流电阻R2接到电容的正极。电容的放电由ZigBee模块的P_CON通过一个限流电阻控制三极管Q1的开关状态实现，Q1是NPN型三极管，最大的导通电流为5A。二极管D2的作用是防止三极管截止时产生过大的反向电流。

AAT4285具有使能端口，在无线采集控制模块进入休眠状态时，通过ZigBee模块控制CON_EN，关闭使能端口，切断其对电容供电，此时电磁阀被切断，大大降低了无线采集控制模块休眠时的功耗。无线采集控制模块被唤醒后，使能端口打开，重新对电容充电，用于保证电磁阀的正常开关。

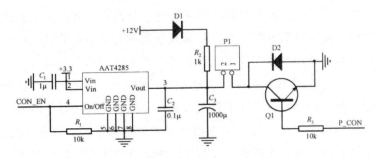

图 3-4 脉冲电磁阀驱动电路

（三）软件实现

ZigBee无线自组网灌溉控制器通过内嵌微型任务调度系统，来实现各任务之间的切换。程序初始化完毕后，进入图3-5所示的循环流程。从流程图中不难看出，控制器节点绝大部分时间处于睡眠状态，这样大大节省了电源消耗，实现了节点的长时间持续运行。考虑到各节点时钟不可能绝对同步，为了克服各节点时钟偏差的累计效应，同时也为了提高网络通信的鲁棒性，引入"睡眠3s倒计时"机制。该方法的核心思想是节点每次进入睡眠前都利用3s时间预先侦听网络，如果发现网络周围节点还处于工作状态，则调整自身时钟，以与网络中其他节点同步。这样，网络中最后一个被转发的数据包即无形中充当了同步数据包的作用。

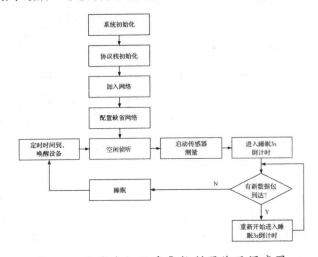

图 3-5 无线自组网采集控制器休眠调度图

三、ASE可扩展中央灌溉控制器

ASE可扩展中央灌溉控制器是集中式灌溉控制系统中使用的灌溉控制设备，可以独立完成灌溉自动控制，具有采集、决策、控制、存储、通信等功能，具有友好的用户操作界面。同时，中央灌溉控制器也要求具有与上层中央控制系统通信的能力，因此中央灌溉控制器需要具有强大的扩展、通信和运算能力，并具有很好的适应性。ASE可扩展中央灌溉控制器是一款具有灌溉控制、数据采集、远程通信能力的多功能灌溉控制设备，以取代传统的计算机加软件的中央灌溉控制结构为目标，通过使用高性能处理器，具有性能先进、运行稳定、成本适中等特点，它是一台由高速ARM处理器驱动的建立在实时操作系统上的可扩展的高性能灌溉控制器。配备的高亮度7英寸TFT真彩显示屏和触摸功能使得灌溉控制和参数监测变得简单明了；可扩展RTU功能则最大限度满足了大型灌溉系统的需求；丰富的灌溉策略可实现多种灌溉方式。与传统的使用计算机加RTU的灌溉控制系统相比，它具有控制精确、运行稳定、低成本等优点。

ASE可扩展中央灌溉控制器的主要功能包括：①56路交流电磁阀控制通道；16路电流/电压输入通道；16路双脉冲水表输入通道；具有扩展RS485总线接口，可扩展Mod-bus协议的RTU，可组成以控制器为中心的多级灌溉控制网络。②56个轮灌组，每个轮灌组最大可支持56站；每个轮灌组可选择按时间和传感器限值启动；按时间启动具有每天、单号、双号、星期、自由5种启动方式；每个轮灌组每天可设置7个启动时间，并可选择定时和周期两种启动方式；按传感器启动可设置启停的上下限；轮灌组灌溉时长可使用定时和定量两种控制方式。定时可精确到秒，定量灌溉使用水表输入通道采集值进行控制。每个轮灌组均支持循环渗透方式灌溉。③支持远程控制功能，包括短信、GPRS网络和无线电台。④数据转发功能，可作为二级网络的现场控制设备与中央计算机通信。

（一）总体结构

中央灌溉控制器采用模块化结构设计，由核心板、主板、扩展模块组成，总体结构如图3-6所示。其中，核心板完成调理后的信息测量、控制信号输出、数据通信等；主板包括保护电路、接口电路、模拟信号调理、继电器驱动等外围电路，并提供采集控制扩展接口；扩展模块包括控制电路、采集电路、显示触摸屏等，实现显示、数据通信及功能扩展等。

中央灌溉控制器以ARM7内核的LPC2368处理器为核心，通过串行接口与LCD和通信模块连接，两个DC/DC模块将通信、控制和内核电源隔离，保证控制器电源的稳定性。56路控制及8路开关输入通道通过光电隔离与处理器连接，16路电流/电压输入量则通过带过压保护的多路选择电路输入处理器。

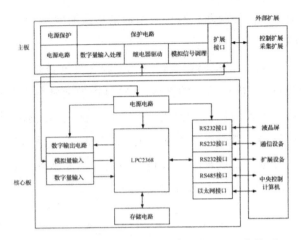

图 3-6　ASE 可扩展中央灌溉控制器结构图

（二）关键技术

（1）电源电路

ASE 可扩展中央灌溉控制器包括内核、控制、信号采集、通信等主要部分，其中控制、采集和通信都需要通过较长的连接线与外部设备连接，那么在这个过程中就存在将外部干扰引入电路的可能性，特别是大幅度信号干扰可能导致系统无法正常工作，为防止这种问题的发生，保证系统运行的可靠性，中央灌溉控制器中将控制、通信与内核进行光电隔离，防止外部信号进入内核电路。电源电路的结构如图3-7所示。

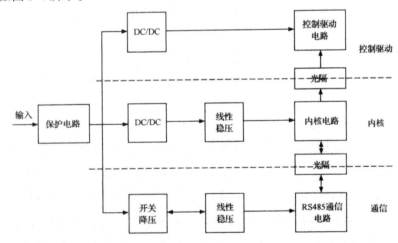

图 3-7　ASE 可扩展中央灌溉控制器电源电路结构图

外部输入电源经保护电路后，通过两个隔离型DC/DC产生控制驱动电源和内核电源，而通过开关电源芯片产生的与外部输入电源共地的通信电源为RS485通信部分提供电源。由于在工程实践中，中央灌溉控制器的供电电源和RS485通信线路通常由同一个控制柜产生，RS485通信线路与外部输入电源共地可以有效避免通信线路两端地信号差异问题，减少发生通信错误的概率。

（2）控制电路

控制器使用I/O口驱动继电器，通过后者控制交流电磁阀。为了可以驱动最多56个电磁阀，电路必须进行I/O口的扩展。I/O口扩展通常具有两种方式：串并转换和信号锁存。串并转换电路需要使用转换芯片，使用I^2C或SPI接口与单片机通信，可以实现双向转换，常见的这类芯片有PCA9554等；信号锁存电路是通过锁存器分时将总线信号输出，输出速率较快，但只能单向转换。设计中使用了信号锁存方式进行I/O口扩展。控制输出电路如图3-8所示。

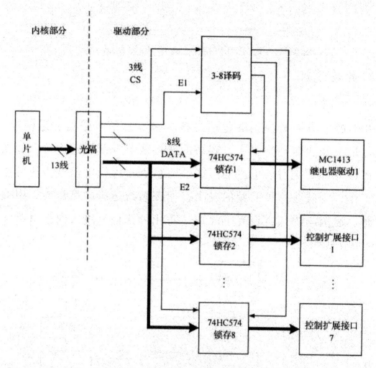

图3-8　中央灌溉控制器控制电路结构图

从图3-8中可以看出，控制器使用13个I/O口进行控制驱动，其中3位片选信号线，8位数据总线，2位使能控制位。13位信号经光电隔离后被分为几组，3位片选信号线经3-8译码后产生8条片选信号，分别分配给锁存芯片74HC574，8位数据总线信号将锁存器后控制继电器驱动芯片MC1413。2组使能信号线分别控制3-8译码电路和锁存电路，其中前者用来产生驱动锁存芯片的脉冲信号，后者用来保证系统复位时所有锁存芯片的输出为高阻状态，从而避免复位期间继电器状态的不确定。由此可以看出，该电路最多可以实现64路继电器控制，且可通过使能信号快速实现所有继电器的同时关断。

（3）多路模拟量采集

LPC2368芯片内部虽然集成了A/D转换器，但考虑精度及可靠性等问题后，系统采用了外部独立的A/D转换器TLC2543，通过SPI总线与单片机通信，使用外置A/D转换器的优点在于：①与内置的A/D转换器相比，TLC2543的转换精度更高，除了转换位数外，后者在信噪比、有效精度、失调电压等方面都具有优势，具有更好的可重复性和准确度；②外置的A/D转换器可以允许系统通过光电隔离将转换器与内核分离，如此可进一步减少外边噪声对系统的影响；③外置的A/D转换器可以允许系统通过SPI接口保留模拟扩展通道。

中央灌溉控制器共有12路模拟量输入接口，并具有SPI接口作为外接A/D转换的扩展接口。模拟采集部分的电路结构如图3-9所示。外部输入信号由运放组成的信号变换电路转换后输入到A/D转换器中，由于参考电压源的介入，系统可测量的输入信号范围扩展到-10~10V。

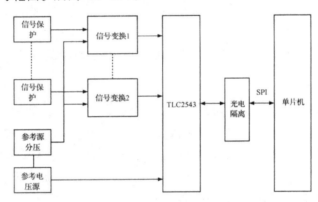

图3-9　中央灌溉控制器模拟信号采集电路

（4）接口保护电路

中央灌溉控制器主要工作于室外环境，而且供电和通信线路都比较长，所以对供电和通信的线路的保护就非常重要。本设计中采用了两级防雷、防浪涌保护电路，如图3-10所示为两级防雷电路，防雷管G400、G401、G402组成第一级防护电路，三个放电管组成差模和共模保护电路，用于泄放防雷产生的大电流，将大部分雷电能量加以旁路吸收；第二级保护包括TVS二极管D406、D405和进行过压保护的压敏电阻VR400，用于实施对经过第一级抑制后的剩余过电压进行钳位，将其限制在后续电源电路可以耐受的电压水平；介于第一级与第二级保护元件之间的是热敏电阻（PTOF400和F401），用于过流和过压保护，当过大的电流流过压敏电阻或TVS时，PTC内阻快速增大，从而切断外部信号与内部电路的连接，保护内部电路不受损坏。

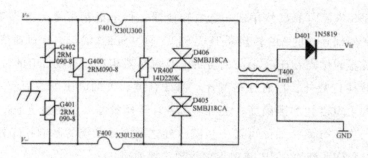

图 3-10　中央灌溉控制器电源防雷电路

电路元件的选择对保护电路的有效性有着重要的影响。放电管的直流放电电压 U_f 应高于电源线上传输的最高电压，放电管的响应速度是选择放电管的另一个指标，在正常供电 9~18V 的电路中，U_f 应为 50~100V 的放电管，它能泄放 5~10kA 的浪涌电流。TVS 二极管的击穿电压 U_z 应高于电源线上最高电压，在此前提下，U_z 应尽可能选得低一些，较低的 U_z 可使线路得到可靠的保护，并且具有较大的同流容量。另外，电路中标注为 Earth 的大地必须得到良好的连接。

（三）软件实现

中央灌溉控制器是一个多任务的复杂实时控制系统，系统中的各个子系统需要及时响应，所以一般的程序块顺序执行的方式不适合本系统。程序块顺序执行方式的最大难点在于需要控制每个程序段的执行时间，否则对一些事件的响应将丧失实时性（王玮，2009）。因此，系统考虑在成熟的实时操作系统上进行软件开发，这样可以降低开发难度、提高系统可靠性。

uC/OS 是一个完整的、可移植、固化、裁剪的占先式实时多任务内核，它不像 uClinux、Windows 那样包含内存管理、任务管理、网络管理、文件管理等模块，它是一个非常简化的操作系统，只有任务管理和简单的内存管理等，是一个完全可剥夺型的实时内核，它可以管理 64 个任务，且每个任务都有自己单独的栈。该技术应用广泛，具有很高的稳定性和可靠性。因此，非常适合在中央灌溉控制这样的系统中应用。

uC/OS 中应用程序的基本单位是任务，任何一个应用都必须至少有一个任务，在中央灌溉控制器中，创建了显示任务、串行通信任务、采集任务、存储任务等 4 个任务，其结构如图 3-11 所示。其中，显示任务通过串口与液晶显示屏通信，完成触摸控制和显示任务；采集任务通过 SPI 接口与外部的 A/D 转换器通信，实现模拟量的采集，并将采集数据写入存储区；通信任务实现 Modbus 通信协议，负责与中央控制系统通信；存储任务接受其他任务发送的存储消息，将指定的数据存储到指定的区域。而灌溉控制任务则根据用户的设定或用户编写的脚本进行灌溉控制，并通过消息控制显示、通信、存储等相关任务。

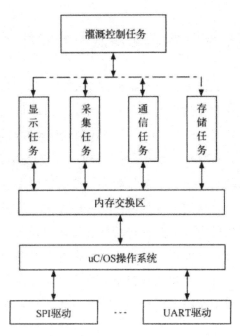

图 3-11 中央灌溉控制器软件结构

从图 3-11 中可以看出，为尽量减少不同任务对硬件同时访问可能产生的冲突，系统设计时采用任务控制关键硬件，其他任务需要使用对应的硬件设备的时候，通过发送消息、邮件、信号等同步控制标志通知相关任务，由后者完成对硬件的操作，并通过消息反馈执行结果。例如，系统中显示是由显示任务控制，外部存储设备由存储任务负责，如果用户通过液晶进行了参数修改，需要保存相关参数，显示任务首先将需要存储的数据写入内存交换区，并向存储任务发送消息，后者根据消息中的相关内容，从内存交换区取出数据并保存到指定位置。使用这种异步机制可以有效地保证各任务运行的稳定性，并且更适合多人协同开发，不会出现多任务同时访问设备时产生的死锁现象，可靠性更好。

（四）设备应用

可扩展的中央灌溉控制器功能强、控制和测量通道多、通信接口丰富，在大型农田灌溉、园林绿地等方面都得到了广泛应用。例如，某大型农田灌溉系统的共有灌溉分区 40 个，使用 40 个交流电磁阀控制，同时系统中具有水表、压力、流量等 16 个传感器，中央灌溉控制器使用了 2 块控制扩展板和 1 块采集扩展板，并通过无线电台与监控中心通信。在监控中心的控制下，系统实现了基于气象、土壤等信息的智能灌溉控制。

第三节　组态化灌溉控制软件系统

中央灌溉控制软件是灌溉控制系统的高层控制部分，其主要任务是采集灌区内土壤环境、气象、作物生理生态等信息，并依据这些信息进行灌溉决策，以灌溉决策为依据进行灌溉自动控制。中央灌溉控制软件是现代灌溉控制系统人性化、智能化的主要体现，是大型灌区灌溉管理的核心，在系统中具有举足轻重的作用。

由于灌溉控制系统具有采集控制目标多、控制结构多样、通信方式多变等特点，灌溉控制软件的设计应遵循操作简单、使用方便、易于扩展、易于定制等原则，以模块化、组件化的方式和技术进行软件设计与开发。而组态化灌溉控制系统以灵活多样的组态方式（而不是编程方式）提供良好的用户开发界面和简捷的使用方法，其预设的各种软件模块和控制策略可以非常容易地实现和完成监控层的各项功能，可以有效地解决灌溉控制行业控制软件开发周期长、稳定性差、成本高等问题。

组态软件是一种可以二次开发的软件系统，该软件提供目标领域需求的各种控制、采集组件和算法，用户使用这些组件来组装自己需要的系统，从而形成一个适合用户要求的软件系统，用户组装系统的过程称为"组态"，具体的用户组态过程包括界面组态、设备组态、数据库组态等，用户通过组态形成的系统具有较高的稳定性且效率很高，与传统的耗时几个月依靠编写程序从头开发的工作模式相比，组态软件开发具有效率高、稳定、可靠等优点。

如上所述，组态化灌溉控制软件系统就是一个针对灌溉自动控制领域的组态系统，系统提供阀门、水泵、传感器、控制器甚至灌溉制度作为组件，用户使用这些组件"组装"自己的灌溉控制系统。组态化的灌溉控制系统可以大幅度缩短软件开发时间，并具有更好的稳定性，对于灌溉自动控制系统具有重要的意义。

一、总体结构

图3-12为组态化灌溉控制系统软件平台，由信息采集组态模块、灌溉决策组态模块、灌溉任务组态模块、灌溉控制组态模块和系统通信组态模块等组成。信息采集组态模块与系统通信组态模块结合，通过配置数据库构建信息采集系统；灌溉决策组态模块通过配置数据库构建灌溉决策系统；灌溉任务组态模块通过配置数据库构建灌溉任务系统；灌溉控制组态模块与系统通信组态模块结合，通过配置数据库构建灌溉控制系统。信息采集、灌溉决策、灌溉任务与灌溉控制最终构成智能灌溉系统软件。

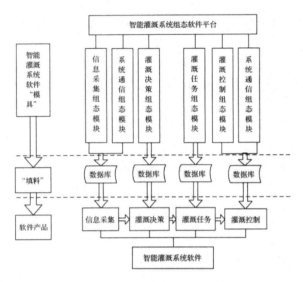

图 3-12　组态化软件平台

二、系统架构

图 3-13 为基于网络的组态化灌溉控制系统结构，由智能灌溉系统组态软件平台、数据库和 Web 服务软件三部分组态。智能灌溉系统组态软件平台相当于一个"软件的模具"，通过配置参数可构建灌溉管理服务软件及通信系统软件。Web 服务软件主要是实现系统的网络功能。

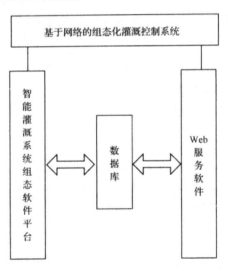

图 3-13　组态化灌溉控制系统结构

三、要素管理模型的建立

图 3-14 为组态化灌溉控制系统的构建流程，包括新建目录、背景加载、灌区

划分、站点管理、通信服务器存根配置、客户端通信存根配置、通信组态、界面组态、任务组态等。

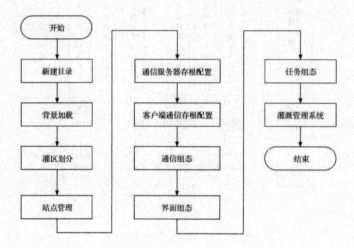

图 3-14　组态化灌溉控制系统的构建流程

（一）新建目录、灌区与站点管理

目录、背景加载和灌区划分及站点管理的具体结构示意图如图 3-15 所示，灌溉目录与灌区对应，增加灌区可通过增加灌溉目录在管理服务器上得以体现，每一目录均可加载一幅与灌区相对应的背景位图，该背景图可以直观反映灌区信息。通常一个工程可以包含几个灌区，在管理服务器上就表现为多个灌溉目录。因此，一个应用程序可以新建多个目录，且目录间可以自由切换。

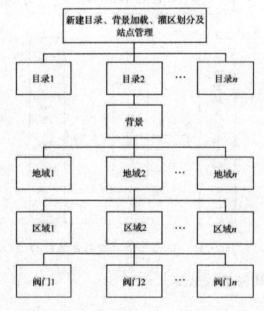

图 3-15　新建目录、背景加载和灌区划分及站点管理结构图

　　灌区划分指在确定灌溉目录后，先把灌区分成若干地域，然后再把地域分成若干区域，灌区划分便于站点管理及用户任务管理等；站点管理指灌区划分后，在对应的区域内安装若干灌溉控制阀门，每个控制阀门称为站点。

（二）通信存根

　　通信存根包括通信服务器存根与管理服务器存根两部分。通信服务器存根参数是通信服务器与外围硬件通道之间的通信形参；管理服务器存根参数是灌溉管理服务器与通信服务器发生通信的形参。通信服务器存根按端口—设备—通信通道三级进行管理；管理服务器按通信服务器—数据组—数据项三级进行管理。通信服务器存根参数名称通过用户自定义产生，而客户端管理服务存根参数是通过对通信端存根参数进行相关枚举而产生。站点与客户端管理服务存根参数必须进行关系匹配后才能通过存根来访问通信服务器，服务器和客户端存根管理结构图和配置界面如图3-16。

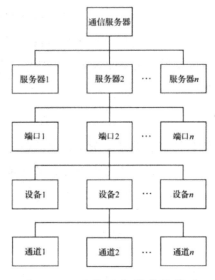

图3-16　通信服务器存根管理

（三）通信组态

　　通信组态用来配置软件系统与现场设备的通信链路，建立数据显示与现场设备之间的关联，其界面如图3-17所示。组态化的灌溉系统只需要设置设备地址、设备通信协议、变量对应的通道和扫描周期即可。

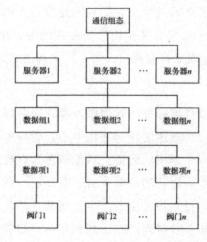

图 3-17　客户端存根管理

（四）界面组态

界面组态用来完成阀门、控制器、传感器等设备在软件界面上的布置，并将测量信息和控制信息显示在系统中。软件系统是由页面组成的，一个系统中可以包括多个页面，每个页面可以根据需要配置成实时监测页面、历史数据查询页面、系统报警页面、实时曲线页面等。

（五）任务组态

灌溉任务是进行灌溉自动控制的基本单位，灌溉任务按一级任务—子任务—站点三级进行管理。一级任务通常对应某个地域，子任务一般对应该地域内的某个区域，而站点则对应阀门，任务管理结构如图 3-18 所示。

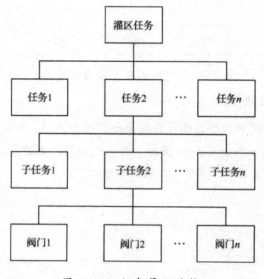

图 3-18　任务管理结构

组态化灌溉控制软件支持多种灌溉任务设置，可以通过单击相应的单元为目标增加灌溉任务，灌溉任务可以嵌套，每个目标单元可以启动多条灌溉任务，通过灌溉任务实现复杂的时序、智能灌溉控制。

（六）系统运行

组态完成的灌溉控制系统即可运行。组态化软件系统具有数据采集、灌溉自动控制、异常报警、历史记录查询等功能。在灌溉控制方面，具有手动控制、定时灌溉、智能控制三种模式，并能同时根据时间与传感器信息进行灌溉控制。

四、关键技术

（一）数据库设计

组态化灌溉控制系统有三部分数据需要存储，分别是用户组态参数、采集的实时数据及历史数据。其中，用户组态数据保存用户工程界面参数、数据采集和控制点参数、用户信息等，主要由人机交互层控制，设备通信层使用。实时数据由设备交互层和人机交互层使用，设备交互层将读取的实时数据写入到数据库中，而人机交互层会根据用户的设置显示实时数据。实时数据是一组经常被修改和访问的数据，保存系统的最新数据。历史数据库用来保存系统采集的数据，该部分数据用来提供给历史数据查询、数据分析和比较功能使用，可以被设备交互层、人机交互层和网络发布层访问，需要大量数据存储空间。

（1）参数存储

参数存储包括用户界面存储、设备参数存储、数据点存储三部分。用户界面存储用来保存用户界面上绘制的对象（控制器、阀门、传感器）及其位置参数，其数据在用户进行界面开发时完成，改动较小，系统采用关系数据库实现。用户界面由页面组成，而页面内部由采集控制对象（阀门、传感器）组成，因此参数存储主要由页面对象表、页面表以及类库对象表组成。页面对象表保存页面上放置的控制对象及其属性，包括对象位置、尺寸、角度、颜色等属性；而页面表则保存系统中使用的所有页面的情况，包括其名称、编号、初始状态等；类库对象表中保存的是系统测控对象，包括控件关联的图形、可设置参数等。

设备参数用来存储系统中需要进行通信的设备对象，包括设备的类型、通信协议、设备地址以及设备通信参数，数据点用来存储用户需要测量和控制的数据点信息，包括数据关联的设备及其偏移地址、数据类型、数据量程变换信息等。

（2）实时数据和历史数据

数据存储是组态化灌溉控制系统的核心功能之一，是进行数据分析、处理和趋势分析的关键支撑条件。在系统中既需要维护大量共享数据和控制数据，又需要实时处理来支持灌溉控制任务与数据的定时限制。同时，系统存储的监测点数据又都是与时间相关的，记录只有具有时间戳才有意义，因此系统使用实时数据库进行数据存储。实时数据库通过设备交互层获取采集数据，这些数据被同时写入到内存历史数据库和磁盘历史数据库中，当保存的内存数据长度超过设定值时，相对陈旧的数据将会被新采集的数据替换（陆会明，2009）。实时数据库支持历史数据的快速保存和检索，它按照一定的条件把数据保存到历史库中，用户需要时可随时从历史数据库中查询历史数据。历史数据一般是与时间有关的数据，是某个参数在过去某一时刻的瞬时值，每一个历史数据记录上都有一个时间戳，记录历史数据的采样时间。

目前，有多家公司可以提供实时数据库系统。其中，PI（plant information system）、Industrial SQL Server 等几大品牌占主导地位，其技术性能、功能扩展等方面是比较成熟和先进的。PI采用独到的压缩算法和二次过滤技术，压缩性能优秀，Industrial SQL Server 则由数据采集、数据压缩、生产动态浏览和历史数据归档等功能构成一个完整的实时数据库系统，实时数据和历史数据用专门的文件保存。

（二）通信方式

组态化灌溉控制系统是一个需要与现场设备实时通信的系统，其通信的接口包括串口、以太网络等，考虑到多设备、多总线的通信需求，开发软件时通常采用多线程技术。中央灌溉软件系统通信的设备包括三类：灌溉控制器、短信设备、手持遥控器，其中灌溉控制器和短信设备通常为串口连接设备，手持遥控器需要通过无线局域以 TCP/IP 协议与控制系统连接，系统使用 Windows API 函数，建立负责串口通信的线程，并使用类进行封装。根据控制系统的需要，系统可以建立多个串口对象，使用不同的通信协议类进行控制，从而实现多种协议、多条总线的异步通信。在 TCP/IP 通信方面，使用异步 Socket 建立监听对象，当有设备接入时，经过身份确认后建立 TCP/IP 连接，从而实现与手持遥控器的通信。

（三）软件界面设计

人机交互层是灌溉控制软件与用户的交互接口，对系统的实际应用效果具有重要的影响，简洁、直观的操作方式是该层设计的主要原则。人机交互层的功能包括监控界面配置、设备配置、监测点（数据点）配置，从而实现监控界面可配置、监控设备可配置和监测数据可配置的中央灌溉控制软件系统，结构如图3-19所示。其中，监控界面配置是比较关键和重要的部分，以下重点进行讨论。

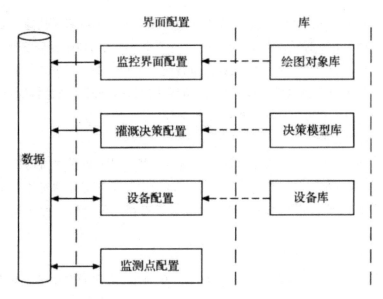

图 3-19 人机交互层杰尔构图

在灌溉控制系统，灌区通常分为多个灌溉分区，根据控制需要安装灌溉控制器、电磁阀和喷头，每个灌溉分区可以设置不同的灌溉决策。因此，为了实现灌溉监控界面用户的分区控制，系统图形监控界面必须支持用户图形化的分区设置，而实现图形化边界识别的技术有多种，其中 GIS 技术是一种有效和快速的解决方案。

（1）GIS 图形化显示技术

地理信息系统是采集、存储、管理、描述、分析地球表面及空间和与地理分布有关的数据的信息系统，它是以地理空间数据库为基础，在计算机硬、软件环境的支持下，对空间相关数据进行采集、管理、操作、分析、模拟和显示。目前，地理信息系统的开发模式可分为以下三种方式：

1.利用 VC++、VB 等程序设计语言从底层开发，自主设计空间数据的数据结构和数据库，进行基础开发。

2.借助诸如 Map Basic 等 GIS 软件商提供的二次开发工具，结合自己的应用程序进行开发。

3.利用组件技术，如 MapInfo 公司的 MapX 控件、ESRI 公司 Map Objects 控件等开发。

其中，组件式 GIS 软件开发是目前较为流行的开发模式，它开发周期短、成本低，可以脱离大型商业 GIS 软件平台独立运行，具有较广泛的应用前景。

（2）实现方法

系统采用 MapX 实现基于 GIS 的可分区的图形监控，MapX 是基于 ActiveX 技术的可编程控件，使用与 MapInfo Professional 一致的地图数据格式，并实现了大多数

MapInfo Professional 的功能。MapX 为开发人员提供了一个易用、快速、功能强大的地图化组件，开发时只需在设计阶段将 MapX 控件放入窗体中设置属性，通过编程调用方法或相应事件，即可实现数据可视化、地理查询、区域识别等地图信息系统功能，其主要功能包括：显示 MapInfo 格式的地图；对地图进行缩放、漫游、选择等操作；生成和编辑地图对象；边界查询、地址查询等。

1.创建空间数据库。

MapX 空间数据库可以通过两种方法创建：其一是通过其本身的图层生成功能。MapX 生成的每一图层都对应一张表，该表中除了存有地理对象的位置坐标外，还包含其他属性字段。其二是通过导入带有地理位置信息的数据库信息来创建。

2.设置图层控制和地图投影。

为把要加入的图层匹配在一起，可以使用 MapX 附带的图层管理工具 Geoset Man-ager，先把地图导入 Geoset Manager，并建成一个图层组，然后在其中设定各个图层的名称、内容、属性及各图层之间的显示顺序。MapX 中图层具有"可显示"、"可选择"、"可编辑"和"自动标注"四种属性，其中一般图层的属性是"可显示"，需要修改的图层设置为"可编辑"，需要查询的图层设置为"可选择"，需要自动显示图层中地理对象标签的图层设置为"自动标注"。合理地设置这些属性将有助于系统实现信息的维护和查询功能。在匹配各个图层时，应该注意各个图层投影的设置，全部图层必须使用一致的投影方法才能精确匹配。

五、组态化灌溉控制软件应用

组态化的灌溉控制软件系统在多种需求的灌溉工程中得到了广泛应用，通过基于 GIS 的多图层投影和复合技术，实现了根据工程需要配置监控界面；基于 OPC 的设备通信技术，又解决了现场控制设备多变的问题，具有较高的灵活性和实用性。

例如，小汤山绿地灌溉中央控制系统，包括灌溉控制、数据分析、专家知识等功能。系统根据控制现场的实际情况构建 GIS 地面模块，通过 MapX 加载到工程中，形成如图所示的共计10个灌溉分区；根据需求，加载了手动灌溉、自动灌溉两种模式，可以进行手动即时灌溉、定时灌溉和智能灌溉，并具有多种信息采集通道。

例如，基于 GIS 灌溉控制系统形成的公园灌溉控制系统，灌区面积200亩，采用喷灌和滴管两种方式进行灌溉，灌区分为40组，共56个电磁阀，安装有2个中央灌溉控制器、40个土壤水分传感器和1个小型气象站，设备通过 RS485 总线与计算机连接，可以实现手动控制、定时控制、智能灌溉三种方式，人机交互界面直观明了，操作简单，运行稳定。

　　节水灌溉自动控制技术是由控制设备、执行设备、传感设备和控制软件形成的一套技术体系，是实现农业节水的重要途径。本章通过对灌溉自动控制技术的背景、现状、发展趋势等方面的介绍，展现了研究和发展节水灌溉自动控制技术的必要性和急迫性；通过对节水灌溉控制器和组态化灌溉控制软件的讨论，介绍了灌溉控制设备及软件设计和开发的思路、方法。作者研发团队提出了灌溉控制软硬件系统平台化的观点，即积极研究和开发可编程灌溉控制设备、可组态灌溉控制软件系统，构建可二次开发的通用灌溉控制平台，推动节水灌溉自动控制设备和软件的标准化，从而促进整个产业链的形成和发展。

第四节　智能节水控制技术

一、概述

　　水资源日益紧缺，农业灌溉用水占总用水量比例最高。随着农业智能化发展，越来越多的农田开始采用灌溉控制系统进行灌溉，节水灌溉智能控制是一种集计算机技术、通信技术、自动控制技术、人工智能于一体，实现数据自动采集、传输、决策的系统。节水灌溉智能控制是现代化先进技术在农业生产领域的应用，通过对土壤墒情、管道压力、管道流量等数据采集、传输、处理、智能决策进而实现自动控制、节约水资源的目的，为农业生产提供便利。节水灌溉智能控制的应用不仅可以使人们从繁杂的生产中解放出来，而且还可以节约水资源、提高劳动生产率、创造经济效益。

　　节水灌溉发达的地区已普遍采用计算机控制灌溉系统，用埋在地下的湿度传感器可以测得土壤湿度信息，有的智能系统还能通过检测植物茎、果的直径变化，决定对作物的灌溉计划和灌溉量。在温室等设施内较多使用小型灌溉控制器，这种设备通常能控制几路或十几路电磁阀，内有若干套灌溉管理程序，可预先设定灌水开始、结束时间和灌水间隔时间，操作方便，自动化、智能化控制运行，精密、可靠，节省人力，对灌溉过程的控制可达到相当精度。近年来，研究人员为满足对灌溉系统管理灵活、准确、快捷的要求，将空间信息技术、计算机技术和网络技术等高新技术应用到节水灌溉的控制与管理上。

二、单片机节水控制技术

(一) 单片机概述

单片机是一种集成电路芯片，是采用超大规模集成电路技术把具有数据处理能力的中央处理器 CPU、随机存储器 RAM、只读存储器 ROM、多种输入/输出（I/O）口和中断系统、定时器/计时器等功能（可能还包括显示驱动电路、脉宽调制电路、A/D 转换器等电路）集成到一块硅片上构成的一个小而完善的计算机系统。

（1）单片机的特点

单片机主要是用来嵌入到具体设备中的计算机，所以其特点与个人计算机截然不同，单片机的主要特点表现在以下几个方面。

1.高集成度，体积小，高可靠性。单片机将各功能部件集成在一块晶体芯片上，集成度很高，体积自然也是最小的。芯片本身是按工业测控环境要求设计的，内部布线很短，其抗工业噪声性能优于一般通用的 CPU。单片机程序指令、常数及表格等固化在 ROM 中不易破坏，许多信号通道均在一个芯片内，故可靠性高。

2.控制功能强。单片机内部往往有专用的数字 I/O 口，通过指令可以进行丰富的逻辑操作和位处理，非常适用于专门的控制功能。单片机还集成了各种接口，这样使其可以方便与各种设备通信连接，达到控制目的。

3.低电压，低功耗，便于生产便携式产品。为了广泛使用于便携式系统，许多单片机内的工作电压仅为 1.8~3.6V，而工作电流仅为数百微安，甚至更低。合理的设计使某些应用下其待机时间可达几年。

4.优异的性能价格比。为了提高执行速度和运行效率，单片机已开始使用 RISC 流水线和 DSP 等技术。单片机的寻址能力也已突破 64KB 的限制，有的可达至 IJ4GB，片内的 ROM 容量可达 62MB，RAM 容量则可达 64MB。由于单片机的广泛使用，因而销量极大，各大公司的商业竞争更使其价格十分低廉，其性能价格比极高。

（2）单片机应用领域

单片机以高性能、高速度、体积小、价格低廉、可重复编程和功能扩展方便等优点，获得广泛的应用。其主要应用于如下领域。

1.家用电器及玩具。由于单片机价格低、体积小、控制能力强、功能扩展方便等优点，使其广泛应用于电视、冰箱、洗衣机、玩具、家用防盗报警器等中。

2.智能测量设备。以前的测量仪表体积大，功能单一，限制了测量仪表的发展。选用单片机改造各种测量控制仪表，可以使其体积减小，功能扩展，从而生产新一代的智能化仪表，如各种数字万用表、示波器等。

3.机电一体化产品。机电一体化产品是指将机械技术、微电子技术和计算机技术综合在一起，从而产生具有智能化特性的产品，它是机械工业的主要发展方向。单片机可以作为机电一体化产品的控制器，从而简化原机械产品的结构，扩展其功能。

4.自动测控系统。使用单片机可以设计各种数据集成系统、自适应控制系统等，如温度的自动控制、电压电流的数据采集。

5.计算机控制及通信技术。51系列单片机都集成有串行通信接口，可以通过该接口和计算机的串行接口进行通信，实现计算机的程序控制和通信等。

（二）MSP430单片机

（1）MSP430特点

MSP430单片机是TI公司推出的一款16位超低功耗的混合信号处理器。它有以下特点。

1.具备强大的处理能力，可编制出高效率的源程序。采用精简指令集（RISC）结构，具有丰富的寻址方式、简洁的27条内核指令以及大量的模拟指令；大量的寄存器以及片内数据存储器都可参加多种运算；有高效的查表处理指令。

2.具备高效的运算速度和灵活的运算方法。MSP430系列单片机能在8MHz晶体的驱动下，实现125ns的指令周期；16位的数据宽度以及多功能的硬件乘法器相配合，能实现数字信号处理的某些算法；中断源较多，并且可以任意嵌套，使用时灵活方便，当系统处于省电的备用状态时，可用中断请求将它唤醒。

3.系统可以稳定可靠的工作。系统稳定上电复位后，先由DCOCLK启动CPU，以保证程序从正确的位置开始执行，使晶体振荡器有足够的起振及稳定时间；然后软件可设置适当的寄存器的控制位来确定最后的系统时钟频率；如果晶体振荡器在用作CPU时钟时发生故障，DCO会自动启动，以保证系统正常工作；如果程序跑飞，可用看门狗（WDT）将其复位。

4.丰富的片内外设为系统的单片解决方案提供了极大的方便。它们分别是看门狗、模拟比较器A、定时器A、定时器B，串口0、1、硬件乘法器、液晶驱动器、10位/12位ADC，I^2C总线、直接数据存取（DMA）、端口0（P0）、端口1~6（P1~P6）、基本定时器（Basic Timer）等一些外围模块的不同组合。

5.具备卓越的超低功耗特性。MSP430单片机在降低芯片的电源电压及灵活而可控的运行时钟方面都有其独到之处。其一，其电源电压采用的是1.8~3.6V，在1MHz的时钟条件下运行时，芯片的电流在200~400μA，时钟关断模式的最低功耗只有0.1μA；其二是独特的时钟系统设计，在MSP430系列中有两个不同的系统时钟系统：基本时钟系统（有的使用一个晶体振荡器，有的使用两个晶体振荡器）

和锁频环（FLL和FLL+）时钟系统或DCO数字振荡器时钟系统，这些时钟可以在指令的控制下打开和关闭，从而实现对总体功耗的控制。

（2）MSP430F5438

MSP430F5438单片机具有100个引脚的封装，能够在低功耗状态下工作。该微处理器芯片由于强大灵活的应用特性和良好的市场潜力，很快便在嵌入式系统领域得到较快的发展和广泛的应用。芯片内存空间大，硬件扩展能力强，下载和调试程序非常方便，同时单片机Flash存储器空间达到256KB，内部RAM达到16KB，可以使系统在写入底层驱动程序和TCP/IP协议栈的同时留有很大的内存空间实现网络数据的接收和发送。该芯片的主要特点如下。

1.在超低功耗状态下工作，芯片的工作电压为1.8~3.6V，工作电流0.1~400μA，只需6us就可以在低功耗模式下唤醒。

2.强大的硬件处理能力，具有16位精简指令结构，多种寄存器寻址方式，简洁的指令系统，片内存储器和寄存器可进行数字和逻辑运算，存在很多中断源，可以实现嵌套。

3.十分丰富的外设资源：256KB的Flash存储器、12位A/D转换、硬件乘法器、16位定时器、2个通用串行接口、内部温度传感器和看门狗计数器等。

4.系统工作稳定，晶体振荡器起振稳定后，根据设定的系统时钟频率来工作，若程序跑飞，看门狗电路产生复位信号来保证系统的正常运行。

5.程序调试方便，单片机的内部Flash存储器可方便地实现程序的写进和擦除，本身提供JTAG接口，可以方便实现程序的仿真调试和下载。

MSP430F5438具有100个引脚，一般用到一组外部晶振接口接晶体振荡器用来做系统时钟、复位接口RST、功能信号选择接口、负责程序下载与调试的JTAG接口、8位并行的且具有复用功能的I/O端口、SPI串行数据通信接口。在应用中还要用到四路的数据采样引脚和两路的电磁继电器控制引脚。

在节水灌溉智能控制系统中，TEST、TDO、TDI、TMS和TCK引脚连接到JTAG接口电路，用于程序的调试和仿真。UCA0TXD和UCA0RXD引脚与串口通信电路连接，可以实现与其他主机的数据通信。选合适引脚作为数字I/O端口与LED等连接，显示系统工作的状态；RST引脚连接带看门狗电路，系统可以被看门狗复位信号直接复位。UCB2SOMI、UCB2S1MO、UCB2CLK和P10.6作为SPI接口的连接线与网卡控制器进行数据通信，而P6.3和P10.6两个引脚用于对电磁继电器进行控制。

（3）MSP430F5438工作原理

MSP430F5438从功能上主要有RAM控制模块、通信接口UART模块、DAM直接存储器模块、MPY32乘法器、PMM电源管理、供电监控模块和10输入输出端口等。

RAM控制器能够在不同的电源模式情况下对其进行操作。在活动模式下，任何时刻都能够读取和写入内存操作，若有一段数据保持在RAM中，那么整个段都处于活跃状态即非关闭状态。在低功耗模式时（即CPU关闭），可以减少漏电流。每一段RAM可以通过RCRSY OFF位独立关闭。如果读取关闭的RAM端地址，读取所有的数据都为0，故在之前RAM中保持的数据会丢失并且不能恢复。

DAM控制器能够控制数据在任何地址内的传输，不需要借助CPU。比如，DAM控制能够将ADC12_A信号转换结果直接传输到RAM中，并且DMA控制器最多会使用8个通道来传输数据。如果单片机使用外接设备，其DMA控制器会提高设备使用的效率，从而降低系统运行时的功耗。在CPU处于低功耗模式的情况下，DMA控制能够允许不需要唤醒CPU来实现数据在外设间的传输。

MSP430F5438的电源管理模块集成了一个低压降的电压调整器（LDO），因为其数字逻辑需要一个低于DVCC允许范围的电压，并且LDO能够提供一个二次核心电压VCORE。为了使此核心功耗最低，可以通过四步编程方法实现。核心的最小允许电压主要随着MCLK大小而变化。

（4）主控制器外围电路

1.系统时钟电路

MSP430F5438单片机内部有主系统时钟、辅助系统时钟、定制系统时钟和晶振时钟。控制器选择单片机内部常用的晶振时钟方式来产生工作所需信号，保证嵌入式网络终端的电路能够在时钟信号的控制下按照时序有效的工作。晶体振荡器非常重要，它不但提供系统所需的工作频率，而且一切指令的执行都要依靠时钟频率。

MSP430系列单片机的晶振频率固定有8MHz与12MHz，内部含有高增益反相放大器的输入、输出端XTAL1和XTAL2，外接定时反馈器件组成振荡器，从而产生时钟信号送到内部的各个器件。灌溉控制器晶振频率选择12MHz，外接两个谐振电容的典型值为30pF，晶振直接连接到单片机的XT2IN和XT2OUT两个引脚上。

2.JTAG接口电路

JTAG接口主要连接仿真器，仿真器通过JTAG接口可以对存储器中代码进行在线编程和功能调试。标准的4线JTAG调试接口的作用分别是时钟输入（TCK）、模式选择（TMS）、数据输入（TDI）和数据输出（TDO）。MSP430F5438与前期开发的一些单片机系列不同，JTAG接口是完全独立的，不再与I/O口复用，这样的好处是调试方便。

（三）基于单片机电磁阀智能控制器

以单片机为核心的电磁阀智能控制器实时采集植物各层土壤含水量，通过无线传输技术，将土壤墒情传感器所采集到的数据传输到监控中心，监控中心根据植物的最低需水量来制定植物定时、定量灌溉策略，控制器在接收到控制命令后，会按照指定的通信协议解析命令帧和数据帧，并完成相应的动作即打开或关闭电磁阀，完成灌水任务，同时向监控中心反馈电磁阀的工作状态。

电磁阀智能控制器具有极低的待机电流和工作电流，可在连续阴雨天气下长时间可靠工作。控制器采用模块化设计方案，根据实现功能不同设计成不同的硬件模块，方便升级优化、功能组合和扩展，可分为核心处理模块、电磁阀控制模块、供电模块、MCU调试接口、RS485通信接口、时钟电路、Flash存储电路、LoRa通信模块等。

（1）核心处理模块

控制器采用低功耗、高性能单片机MSP430F5438作为核心控制器，配置基本电路包括晶振电路、复位电路、外部接口电路〔JTAG接口、10接口、外部中断接口、串口扩展电路（LoRa）、RS485接口、SPI接口、I^2C接口〕、电源供电电路、Flash存储电路和RTC时钟电路。

（2）电磁阀控制模块

系统所用的脉冲电磁阀为两线制自保持电磁阀，不需要维持功耗，因此控制电磁阀的接口电路也比较简单，只需分别输出正脉冲信号和负脉冲信号即可。通过使用微处理器的I/O输出控制达林顿管，控制信号经达林顿管驱动放大后驱动两个双刀双掷的电磁继电器完成控制结果。

（3）供电模块

控制器采用行业广泛应用的DC12V电源，经处理后供给控制器不同电路使用。电路板上实际工作电源有三种：第一种可控DC12V，用于控制给传感器、电磁阀供电；第二种是常供DC3.3V，供CPU、时钟电路、存储电路等部分功能模块使用；第三种是可控DC3.3V，供控制LoRa通信模块供电使用。

供电电路模块设计遵循以下几点原则：

1.设备供电电压采用通用的DC12V，电路板电压仅在12V和3.3V直接转换；

2.要有电源防反接保护；

3.系统低功耗设计，采用电源管理技术，不同功能模块部分分开供电，对部分模块工作时才供电，其余时间不供电，减少功耗；

4.数字电路和模拟电路分开供电；

5.电源芯片尽量选用自身功耗小、效率高的开关式芯片，以减少不必要的电源损耗。

（4）MCU调试接口

调试下载接口是系统中的重要接口，编译好的程序需要通过它下载到目标板中或开启在线调试功能或直接运行。MSP430F543x处理器使用的是常见的JTAG接口，使用TDO、TDI、TMS、TCK4根管脚加上RST、GND及TEST组成。

（5）RS485通信接口

RS485通信由于其成本低廉、电路设计简单、可靠性高的特点，已经广泛应用于工业控制、仪器、仪表、多媒体网络、机电一体化产品等诸多领域。本项目所用土壤墒情传感器、流量计、温湿度计等传感器均为485通信，在不适用中继器的情况下通信距离可达L2km，最大传输速率为10Mbps，传输距离与传输速率成反比。RS485通信与供电相结合，实现采集数据时供电，平时关闭传感器降低功耗的目的。

RS485接口电路的主要功能是将来自微处理器的发送信号TX通过"发送器"转换成通信网络中的差分信号，将通信网络中的差分信号通过"接收器"转换成被微处理器接收的RX信号。任一时刻，RS485收发器只能工作在"发送"或"接收"两种工作模式之一。因此，RS485接口电路通常配置有收/发逻辑控制电路。

（6）时钟电路

由于灌溉控制系统的特点，系统运行过程中必须充分考虑到时间。并不是所有时间段都适合灌溉，必须在合适的时间段进行灌溉，才能更好地有利于作物生长。现有大部分灌溉控制系统都有时间控制模式，成为灌溉控制中一个十分重要的控制条件。因此，在系统中加入时钟就显得很重要。时钟电路选用的是PCF8563芯片。

PCF8563芯片内含I^2C总线接口功能，是一款工业级的、具有极低功耗的多功能时钟/日历芯片。芯片具有多种报警功能、定时器功能、时钟输出功能以及中断输出功能，能完成各种复杂的定时服务。具有4种可编程时钟输出频率：32.768kHz、1024Hz、32Hz和1Hz。芯片接口电路简单，提供双电源供电功能，可以在主电源掉电的情况立即使用备用电源（ML1220纽扣电池）供电，从而保证时钟不会因为主电源掉电而停止和复位。

（7）Flash存储电路

存储模块的设计主要是考虑当控制器还未加入网络，或网络不佳甚至网络故障的情况下用于将相关数据记录下来，保证数据不遗失。本项目使用的是AT45DB161芯片。AT45DB161的容量是16MB，供电电压范围为2.7~3.6V，功耗低。芯片采用串行接口，主要用于数据存储。根据灌溉系统的数据采集特点，单片芯片即可存储多达5年以上的数据。

（8）LoRa通信模块

LoRa是美国Semtech公司推广的一种基于扩频技术的超远距离无线传输方案，作为LPWAN（lowpowerwide areanetwork）技术的一种，与其他通信技术相比，可以最大限度地兼顾远距离传输、低功耗和抗干扰性能于一体。

M100C-L是基于LoRa技术的无线通信模块，串口数据透明传输，外围有丰富的UART、SPI、I²C、GPIO、AD采集接口，具有极高的灵敏度，射频工作范围为470~510MHz，射频功率在0~20dBm范围内可调，接收灵敏度可达-142dBm，通信距离可达1~10km，支持睡眠模式正常收发数据，整机休眠电流低至1.5μA，正常工作电流5.4mA，发射电流120mA，接收电流16.7mA。

三、PLC节水灌溉智能控制技术

（一）可编程序控制器（PLC）

（1）PLC概述

可编程序控制器，英文为Programmable Controller，简称PCO，由于PC容易和个人计算机（Personal Computer）混淆，故人们仍习惯用PLC作为可编程序控制器的缩写。它是一个以微处理器为核心的数字运算操作的电子系统装置，专为在工业现场应用而设计，采用可编程序的存储器，用以在其内部存储执行逻辑运算、顺序控制、定时/计数和算术运算等操作指令，并通过数字式或模拟式的输入、输出接口，控制各种类型的机械或生产过程。PLC是微机技术与传统的继电接触控制技术相结合的产物，它克服了继电接触控制系统中的机械触点的接线复杂、可靠性低、功耗高、通用性和灵活性差的缺点，充分利用了微处理器的优点，又照顾到现场电气操作维修人员的技能与习惯，特别是PLC的程序编制，不需要专门的计算机编程语言知识，而是采用了一套以继电器梯形图为基础的简单指令形式，使用户程序编制形象、直观、方便易学，调试与查错也都很方便。

（2）PLC特点

1.高可靠性。所有的I/O接口电路均采用光电隔离，使工业现场的外电路与PLC内部电路之间电气上隔离；各输入端均采用R-C滤波器，其滤波时间常数一般为10~20ms；各模块均采用屏蔽措施，以防止辐射干扰；采用性能优良的开关电源；对采用的器件进行严格的筛选；良好的自诊断功能，一旦电源或其他软、硬件发生异常情况，CPU立即采用有效措施，以防止故障扩大；大型PLC还可以采用由双CPU构成冗余系统或由三CPU构成表决系统，使可靠性更进一步提高。

2.丰富的I/O接口模块。PLC针对不同的工业现场信号，如交流或直流、开关量或模拟量、电压或电流、脉冲或电位、强电或弱电等。有相应的I/O模块与工业现场的器件或设备，如按钮、行程开关、接近开关、传感器和变送器、电磁线圈、控制阀等直接连接。另外，为了提高操作性能，它还有多种人机对话的接口模块；为了组成工业局部网络，它还有多种通信联网的接口模块，等等。

3.采用模块化结构。为了适应各种工业控制需要，除了单元式的小型PLC以外，绝大多数PLC均采用模块化结构。PLC的各个部件，包括CPU、电源、I/O等均采用模块化设计，由机架及电缆将各模块连接起来，系统的规模和功能可根据用户的需要自行组合。

4.编程简单易学。PLC的编程大多采用类似于继电器控制线路的梯形图形式，对使用者来说，不需要具备计算机的专门知识，因此很容易被一般工程技术人员所理解和掌握。

5.安装简单，维修方便。PLC不需要专门的机房，可以在各种工业环境下直接运行。使用时只需将现场的各种设备与PLC相应的I/O端相连接，即可投入运行。各种模块上均有运行和故障指示装置，便于用户了解运行情况和查找故障。由于采用模块化结构，因此一旦某模块发生故障，用户可以通过更换模块的方法，使系统迅速恢复运行。

（3）PLC应用

PLC的应用范围已从传统的产业设备和机械的自动控制，扩展到以下应用领域：中小型过程控制系统、远程维护服务系统、节能监视控制系统，以及与生活相关的机器、与环境相关的机器，而且有急速上升的趋势。

（4）PLC硬件系统结构

PLC的类型繁多，功能和指令系统也不尽相同，但结构与工作原理则大同小异，通常由主机、输入/输出接口、电源扩展器接口和外部设备接口等几个主要部分组成。

1.主机。主机部分包括中央处理器（CPU）、系统程序存储器和用户程序及数据存储器。CPU是PLC的核心，它用以运行用户程序、监控输入/输出接口状态、做出逻辑判断和进行数据处理，即读取输入变量、完成用户指令规定的各种操作，将结果送到输出端，并响应外部设备（如电脑、打印机等）的请求以及进行各种内部判断等。PLC的内部存储器有两类，一类是系统程序存储器，主要存放系统管理和监控程序及对用户程序作编译处理的程序，系统程序已由厂家固定，用户不能更改；另一类是用户程序及数据存储器，主要存放用户编制的应用程序及各种暂存数据和中间结果。

2.I/O接口。I/O接口是PLC与输入/输出设备连接的部件。输入接口接受输入设备（如按钮、传感器、触点、行程开关等）的控制信号。输出接口是将主机经处理后的结果通过功放电路去驱动输出设备（如接触器、电磁阀、指示灯等）。I/O接口一般采用光电耦合电路，以减少电磁干扰，从而提高了可靠性。I/O点数即输入/输出端子数，是PLC的一项主要技术指标，通常小型机有几十个点，中型机有几百个点，大型机将超过千点。

3.电源。图中电源是指为CPU、存储器、I/O接口等内部电子电路工作所配置的直流开关稳压电源，通常也为输入设备提供直流电源。

4.编程。编程是PLC利用外部设备，用户用来输入、检查、修改、调试程序或监示PLC的工作情况。通过专用的PC/PP1电缆线将PLC与电脑连接，并利用专用的软件进行电脑编程和监控。

5.I/O扩展单元。I/O扩展接口用于将扩充外部输入/输出端子数的扩展单元与基本单元（即土机）连接在一起。

6.外部设备接口。此接口可将打印机、条码扫描仪，变频器等外部设备与主机连接，以完成相应的操作。

（5）PLC的软件结构

在可编程控制器中，PLC的软件分为两大部分。

1.系统监控程序：用于控制可编程控制器本身的运行。主要由管理程序、用户指令解释程序和标准程序模块系统调用。

2.用户程序：它是由可编程控制器的使用者编制的，用于控制被控装置的运行。

（6）PLC的工作原理

1.PLC的工作方式

采用循环扫描方式。在PLC处于运行状态时，从内部处理、通信操作、程序输入、程序执行、程序输出，一直循环扫描工作。由于PLC是扫描工作过程，在程序执行阶段即使输入发生了变化，输入状态映象寄存器的内容也不会变化，要等到下一周期的输入处理阶段才能改变。

2.工作过程

主要分为内部处理、通信服务、输入处理、程序执行、输出处理5个阶段口

第一，内部处理阶段。在此阶段，PLC检查CPU模块的硬件是否正常，复位监视定时器，以及完成一些其他内部工作。

第二，通信服务阶段。在此阶段，PLC与一些智能模块通信、响应编程器键入的命令，更新编程器的显示内容等，当PLC处于停止状态时，只进行内容处理和通信操作等内容。

第三，输入处理阶段。输入处理也叫输入采样。在此阶段顺序读入所有输入端子的通断状态，并将读入的信息存入内存中所对应的映象寄存器。在此，输入映像寄存器被刷新，接着进入程序的执行阶段。

第四，程序执行阶段。根据PLC梯形图程序扫描原则，按先左后右、先上后

下的步序，逐句扫描，执行程序。但遇到程序跳转指令，则根据跳转条件是否满足来决定程序的跳转地址。若用户程序涉及输入输出状态时，PLC从输入映像寄存器中读出上一阶段采入的对应输入端子状态，从输出映像寄存器读出对应映象寄存器的当前状态。根据用户程序进行逻辑运算，运算结果再存入有关器件寄存器中。

第五，输出处理阶段。程序执行完毕后，将输出映像寄存器，即元件映像寄存器中的Y寄存器的状态，在输出处理阶段转存到输出锁存器，通过隔离电路，驱动功率放大电路，使输出端子向外界输出控制信号，驱动外部负载。

3.PLC的运行方式

一是运行工作模式。当处于运行工作模式时，PLC要进行内部处理、通信服务、输入处理、程序处理、输出处理，然后按上述过程进行循环扫描工作。在运行模式下，PLC通过反复执行反映控制要求的用户程序来实现控制功能，为了使PLC的输出及时地响应随时可能变化的输入信号，用户程序不是只执行一次，而是不断地重复执行，直至PLC停机或切换到停止工作模式，PLC的这种周而复始的循环工作方式称为扫描工作方式。

二是停止模式。当处于停止工作模式时，PLC只进行内部处理和通信服务等内容。

（7）PLC的编程语言

1.梯形图。梯形图编程语言习惯上叫梯形图。梯形图沿袭了继电器控制电路的形式，也可以说，梯形图编程语言是在电气控制系统中常用的继电器、接触器逻辑控制基础上简化了符号演变而来的，具有形象、直观、实用和电气技术人员容易接受的特点，是目前用得最多的一种PLC编程语言。

2.指令表。这种编程语言是一种与计算机汇编语言相类似的助记符编程方式，用一系列操作指令组成的语句表将控制流程热核出来，并通过编程器送到PLC中去。

3.顺序功能图。采用IEC标准的SFC（Sequential Function Chart）语言，用于编制复杂的顺控程序。利用这种先进的编程方法，初学者也很容易编出复杂的顺控程序，大大提高了工作效率，也为调试、试运行带来许多方便。

4.状态转移图。类似于顺序功能图，可使复杂的顺控系统编程得到进一步简化。

5.逻辑功能图。它基本上沿用数字电路中的逻辑门和逻辑框图来表达。一般用一个运算框图表示一种功能。控制逻辑常用"与""或""非"三种功能来完成。目前，国际电工协会（IEC）正在实施发展这种编程标准。

6.高级语言。近几年推出的PLC，尤其是大型PLC，已开始使用高级语言进行编程。采用高级语言编程后，用户可以像使用PC机一样操作PLC。在功能上除可完成逻辑运算功能外，还可以进行PID调节、数据采集和处理、上位机通信等。

（二）基于PLC的节水灌溉系统

（1）节水灌溉系统的硬件总体设计

在基于PLC大田节水灌溉系统设计中，硬件的总体设计主要是由传感器、无线采集器和无线接收器、PLC及上位机构成。大田节水灌溉系统工作原理是由环境温湿度、土壤湿度传感器采集数据信息，经过无线采集器把信息发送给无线接收器，无线接收器通过RS485口和西门子S7-200的串口通信，PLC对接收到的信息进行组态程序设定，系统根据程序设定和模糊控制的方式来控制灌溉时间，从而达到在合适的时间内对农作物实施经济有效的节水灌溉目的。

（2）传感器的选择

系统中需要用传感器检测大田作物的环境温湿度以及土壤的墒情数据，所以需要用环境温湿度传感器以及土壤湿度传感器来进行系统的构成。

环境温湿度传感器是市面上比较通用的传感器。温湿度传感器是采用数字数据传输进行温湿度显示值的传输，此款设备功能良好，稳定性强。温湿度传感器通过一个端口进行连接，当传感器采集到温湿度的数据后把数据通过节点进行无线发送，顺着设定路径传输到无线接收器。无线接收器通过串口传送给PLC进行数据检测。

土壤湿度传感器又名土壤水分传感器、土壤墒情传感器、土壤含水量传感器，这是一种通过测量土壤的容积含水率来实现其功能的传感器设备。系统采用的是常用的频域型（Frequency Domain Reflectometry，FDR）土壤湿度传感器，其工作原理是根据电磁波产生的电磁脉冲在不同介质中传播频率的不同，来判断土壤的表观介电常数，利用此常数的线性关系可算出土壤容积含水量。其水分探针插入土壤构成正负极电容回路，通过晶体振荡器把电磁波输入探针，等待与土壤水分相关的反馈信号，经过一系列放大等操作，最终转换成电压信号传输给CC2530。

（3）控制器的选择

大田节水灌溉中农田距离较长，传感器多分布于田间地头，一般通过无线传输的方式进行数据传输，但是由于上位机不能适应室外环境以及无线采集器设备的穿墙效果，一般容易在传输的时候丢失数据，所以需要采用一款稳定性较高、功能简单的控制器进行电磁阀门的控制。

系统运用西门子公司推出的S7-200型号PLC。S7-200系列是一种可编程的逻辑控制器，是由多个单片机及微型继电器构成，它是工业设备自动化需求的核心。S7-200用户程序包含在内容位指令逻辑、计数器、定时器以及与其他智能通信模块的复杂数学运算中，从而可以达到监视输入状态、改变输出状态的控制目的。结构紧凑，功能强大且灵活，S7-200系列PLC是解决各类控制问题的最好应用。

系统运用的PLC的CPU为226，拥有24个输入点和16个输出点，可以扩展7个模块，有2个RS485通信口。此PLC可以满足大田节水灌溉系统的硬件设计要求。

S7-200CPU的通信口（Port0、Port1）支持PPI通信协议，也支持自由口通信协议。S7-200CPU具有自由口通信能力。自由口通信技术是S7-200所支持的一项可以让用户自行定义的通信技术，此通信技术基于RS485的硬件协议之上。

由于系统设计需要PLC当中转站，接收ZigBee传送来的传感器信号，然后把信号再传输到上位机，上位机进行计算后再输入PLC来控制调节阀的开度控制水量，达到节水目的，所以PLC需要有两个通信口：其一是用西门子PPI多站编程电缆和PC机的USB口相连进行数据传输；其二是运用西门子S7-200提供的自由口协议和CC2530的串口相连进行数据传输。

西门子S7-200PLC的串行通信口使用在自由口模式的时候是基于RS485协议。由于CC2530的USART0输出的数据是基于RS232通信协议，所以要使CC2530和PLC进行数据的传输，还需要把RS232转换成RS485，这样才能让PLC读到正确的数据。

接口采用MAX485芯片进行通信协议的转换。MAX485通过驱动器和收发器进行RS232协议和RS485协议的转换。MAX485的驱动器摆率不受限制，可以实现最高2.5Mbps的传输速率。

需要把CC2530的RS232口的RX和MAX485模块中的RO口相连，TX和DI口相连。然后把数据转换成RS485后的接口，MAX485中的A和PLC PORT0中的B相连，MAX485中的B和PLC PORT0中的A相连。

四、智能灌溉决策

智能灌溉决策是依据作物生长过程中对水分需求的动态变化，对作物进行实时、适量的配水。目前，智能灌溉决策常规的方法主要有两类：一类是在灌溉控制器加入模糊控制器构成智能灌溉控制系统，通过编制模糊控制算法程序来实现对作物灌溉的智能控制；另一类是建立智能灌溉决策模型，灌溉决策模型结果指导作物灌溉的"适时"和"适量"。

（一）智能灌溉控制系统

智能灌溉控制系统是一个典型的非线性、时变性、变结构系统。除了系统结构复杂以外，在土壤水分测量过程中由于受土壤本身、渗水速度等不确定因素的影响，要求灌溉控制器的控制不仅要根据测得的土壤水分含量进行浇灌，而且还要对浇水量进行定量控制，在满足植物生长的同时，还要达到节水的目的。为解决上述问题，在灌溉控制器中加入以单片机为控制核心的模糊控制器，与一般的数字控制系统相比，其结构差异并不大。因此，有效的过程控制策略就可以通过编制模糊控制算法程序来实现对作物灌溉的智能控制，从应用效果来看，这种做法具有良好的鲁棒性和适应性。

（1）模糊控制算法概论

模糊控制算法虽然是用模糊语言进行描述的，但是它完成的是一项完全确定的任务。通过模糊逻辑和近似推理方法，把人的经验模糊化，变成微型计算机能够接受的控制量，原先由人工来完成的控制工作用微型计算机来替代。一般情况下，要实现模糊控制算法，最重要的是设计出与实际控制对象相适应的模糊控制器。通常情况下，模糊控制器主要包括以下三个功能模块。

1.精确量的模糊化。它是将模糊控制器输入量的确定值转换为相应模糊集合的隶属函数。把定义好的语言变量的语言值化为某个适当论域上的模糊子集。为了满足控制过程的需要，通常把输入范围定义成离散的若干级。吊钟形、梯形和三角形是输入量隶属函数常用的三种类型。其中，三角形隶属函数在这个过程中最为常用，因为它计算量小，且在性能上无明显差别。

2.模糊控制算法的设计。这个模块实际上完成的是制定模糊控制规则的过程。它是模糊控制器的核心部分。根据操作者在控制过程中的实践经验加以归纳和总结，结合实际的控制需要，选择合适的语言变量并定义论域，并编制一条条模糊条件语句的集合，构成模糊控制规则，然后计算其决定的模糊关系。算法的设计关系到模糊控制器性能的优劣。

3.输出信息的模糊判决。设计一个由模糊集合到普通集合的判决，从而判决出一个精确地控制量，使被控过程只能接受一个控制量，实现由模糊量到精确量的转化。实现输出信息模糊判决的方法有很多，较为常用的有重心法、最大隶属度法、面积法等。

（2）模糊控制原理

在实际应用中，使用模糊语言将专家或现场操作人员的知识和控制经验表达出来，形成模糊控制规则以实现系统控制。

它的核心部分是模糊控制器。模糊控制的过程是：土壤水分传感器测量的土壤水分精确值，经采集模块采集，送至控制单元，将这个测得的实际值与预先设定好的给定值进行比较，进行控制变量的计算后得到偏差信号 e。再根据当前的值 e 与前一刻的偏差信号 e 相减后再除以采样时间可得到偏差信号变化率 ec。将偏差信号 e 和偏差信号变化率 ec 的精确量进行模糊化处理，变成模糊量后，再用模糊语言进行表示。可以分别得到模糊语言集合 e 和 ec 的模糊子集 E 和 EC。再根据推理的合成规则进行模糊决策，经过非模糊化处理后就可以得到电磁阀的输出控制量 U。最后还需要将其转换为精确量，这样就能通过控制电磁阀的动作对土壤水分进行精确控制。

（二）智能灌溉决策模型

智能灌溉决策模型主要建立在土壤水分运移规律的研究理论基础上，近25年来，该理论基础发展迅速，智能灌溉决策模型的研究也越来越深入，模型种类包括土壤墒情预测模型、作物需水预测模型、灌溉预报模型等，但是各种灌溉决策模型使用的决策指标一般都基于土壤——植物——大气连续体（SPAC），主要使用的定量决策指标可以分为三种：根据农田土壤水分状况确定灌溉时间和水量，考虑的因素包括不同作物适宜水分上下限、不同土壤条件、土壤水量平衡方程及参数选择等；根据作物对水分亏缺的生理反应信息确定是否需要灌溉，指标包括作物冠层温度相对环境温度的变化、茎果缩胀微变化、茎/叶水势、茎流变化等；根据作物生长的小环境气象因素的变化确定灌溉的时间和作物的需水量，通过气象因素确定作物的蒸腾蒸发量来进行灌溉决策。不过在具体实践中的灌溉决策指标应用多数只是考虑了土壤——植物——大气系统三者中的某一个因素或某两个因素。

灌溉决策模型都具有较强的针对性，而有精量灌溉管理需求的田块和作物，需要因地制宜，选取合适的灌溉决策模型进行定量灌溉分析，选取的依据包括模型的特点、适宜的范围、参数条件，结合该田块的作物特性及其所在地理位置、土壤条件、气候特点，特别是能获取的监测指标的可达性、准确性、精度等内容进行模型适配。常用的灌溉决策模型按类别可以分为基于土壤水分状况的灌溉决策模型、基于蒸腾蒸发量的灌溉决策模型和基于作物冠层温度等作物生长状态的灌溉决策模型。其中，基于作物冠层温度等作物生长状态的灌溉决策模型中对作物生长状态的监测，一般使用红外测温仪、叶面积仪、叶面蒸发仪、植物光合测定系统、茎流计等来进行，但由于仪器量测目标具有个体性和变异性，使得数据采集尚未真正实现自动监测和实时采集，需要人工完成，因此实时智能灌溉决策系统在实际应用中较少使用基于作物生长状态的灌溉决策模型。本书主要介绍基于蒸腾蒸发量的灌溉决策模型和基于土壤水分状况的灌溉决策模型。

（1）基于蒸腾蒸发量的灌溉决策模型

1.水量平衡法

根据土壤—植物—大气连续体理论，土壤—植物—大气是农业生产上的三个通过水分相互联系、相互制约、相互协调的系统，它们遵循能量守恒和质量守恒规律，遵守热力学和流体力学的定律以及热量平衡和水量平衡原则。水既是其中一项环节又是一个重要的载体。因此，基于蒸腾蒸发量的灌溉决策方法是把土壤、大气、作物作为三个主体，通过水分把三者有机地连成整体，它的基础理论为水量平衡法。水量平衡法将作物根系活动区域以上的土层视为一个整体，针对不同作物在不同生育期的需水量和土壤质地，根据有效降雨量、灌水量、地下水补给量与作物蒸腾量之间的平衡关系，确定灌水量。

2.有效降雨量P计算

降水储存于作物根区后，可以有效地被作物蒸腾蒸发所利用，从而降低作物的灌溉需水量，因此对于缺水地区而言，充分利用降水，可以有效缓解水资源的紧缺现状。发生降水时，当降水强度大于土壤的入渗能力，或者降水超过土壤储水能力时，降水量中会有一部分以地表径流形式流走，或形成深层渗漏流出作物根区，从而不能被作物所利用。因此，只有有效降水量才能够补充作物的需水要求。

对于作物，有效降雨量是指为作物生产直接或间接利用的，用以满足作物植株蒸腾和株间土壤蒸发的那部分降雨量，不包括地表径流和渗漏至作物根区以下部分的降水。对非充分灌溉，有效降雨量产，是制定作物灌溉制度、进行灌溉用水管理的一个重要影响因素。影响有效降水的因素很多，因计算目的不同，确定有效降水的估算方法也不尽相同。就发展节水灌溉工程项目而言，影响有效降雨量的主要因素有降雨特性（如降雨量、降雨频度、降雨强度等）、土壤特性（如土壤含水量）、作物蒸散速率和灌溉管理措施等。

确定有效降雨量可根据水量平衡原理通过计算获得，即某次降雨的有效降雨量为次降雨量减去对应的地面径流和深层渗漏量。由于次降雨所形成的地面径流量和深层渗漏量不容易测定，一般生产中采用经验的降雨有效利用系数法计算有效降雨量。

3.作物蒸腾量计算

作物在智能灌溉决策模型中，作物蒸腾量的计算对作物的灌溉影响最大，是进行灌溉决策的关键。

参考作物需水量的计算采用联合国粮食和农业组织推荐的彭曼-蒙特斯公式，在气象数据的基础上，进行逐日、逐月以及整个生育期内参考作物需水量的计算。

4.灌溉预报

第一，灌溉条件的判断。按照作物需水设定补水点往往与实际生产存在差距，并且大范围的土壤湿度变化可能影响作物产量。因此，可以设置适宜补水点用于灌溉时机的判断，即在土壤含水率没有达到作物需水下限的情况下进行灌溉，能够使土壤保持一个较高的土壤含水率。以上面的例子为例，可以将补水点设置在

20mm，即土壤含水率下降到田间持水率的25%则需要进行灌溉，从而使土壤处于相对较为湿润的状态。适宜补水点与作物种类以及生育周期相关，通过已有研究可查阅，或者根据以往的种植经验设定。

第二，灌水量的计算。基于蒸腾蒸发量的灌溉决策模型要点是：当作物累计蒸腾蒸发量达到此（补水点）时，开始一次灌溉，且灌水量为机，则可以保持田间土壤含水率在作物最适范围内。基于土壤水分状况的灌溉决策模型的要点是：当土壤含水率降到8mm时，开始一次灌溉，且灌水量为可以保持田间土壤含水率在作物最适范围内。以上两种方法的灌溉判断条件不同，但灌水量的计算方法相同。但是，作物在不同的生育周期内，灌水量的计算方法是不一样的。

（2）基于土壤水分状况的灌溉决策模型

基于土壤水分状况进行灌溉决策，首先需要获取土壤水分监测点的时间连续监测信息，其次利用插值方法由点到面估测一定范围内的空间连续的土壤水分信息，同时对该范围内的土壤水分信息进行未来时刻的预测，最后根据土壤水分的预测情况决定是否需要灌溉。

1.土壤水分监测方法分析

在农田水分的管理与灌溉决策中，值得重点关注的是土壤水分与作物之间的关系，并且，灌溉的直接对象是土壤，因此，能够快速、准确、及时地获取土壤水分信息，对于提高灌溉决策的准确性与时效性具有重要支撑意义。

土壤水分的监测方法可以分为直接法和间接法两大类，直接法以烘干法为代表，是我国以人工为主的传统的墒情监测工作普遍采用的方式，其测定结果的准确性相对较高，但操作繁琐，测定过程较长，时效性差，不能连续观测，难以用于灌溉决策；间接法包括电阻法、电容法、中子散射法和时域反射法（Time Domain Reflectometry，TDR）等，其中TDR是目前较为常用的墒情测定方法，其特点是测定过程自动、快速，并可多方位测定多层厚度土壤水分状况，尤其是TDR与无线通信网络技术结合后，可实时把连续的墒情测量结果通过网络传输到数据接收服务器，以便于灌溉决策分析使用。此外，还可以使用遥感观测土壤墒情变化，即利用卫星和机载传感器从高空遥感探测地面土壤水分，遥感监测土壤墒情可以利用的波段有可见光—近红外、热红外和微波，主要方法有土壤热惯量法、植被指数—地表温度法以及微波遥感基于土壤水分与土壤反射率关系的经验模型与机理模型等方法。遥感具有大面积观测、高时间分辨率的特点，可以实时高效地提供大范围的土壤含水量信息，但是，由于土壤粗糙度、植被覆盖等因素的影响，导致遥感方法监测土壤墒情的精度相对较差，另外遥感数据获取的时间限制因素还导致监测结果时效性不足，因此遥感方法可用于大尺度旱情监测，但是不适用于小尺度的智能灌溉决策分析。

2.土壤水分的估测方法分析

利用TDR等墒情监测技术手段可以自动、快速获取多方位、连续的土壤水分状况信息，为灌溉决策分析提供重要依据，但是由于直接获取的土壤墒情监测数据是确定的"点"的结果，而灌溉决策分析需要一定范围的"面"的墒情信息，因此，利用土壤水分进行灌溉决策，需要使用空间估计理论和方法，把离散监测点的墒情数据转换为灌溉分析空间区域内的连续数据。空间插值是最常用的空间估计方法，其中在土壤墒情估测中应用最广泛的是克里金（Kriging）插值法。目前，国内外研究普遍采用普通克里金法进行土壤水分空间估测研究。但是普通克里金法估值精度与采样密度和采样数量密切相关，而大范围农田土壤墒情监测受成本所限，采样密度较低，采样数量较少，在这种情况下使用普通克里金法进行空间估值的精度也受到影响，而且普通克里金法估值理论依赖于目标变量的空间自相关性，当采样间距大于土壤水分自相关距离时，使用普通克里金法估值的结果与使用传统的统计方法所获得的结果相同；此外，普通克里金法是单变量估值方法，只考虑了目标变量自身的自相关性，不能结合与土壤水分空间变异密切相关的环境因子同目标变量间的相关性，这也限制了其估值的精度。

因此，为提高估测精度，分区克里金法、协克里金法等普通克里金法的改进方法逐渐被应用于墒情估测研究，但与普通克里金法相比，其变异函数拟合与参数选择较为复杂，因此在实际业务应用中，仍以普通克里金法为主。

（3）土壤墒情的预报

土壤墒情是指一定体积土壤中所含水分的状况，墒情预报即根据前期测墒结果，结合气象条件，通过一定的手段来预测未来某一时期土壤含水量的多少。土壤墒情预报是灌溉预报的基础，对在水资源短缺条件下所进行的农田水分的合理调控具有重要意义。本书主要介绍经验公式法、消退指数法、土壤水动力学法和水量平衡法等常见方法。

1.经验公式法

经验公式法是利用降雨量、日平均气温、饱和差等影响土壤水分的因素，通过建立经验模型进行土壤墒情预报的一种方法。该方法比较简单，但是预报公式中的经验系数会因土壤和作物条件的不同而变化较大，特定的地区与作物必须使用特定的经验公式，预报结果缺乏稳定性与可靠性，因此经验公式缺乏普适性。

2.消退指数法

消退指数法是通过消退指数与其影响因素之间的关系，计算其消退指数，利用逐时段递推方法进行土壤水分预报。其中，土壤储水量可由实测的土壤含水率计算得到，灌水量和有效降雨量为系统输入，蒸散量、下边界水分通量很难准确测定和计算。土壤消退法认为在土壤水分胁迫条件下，蒸散量与土壤含水量之间近似为线性关系。

如上所述，影响土壤水分消退系数k的因素较多。但对特定的地区来说，由于土壤特性稳定不变，气象要素又存在以年为周期的显著变化，作物吸水也由作物种类和生育期时间决定，因此土壤消退指k只与不同阶段的作物生育状况有关。在无降水及灌水的情况下，土壤水分消退指数k可由观测资料推求。

3.土壤水动力学法

土壤水动力学法是在研究作物蒸腾、地面蒸发、根系吸水与作物生长变化之间规律的基础上，根据土壤水分运动基本方程寻求田间土壤水分变化机理，以此来进行土壤含水量预报的一种方法。该法物理背景坚实，但所需土壤和作物参数较难测定，且参数的空间变异性较大。

4.水量平衡法

水量平衡法建立在水量平衡原理的基础上，主要通过研究土壤水量平衡方程中农田腾发量、有效降雨量等各参数的相互影响关系来确定土壤水分的变化，并对土壤墒情进行预报。该方法对影响土壤水分变化的因素考虑比较全面，理论研究深入，应用范围较广。

水量平衡法可以针对不同类型的农田或不同的研究目的，对不同的时段和不同的农田空间部位进行分析。

田间土壤水分状况是不断变化的，对于作物而言，在整个生育期中任何一个时段内，土壤计划湿润层在时段内的储水量变化均可以用水量平衡方程来表示。

（4）模型适用性分析

表3-1从模型计算指标、模型本地化参数、决策关注重点、连续监测数据获取、使用范围和特点五个方面，对基于蒸腾蒸发量和基于土壤水分状况的精量灌溉决策模型进行的适用性分析。从分析结果可以得出：基于蒸腾蒸发的灌溉决策模型的模型计算指标更少、连续监测数据获取途径更便捷且基础更好、可用范围更广，并且实际应用更普遍。

表3-1 精量灌溉决策模型适用性分析

类别	基于蒸腾蒸发量的灌溉决策模型	基于土壤水分状况的灌溉决策模型
模型计算指标	ET	土壤含水率、ET
模型本地化参数	作物生育参数、土壤参数、气象参数	土壤参数、作物生育参数、气象参数

类别	基于蒸腾蒸发量的灌溉决策模型	基于土壤水分状况的灌溉决策模型
决策关注重点	作物需水量	土壤水分状况
连续监测数据获取	通过气象站获取日常气象资料，技术成熟、易于获取	通过气象站获取日常气象资料，技术成熟、易于获取；通过土壤水分传感器获取墒情资料，监测布点量往往较少，采集精度和稳定性不高
使用范围和特点	根据单个气象站可覆盖空间范围与气象站数量确定，一般田间可达 20-50km^2。适用于气象环境变异较小的区域	根据土壤水分传感器布点覆盖范围与数量确定。数量越少，准确度和精度越低，且由于土壤水分变异性的局限，布点位置的选择对采集数据的代表性起关键作用。适用于土壤均质、土壤水分变异较小的区域
实际应用情况	应用较普遍	受土壤水分监测布点和监测数据代表性的限制，应用较少

第四章　智慧农业节水灌溉信息采集技术

第一节　田间土壤墒情监测

土壤墒情主要用于反映两个。这两个方面的含水量是当前农作物生产非常重要的基础数据，直接影响到农作物的产量。此外，对于农作物抗旱部门来说，土壤墒情的相关数据也是非常重要的，了解土壤墒情的基本信息是作出科学灌溉决策的基础。在农作物旱情预测的过程中，经常要使用到土壤墒情相关数据的变化趋势。利用土壤墒情的监测，能够有效提升农作物用水的利用率，进而实现节水灌溉的目的，使旱灾损失得到最大程度的降低。

一、土壤墒情监测指标

根据《农林小气候观测仪》（GB/T20524-2018），土壤墒情监测指标如下。

（一）土壤温度

测量范围：$-20\sim80℃$。

分辨力：$0.1℃$。

最大允许误差：$\pm0.2℃$。

（二）土壤水分

测量范围：$0\sim100\%$（体积含水量）。

最大允许误差：$\pm5\%$（体积含水量）。

二、土壤墒情检测方法

通过了解分析国内外各专家学者在土壤墒情检测上的研究成果，认识到对土壤墒情的检测工作一直未曾停歇，而且随着新的思想以及新兴科技的涌现，诞生了具有各个时代特色的优秀检测方法，在这里我们将其进行了综合归纳，分析介绍如下。

（一）烘干称重法

烘干称重法是较为传统的一种土壤墒情检测方法，测定的是土壤质量含水量。具体的实施方法有恒温箱烘干法、红外线烘干法以及酒精燃烧法等。可以通过转换公式得到土壤的容积含水量情况，具体公式为 $Q_v=Q_m \times p_b$，其中，$Q_m=\dfrac{m_w}{m_s} \times 100\%$，$m_w=m_t-m_s$，$p_b$ 为取样点的容重。此测量结果精准，一直被认定为标准的土壤水分含量测量方法，但其对土样的采集和保存比较困难，且会对土壤结构造成破坏。

（二）射线法

射线法包括中子仪法、X-射线法、Y-射线法等。利用射线穿过土壤会发生能量衰减，根据衰减量这一参数和射线探测器的计数来测量土壤含水量，可以做到不破坏土壤结构，连续定点监测。其缺点是不能测量表层土壤情况，具有一定的辐射，且设备昂贵。还有以 X-射线法和 Y-射线法等较为常用的射线配合完成的计算机断层扫描法，该方法利用线性衰减系数的异同性，通过一定的变换可以以图像的方式鉴别和定量分析土壤含水量。

（三）土壤介电特性法

土壤介电特性法是通过测定土壤的介电常数来间接得到土壤含水量的一种方法。主要有频域反射法（Frequency Domain Reflectometry，FDR）和时域反射法（Time Domain Reflectonetry，TDR）两种。

（1）频域反射法

频域反射法是利用电磁脉冲原理，通过测定土壤介电常数的变化引起仪器振荡频率，得到土壤的容积含水量。

频域反射法的探头为一介电传感器，此传感器主要有一对电极（平行排列的金属棒或圆形金属环）组成一个电容，其间的土壤充当电介质，电容和振荡器组成一个调谐电路。

（2）时域反射法

时域反射法是从国外引进的先进技术，因其具有较好的测量效果，近年来在国内得到了普遍的应用。时域反射法测定含水量是根据电磁波在介质中传播的频率得出土壤的介电常数 K，自然水的介电常数 K 为 80.36（20℃）、空气 K 为 1、干土壤 K 为 3~5，因此土壤含水量与其相对介电常数成正比关系，根据计算的土壤相对介电常数，利用经验公式计算土壤容积含水量 Q_v：

$$Q_v = \alpha_0 + \alpha_1 K + \alpha_2 K^2 + \alpha_3 K^3$$

式中：Q_v 为土壤容积含水量；K 为土壤相对介电常数；α_0、α_1、α_2、α_3 为依据土壤类型确定的常数。

（四）遥感法

遥感法主要利用兴起于20世纪60年代的遥感技术得以实现。遥感技术根据电磁波理论以及观测物的光谱特性，从人造卫星、飞机或其他飞行器上远距离感知目标反射或自身辐射的电磁波、可见光、红外线，对目标进行探测和识别的技术，遥感法能够大面积、多时相地对土壤水分进行监测，但是微波遥感同样受到土壤质地、表面粗糙度、植被覆盖等影响。

（五）土壤水分传感器法

随着科技发展脚步的递进，作为信息获取最重要、最基本的传感器技术被应用到社会的各个角落。在现如今的土壤墒情检测中，土壤水分传感器充当着重要的角色，无线传感器网络的形成，更是将传感器法测量土壤水分推入新的高度。利用土壤水分传感器和蓝牙技术以及GPRS技术，还有计算机网络技术的糅合，在对土壤水分信息的采集、信息存储和实时控制方面起到了重要作用。其原位测定、不破坏土壤结构、快速直读、价格低廉、无放射性物质、便于长期观测和累积田间水势资料的优点，使得该测量方式成为目前土壤水分测量方法研究的主流趋势。

综上所述，土壤墒情检测办法多种多样，各类检测办法都能很好地实现土壤墒情检测工作，然而都或多或少地存在一些弊端，相对而言，利用土壤传感器进行墒情检测的办法在实时性、连续检测以及实施方便等方面都具有很大的优势，在科技发展迅速的今天，这类糅合高新科技，便于普及运用的墒情检测方法，对土壤墒情研究工作的开展有着重要意义。

三、土壤含水量表示方法

（一）土壤的重量含水量

土壤的重量含水量是以土壤中所含水的重量占烘干土重的百分数表示。

（二）土壤的体积含水量

在田间往往不宜直接测出土壤水分的体积，因此需要先求出土壤中水分质量百分数，再转换成体积百分数。

（三）土壤的贮水量

为了使土壤含水量与降雨量、蒸发量等进行比较，进而确定灌溉水量，就要将土壤含水量转换成水层深度。

（四）土壤的相对含水量

在农作物栽培中，常用土壤含水量占田间持水量的百分数表示土壤中水分的状况，即土壤的相对含水量。

四、土壤墒情监测传感器

墒情监测关键在于传感器，墒情监测传感器一般包括土壤水分和土壤温度传感器。

（一）土壤水分传感器

目前，土壤水分测量方法大致可以分为以下几种：第一种是直接测量土壤的重量含水量或容积含水量，如取样称重烘干法、中子仪法、SWR法、TDR法、FDR法等；第二种是测量土壤的基质势，如张力计法、电阻块法、干湿计法等；第三种是非接触式的间接测量方法，如远红外遥测法、地面热辐射测量法、卫星遥感法等。土壤水分的测量方法很多，土壤水分传感器的种类也较多，因此选择合适的传感器对于土壤水分的监测具有重要的作用。表4-1列举了一些常用测量方法的优缺点和适用范围。本书主要介绍FDR土壤水分传感器。

表4-1 土壤水分测量方法及传感器

测量方法	测量原理	优点	缺点	典型代表
烘干法	通过测量土壤烘干前后的质量，计算土壤含水量	测量设备要求低，测量准确	费时费力，不能实时监测	恒温烘箱烘干法
张力计法	利用水的吸力，测量土壤的基质势	在土壤比较湿润时，测量准确，能够监测土壤水分胁迫	实时性较差，干燥土壤测量误差大	张力计
射线法	射线穿过土壤的时候能量会衰减，衰减量是土壤含水量的函数，校准后得出土壤含水量	测量简单，实时性好，长期定位测定，可达根区土壤任何深度	需要田间校准，仪器设备昂贵；污染环境	中子仪、近红外线湿度传感器

测量方法	测量原理	优点	缺点	典型代表
电阻法	利用多孔渗水介质制成的电阻块，把电阻块放入土壤中，当电阻块中的水势与土壤水势平衡后，测量电阻块的电阻，求出土壤水分	成本较低，可重复测量，连续实时监测	测量滞后，灵敏度低，电极腐蚀较快，使用寿命较短	石膏块
介电特性法	通过测量土壤表观介电常数间接得到土壤容积含水量，包括TDR和FDR	能够连续、快速测量土壤水分，分辨率较高，测量范围广，操作简便	需要针对土壤质地校正传感器、容易受到安装方式的影响	FDS100、SWR-2、ECH20
遥感法	利用土壤水分对不同频率的光吸收强弱的不同进行测量	航空遥感、卫星遥感等，不仅能指导灌溉，还可以为区域水量平衡和水分调配提供重要依据	不适合小面积和实时监测	卫星遥感

（1）土壤水分构成

土壤是具有一定养分的、能够适应植物生长的物质层，是固-水-气三项物质组成的复杂的混合物，其中土壤中的水分是土壤液体部分中最重要的成分。土壤水分位于地表水之下，是外界水分处于土壤固体颗粒之间形成的，对农作物的生长、存活、净生产力起着至关重要的作用。土壤中的水分不是固定不变的，当降雨时或者对农作物进行人工灌溉时，土壤含水量会增加，而随着农作物的消耗或者自然蒸发，土壤中的水分会减少，而且水分也会因渗透到地下水层而减少，土壤中的水分处于不断循环变化状态。

土壤水分是一个复杂的物理量，与土质有密切关系，不同的土质，土壤含水量的测量值会有差异。沙质土壤的颗粒疏松，不易形成团聚体，而黏质土壤孔隙小，结构稳定。土壤水分也会因土壤容重的不同而不同。土壤水分直接决定了土壤湿度，是植物的生长、营养吸收、矿物质转化的必要前提，是农产品产量的重要保障。水是土壤中不可或缺的物质，水分充足的土壤肥沃，而缺水的土壤往往贫瘠。因此，土壤水分具有重要作用，我们需要采取先进的技术测量土壤含水量，对土壤进行实时合理的灌溉，控制土壤水分状况，保障农作物的生长环境和土壤的肥力，减少水资源的浪费和土壤的沙漠化。

（2）土壤介电特性

水是强极性分子，在外加电场作用下产生很强的取向极化，同时还产生位移极化。极化的结果将外加电场的能量转换成水分子的势能，即将从外加电场获得的能量储存起来，可用复介电常数的实部表示。由于分子运动的惰性，转向极化运动相对于外电场的变化在时间上存在滞后，即弛豫现象；弛豫在宏观上使水分子产生损耗，可用复介电常数的虚部表示。在外电场作用下，水的极化程度远大于其他物质。因此，通过测量含水物质在一定频率下的介电常数，便能间接得到物质的水分含量。一定的电磁频率作用时，土壤中主要组成成分的介电特性如表4-2所示。可以看到，水的相对介电常数为8.5，而其他物质的介电常数相对水来说非常小，可以忽略。土壤中水分的变化能明显改变土壤的介电常数，因此，可以根据土壤介电特性随含水量的变化测量土壤介电常数，进而确定土壤的水分含量，由此产生了一种新的测量技术。

表4-2　土壤主要成分的介电常数

成分	介电常数	成分	介电常数
水	78.5	干肥土	3.5
空气	1	干壤土	2.7
花岗岩	7~9	干沙土	2.5
玄武岩	12		

含水土壤的介电常数是外加电场频率的函数，当电场频率大于40MHz时，盐分、有机质等基本不影响土壤含水量的测量，可以忽略不计。土壤的介电常数也是温度的函数，温度变化时，土壤的介电常数也发生相对变化，也就是说，温度会影响土壤湿度的测量结果，所以也要考虑在内。土壤的电导率不同，温度对测量结果的影响也是不同的。在一定温度范围内，对不同电导率的土壤的水分变化趋势进行分析，结果表明，它随温度改变的走向是不一样的。在电导率低于0.2ms/cm的情况下，随着温度的上升，土壤介电常数的增加量小于减少量，土壤介电常数是温度的减函数。相反，在电导率高于L5ms/cm的情况下，随着温度的增加，土壤介电常数的增加量会大于减少量，土壤介电常数是温度的递增函数。通常，土壤水分的导电性强，在土壤温度增加的情况下，FDR土壤湿度传感器的试验结果会产生增加的趋势。

（3）FDR土壤湿度传感器工作原理

物理电磁学实验证明，土壤含水量与土壤的表观介电常数存在一定的关系，从而产生了新的土壤水分测量技术。FDR就是通过测量电磁波在土壤中传播的频率，判断相应土壤的表观介电常数，含水量较低时，根据线性关系将其转换为土壤含水量。FDR土壤湿度传感器的内部电路结构如图4-1所示。传感器的水分探

头主要由平行的不锈钢金属棒组成，金属棒构成一个电容的正负极板，当插入土壤中使用时，土壤就成为待测电介质。FDR土壤湿度传感器采用100MHz的晶体振荡器，经由驱动单元加到输出探针上，反馈探针得到与土壤湿度情况相关的反馈信号，经由反馈数据采集单元、放大单元，输出与土壤湿度情况相关的电压信号。

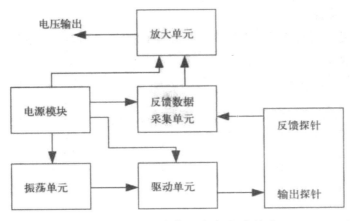

图 4-1　FDR 传感器内部电路结构

　　图4-2为相应的外部结构，可以看出，传感器主要包括3个部分：输出反馈探针部分、FDR土壤水分传感器主体部分、电源及输出电缆部分。FDR土壤水分传感器主体采用树脂灌封，感知水分的探针采用不锈钢材料，这样能够有效降低FDR土壤水分传感器因长期埋在土壤中，土壤、水分及其他物质对传感器单元、探针的损害和影响。

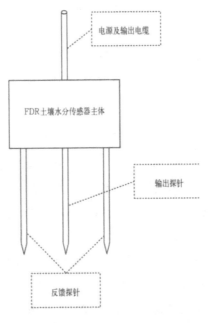

图 4-2　FDR 传感器外部结构

（4）传感器静态技术指标

传感器静态特性就是传感器测量的物理量不会随着时间的变化而变化，是一个恒定信号，这时传感器的输入输出呈现的关系就是静态特性。决定静态特性的基本参数和技术指标如下。

1.零位（零点）

当用传感器进行测量，即输入量（被测物理量）x=0时，传感器具有输出值，即y≠0。如图4-3所示，零位值为y=S_0。

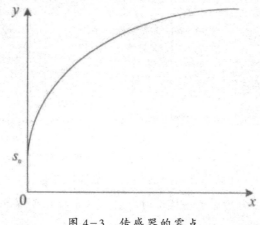

图4-3　传感器的零点

传感器在使用过程中，由于一些原因，随着时间的推移零位值可能发生变化，我们应该利用校正技术将其消除，以免影响传感器的测量结果。消除零位值可以保证因零点变化引起的传感器输入输出特性的不稳定性。

2.灵敏度

用传感器进行测量时，当被测物理量的值发生改变，改变量用Δx表示，相应的传感器的输出值也随之发生改变，改变量用Δy表示，Δx与Δy的比值就是传感器的灵敏度：

$$S=\frac{\Delta y}{\Delta x}$$

传感器的静态特性为一理想直线时，直线的斜率即为灵敏度且为一常数。灵敏度S的数值越大，表示相同的输入变化量引起的输出变化量越大，则系统的灵敏度越高。当传感器的静态特性是非线性特性时，灵敏度不为常数。

实际的测量系统都不可能是单一输入的系统，一般都会受到其他输入量的影响，输出量的值可能是各个输入量共同作用的结果。如果除被测量之外的其他物理量变化都能引起输出量的变化，则系统存在"交叉灵敏度"。

一个存在交叉灵敏度的传感器，一定是一个低精度、性能不稳定的传感器。经典的传感器通常都存在对工作环境温度、供电电压的交叉灵敏度，传感器没有能力从输出改变量△y来精确推断某一个输入量的变化值。人们一直在为减小交叉灵敏度而努力，如采用稳压源、恒流源供电，采用各种温度补偿措施降低温度的交叉灵敏度。智能传感器依靠软件功能在降低交叉灵敏度方面有重大突破。

3.灵敏度温度系数

传感器的静态输入输出特性一般是在标准条件下测得的，传感器在使用时所处的环境条件极有可能与标准条件有所不同，这样就会使测量结果产生附加误差，其中温度附加误差是最主要的附加误差。灵敏度温度系数是灵敏度随温度漂移的速度，在数值上等于温度改变1℃时，灵敏度相温度附加误差干扰了传感器测量的准确性，应该采取有效措施缩小温度系数，从而降低温度附加误差，提高传感器的温度稳定性。

4.线性度

线性度表示传感器输入输出特性曲线与某一规定直线（y=kx+b）一致的程度，如图4-4所示。在数值上通常用非线性引用误差δ_l表示传感器的线性度。

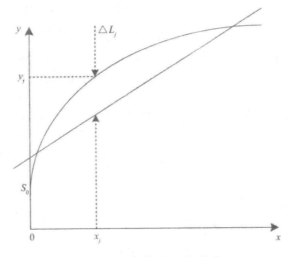

图4-4　传感器的线性度

式中：△L表示静态特性与规定拟合直线的最大拟合偏差；y（QS）表示传感器的量程。

线性度是影响传感器精度的重要指标之一，输入输出特性非线性的传感器肯定是一个精度低的传感器。科研人员常常为改善线性度，提高传感器的测量精度，获得高性能的传感器而努力。

FDR土壤湿度传感器的稳定性、测量精度、结果的可靠性都是由上述技术指标和性能参数决定的。

（二）土壤温度传感器

土壤温度不仅会影响作物播种和出苗时间，而且会影响根的生殖、根的增长速率及侧根的生成速率，影响根对水分和矿物营养的吸收、运转和储存，影响土壤微生物活动和有机物质的分解，是作物生存的一个重要环境因素。当作物处于发芽阶段，低温湿润的土壤条件容易造成烂种、烂芽或种子失去发芽能力等，土壤温度过高，发芽太快，呼吸消耗过多，幼苗不壮；当作物处于分蘖阶段，土壤温度过低，作物分蘖受冻害，甚至导致植株死亡。因此，需要对土壤温度传感器进行研究和开发，以实现土壤温度的实时监测。

目前，比较常用的土壤温度测量仪器主要有利用红外光谱的非接触式测温仪，利用PN结的电流、电压特性与温度的关系测量温度，利用热敏电阻测温仪测温。利用红外测量精度高但成本较高，PN结测量与热敏电阻测量使用前需要对系统参数进行标定。一般采用DS18B20作为感应部件，采用不锈钢封装，感应部件位于杆头部。传感器的精度和稳定性依赖于测温芯片DS18B20的特性及精度级别。

土壤温度传感器的原理如图4-5所示，单片机是本传感器的核心，它读入测温芯片DS18B20的测量值，经多种转换运算后得出精确的最终测量结果，然后经内置的脉宽调制（PWM）电路以及PWM/电压转换电路分别以标准0~5V电压形式输出温度的测量值，也可通过内置的串行通信口，经RS485网络转换电路将测量结果送到RS485测量总线上供数字式测试设备读取。其中，采用了补偿及线性化技术来提高测量精度、抗干扰能力，保证传感器的长期稳定性。

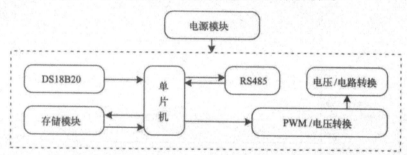

图4-5　土壤温度传感器电路

为了扩大土壤温度传感器的应用范围，传感器具有多种输出接口：RS485输出、0~5V电压输出或者4~20mA电流输出。单片机本身具有2路10位PWM输出，所以采用LM324四运放集成电路构成PWM/电压输出电路，将其转换为模拟电压信号输出，如图4-6所示。电路利用运算放大器的高输入阻抗特性并设计成低通滤波器的形式，既可确保输出电压的稳定，还可提高驱动负载的能力，增强其对外围数据采集电路的适应能力。土壤温度传感器的性能参数如表4-3所示，土壤温度传感器的优点见表4-4。

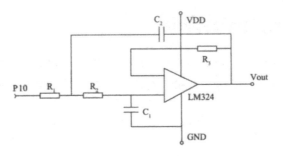

图 4-6　PWM/电压转化电路

表 4-3　土壤温度传感器的性能参数

输出方式	工作电压	存储温度（℃）	工作温度（℃）	测量范围（℃）	测量精度	分辨率	响应时间（s）	输出	封装
模拟电压	6-18V（DC）	-40-85	-20-100	-20-70	±0.2	0.1	1	0~5V	不锈钢防水
模拟电流	6~18V（DC）	-40-85	-20-100	-20-70	±0.2	0.1	1	4~20mA	

表 4-4 土壤温度传感器的优点

主要优点	技术说明
通用性强	多种输出方式，可与多数测试仪表及采集器直接相连
测量分辨率高	分辨率为 0.1℃
测量精度高	测量精度可达 ±0.2℃

第二节　田间气象信息监测

我国是一个农业大国，而农业又是气候变化最敏感的领域之一，气象条件对农业生产过程有着重要影响，并且随着农业产业结构的调整，农业尤其是特色农业对气象服务质量的要求越来越高。为了更好地提高农作物产量，必须对农作物生长的一些必要气象数据，如温度、湿度、气压、风向、风速、雨量、总辐射量等气象参数进行监测，农田气象数据监测系统利用实时采集的气象数据，对未来一段时间内的气象情况做出较为精确的预测和预报，对于农业生产具有一定的指导意义。

一、田间气象数据监测指标

根据《农林小气候观测仪》（GB/T20524—2018），田间气象数据监测信息包含空气温度、空气湿度、风向、风速、雨量、总辐射量等多个气象要素，具体监测技术指标如下。

（一）空气温度

测量范围：-20~50℃。

最大允许误差：±0.2℃。

分辨力：0.1℃。

（二）空气湿度

相对湿度测量范围：10%~100%。

相对湿度分辨力：1%。

相对湿度最大允许误差：±4%（湿度W80%）；±8%（湿度＞80%）。

（三）风向

测量范围：0°~360°。

最大允许误差：±3°。

启动风速：≤0.5m/s。

分辨力：3°。

（四）风速

测量范围：0~30m/s。

分辨力：0.1m/s。

最大允许误差：±（0.5m/s+0.003v）（v为示值风速）。

启动风速：≤0.5m/s。

（五）雨量

测量范围：0~4mm/min。

分辨力：0.1mm。

最大允许误差：±0.4mm（雨量≤10mm）；±4%（雨量＞10mm）。

（六）总辐射

测量范围：0~1400W/m²。

最大允许误差：±5%。

二、田间气象信息测量原理

(一) 温度测量原理

温度传感器热电阻测温是基于金属导体的电阻值随温度的增加而增加这一特征来进行温度测量的。温度传感器热电阻大都由纯金属材料制成，目前应用最多的是铂。铂电阻温度传感器是根据铝电阻的电阻值随温度变化的原理来测定温度的。铂电阻丝烧制在细小的玻璃棒或磁板上，外面有金属保护管。铂电阻在0℃时的电阻值 R_0 为100Ω，以0℃作为基点温度，在温度t时的电阻值 R_T 为

$$R_T = R_0[\, l + \alpha t + \beta t^2\,]$$

式中：α、β为系数，经标定可以求出其值。采用 P_t-100型铂电阻作为测量温度的传感器，铂电阻具有较高的稳定性和良好的复现性。铂电阻的阻值随温度变化发生变化，在一定测量范围内，温度和阻值呈线性关系。

(二) 湿度测量原理

湿敏电容在进行测量时，其基本思路是基于气象中湿度与固体材料的吸湿性质之间的关系，比较常见的是聚合性材料，水分子的力矩较大，可限制聚合物中的水，从而改变聚合物的介电性质。湿敏电容的测量原理简单地说就是将电容量转换为频率量，通过测量频率量获得湿敏电容的电容量，这样就获得了湿度值。湿敏电容湿度传感器是用有机高分子膜作介质的一种小型电容器，湿敏电容器上的电极是一层多孔金膜，能透过水汽；下电极为一对刀状或梳状电极，引线由下电极引出。基板是玻璃。整个感应器是由两个小电容器串联组成。传感器置于大气中，当大气中水汽透过上电极进入介电层，介电层吸收水汽后，介电系数发生变化，导致电容器电容量发生变化。因此，可以用这种电容器的值变量得到相对湿度。

气象系统采用的传感器比较常见的是测量温度和测量湿度用统一的传感器，这种湿度传感器的主要部分是夹在两个电极之间的聚合物薄膜所构成的电容器。这个电容器的电阻抗可以作为相对湿度的一种量度。电容器的标称值只有几个或几百个皮法，与电极的尺度和介电层的厚度有关。电容值会影响到用于测量阻抗的激励频率范围，这个频率至少要几千赫兹，并且在传感器与电路之间的连接要短，以减少漂移电容的作用。因此，电容式元件通常都将电路板封装在探头上，并且还必须考虑到环境温度对电路元器件的影响。湿敏电容的等效电路如图4-7所示。

图 4-7 湿敏电容等效电路

湿敏电容湿度传感器中的变换器如图4-8所示。它由湿敏电容、信号变换器电路、工作电源及信号放大电路组成。湿度变化引起湿敏电容的电容变化，由信号变换电路将电容的变化变换为电压信号。当相对湿度在0~100%变化时，信号变换电路输出0~100mV电压，经放大后得到0~1V或0~5V的电压，输出给测量及控制系统。

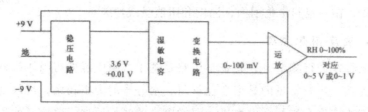

图 4-8 湿敏电容湿度传感器中的变换器

（三）风向传感器测量原理

风向传感器由风标板、七位格雷码盘、红外发光二极管和光敏三极管构成的光电变换电路组成。风向传感器的感应元件为风标板组件，角度变换电路为格雷码盘加光电电路。当风标板组件随风向旋转时，带动主轴及码盘一同旋转，每转动一个角度，位于光电器件支架上下两边的七位光电变换电路就输出一组格雷码，经整形电路整形并反相后输出。每组格雷码有七位，代表一个风向。由于码盘外圈是128等分，故风向分辨为360°/128=2.8125°，也就是说，每转过2.8125°时输出一组新的格雷码。十进制与通用二进制码以及格雷码的转换如表4-5所示。

表 4-5 十进制与通用二进制码以及格雷码的转换

十进制	0	1	2	3	4	5	6	7	8	9
二进制（C_n）	0000	0001	0010	0011	0100	0101	0110	0111	1000	1001
格雷码（Rn）	0000	0001	0011	0010	0110	0111	0101	0100	1100	1101

码盘固定在风向标的轴上，在码盘的每一位上面都装有发光二极管，下面装有光敏三极管。当码盘随着风向标转动时，就可以把风向标的角位移转换成相应的格雷码。不管风向标在哪，均显示出单位走位格雷码，然后得出与此相符合的风向。

（四）风速传感器工作原理

风速传感器由三个轻质锥形风杯、截光盘和红外光电变换电路组成，能在风速0.4~60m/s的测量范围内提供良好的线性。测量风速时，风杯在风的驱动下旋转，带动截光盘切割光电变换电路的红外光束产生脉冲链。每转一圈产生14个脉冲。输出的脉冲速率与风速成正比。轴内有一个额定功率10W的加热元件，在热动开关控制下温度低于4℃时启动加热元件加热，保证寒冷天气时轴承不冻结。

（五）雨量传感器测量原理

雨量传感器是用于测量液态降水量的传感器，由承水器、漏斗和支架、上翻斗和集水器、计量翻斗、计数翻斗组成。

承水器通过面积固定的盛水口汇集被测量的液态降水经漏斗进入上翻斗；上翻斗将汇集的液态降水通过集水器转变成近似稳定的大降水强度（约6mm/min）的降水进入计量翻斗；计量翻斗对进入的降水以0.1mm的分辨率进行计量，即每0.1mm降水量，计量翻斗翻转一次，并将计量后的0.1mm降水倒入计数翻斗，计数翻斗对进入的0.1mm降水进行计数，即每进入一个0.1mm降水，计数翻斗翻转一次，其翻斗中部的小磁钢使上面的干簧管开关接点闭合一次，产生一个机械接点闭合信号，测量降水量时将干簧管开关接点接入测量电路内，开关接点闭合一次则产生一个脉冲信号，代表0.1mm降水量，对脉冲信号计数即测得分辨率为0.1mm的降水量，如图4-9所示。

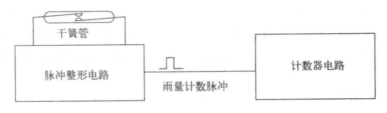

图4-9　翻斗式雨量传感器测量电路示意

（六）辐射量传感器测量原理

总辐射量传感器工作原理基于热电效应，感应件由感应面和热电堆组成，感应元件为快速响应的线绕电镀式热电堆，感应面涂3M无光黑漆，图4-10为热电堆传感器探头简化模型。当涂黑的感应面接收辐射增热时，称为热结点，没有涂黑的一面称为冷结点，当有太阳光照射时，产生温差电势，输出的电势与接收到的辐照度成正比。

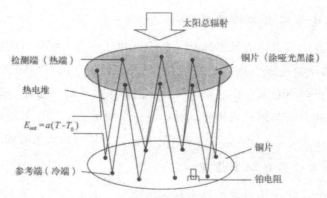

图 4-10　热电堆传感器探头内部结构示意图

第三节　灌溉用水量监测技术

一、电磁流量计

（一）电磁流量计工作原理

电磁流量计是利用法拉第电磁感应定律的原理来测量导电液体体积流量的仪表，它能够把流速这个物理量线性变换成感应电动势。电磁流量计由电磁流量计传感器和电磁流量计转换器组成，并连接显示、记录、计算、调节仪表或计算机网络，构成流量的测量系统。

电磁流量传感器安装在流体传输管道上，用来将导电液体的流速（流量）线性地转换成感应电势信号。电磁流量转换器向传感器提供工作磁场的励磁电流，并接受感应电势信号，将流速（流量）信号进行放大、处理并转换为统一的、标准的电信号。

在实际应用中把管道内流动的导电液体看成是导体的运动，管道直径可以看作是导体的长度。当管道置于磁场内，在与磁场方向、管道的中心轴、管道的直径三者相互垂直的管道位置，装两个与液体相接触的电极，此时液体相对于电极流动。这样就可以看作导体在磁场内做切割磁力线运动，然后在两电极感应出电动势来。

其整体的工作原理为：由电源向励磁线圈提供电流，励磁电流经过线圈产生磁场，该磁场作用于导电的介质中形成感应电势，最后从电极上获取与被测流体流速成正比的电压信号。在流量测量中，流过管道一定断面的体积流量等于该断面的面积与流速的乘积。

（二）插入式电磁流量计工作原理

插入式电磁流量计是在电磁流量计的基础上发展而来的。它是一种点流速型插入式流量计，通过电磁工作原理测量管道流场分布中某点的流速，然后推导出整个管道横截面的平均流速。

传感器上的电极检测出感应电动势，然后通过专用电缆将其传送至智能变送器，智能变送器将电信号进行放大，之后再根据数学模型将其转换成流量信号，再将流量标准的4~20mA、1~5VDC信号输出到流量二次仪表或DCS。

二、超声波流量计

超声波流量计是通过检测流体流动对超声束（或超声脉冲）的作用以测量流量的仪表。该流量计与电磁流量计类似，由于仪表流通通道未设置任何阻碍件，均属无阻碍流量计。超声波流量计由超声波换能器、电子线路及流量显示和累积系统三部分组成。

首先，超声波换能器将电能转换为超声波能量，并将其传至被测流体中。其次，接收器接收到的超声波信号，经电子线路放大并转换为代表流量的电信号供给显示和积算仪表进行显示和积算，这样就实现了流量的检测和显示。当超声波在流动的液体中传播时，可以载上流体流速的信息，通过接收穿过流体的超声波上搭载的信息就可以检测出流体的流速，进而转换成为流量。根据测流方式的不同，超声波流量计可分为传播速度差法、多普勒法、波束偏移法、相关法以及噪声法等不同类型。其中，传播速度差法的应用比较广泛。

（一）传播速度差法

传播速度差法的原理是通过测量超声波信号在顺流和逆流方向上的传播速度之差来最终求得流量。按所测物理量的不同，传播速度差法可分为时差法、相位差法和频差法。其中，时差法在测量时不受流体温度变化的影响，准确度高，被广泛应用。

（1）时差法。超声波在流体中传播时，由于流体流速的影响，同一传播距离在不同的传播方向上会有不同的传播时间。时差法测流量是通过测量超声波信号在顺流和逆流方向上的传播时间之差来最终求得流量。

（2）相位差法。相位差法是利用时差法中的超声波相位差$\Delta\varphi$与时间差Δt的关系$\Delta\varphi=2\pi f\Delta t$

式中：f为超声波的发射频率，通过测量顺流、逆流两个方向接收波的相位差$\Delta\varphi$来实现流速的测量，这种方法主要适应于中管、大管径流量的测量。

（3）频差法。频差法是由顺流发射的一组超声波发射器和接收器，另一组逆流的发射器和接收器各自组成发射与接收的闭路循环系统。可通过测量一定时间内两组闭路循环系统中的循环频率之差测得流速，进而得到流量。

（二）多普勒法

多普勒法利用声波的多普勒效应进行测量，适用于含悬浮颗粒或气泡的流体流量测量。测量原理是：当发射器和接收器之间有相对运动时，接收器的接收声频率与发射器的声频率之差跟两者之间的相对速度成正比。

（三）波束偏移法

超声波束在流体流动的影响下，其波束的传播方向会发生偏移，这个偏移量是以接收换能器所接收的波束强度差值变化来反映的，在超声波束与流动方向垂直时，这一偏移更是明显。

这种方法在低流速时灵敏度低，在准确度要求不高的高速流体测量中，由于线路简单，故有一定的应用价值。

（四）相关法

相关法利用相关技术测量流量，多数流体在管道内的流动以相关方式运动的湍流模式存在。若在管道中相隔一定间距的截面上观察流体的扰动，可见流速剖面之间存在差相关性，相关性随距离的增大而减小。

（五）噪声法

噪声法利用管道内的流体流动时所产生的噪声强度与流体流速成比例关系的原理测量流量。该方法简单，便于测量，成本低，但是准确度低，多用于流量测量准确度要求不高的场合。

第五章　智慧农业节水灌溉自动化工程设计与施工

第一节　工程设计与施工准备

一、工程方案设计

（一）工程方案设计

要提出高效可行的项目施工设计方案，必须熟悉合同内容，并在经济、技术、现场状况等条件允许的情况下充分满足用户的需求。在终端用户对系统不够了解，无法明确表达自己的需求的情况下，我们应向用户展示已经实施的同类项目的图片、视频、文字等相关信息资料，加深用户对项目的直观了解，在此基础上用户会根据自身的实际情况，提出相对明确的需求。安装前期充分进行沟通，减少分歧，有助于控制项目实施的风险。项目施工方案的设计流程如下所述。

（二）现场勘查

现场勘查时，工作人员应携带长卷尺、纸、笔、相机和U盘等工具，与系统设计的现场勘查的侧重点不同，施工设计阶段的现场勘查重点在于确定设备器材的安装位置、连线布线的方式、系统安装图纸的测绘，内容包括传感器、采集控制器、机柜等的安装位置，走线槽架等布局和中央控制室的布局。现场勘查阶段应在与用户充分协商的基础下，明确如下事项。

（1）确定设备安装位置

结合用户的具体需求，根据工程安装和系统运行过程需要的环境条件，与用户共同确定设备的安装位置，位置的选择应避开可能干扰系统正常工作的干扰源，同时又不影响用户日常生产管理工作，确定好位置以后，认真测量尺寸距离，绘制安装图纸。

（2）确定布线标准

布线目前主要有两种，明线或者暗线（地埋线），走暗线美观但后期维护不便，且土方作业会延长工期，成本比较高，而走明线可能会影响现场整体美观，容易损坏和遭受雷击，但施工方便，而且成本相对低廉。向用户清晰讲解明线与暗线的优劣，根据现场实际情况，确定走线方式。

（3）配套设施状况

明确设备器材暂存场地、工程现场供电、施工人员食宿、防雷设备、基建设施完成等相关信息。如配套设施不够完备，应强调用户或甲方在施工前期必须在此方面进行完善，否则无法正常开展安装工作。

（三）可靠性设计

节水灌溉自动控制系统通常安装于室外或市郊简易设施内，环境相对恶劣，电磁干扰、雷击感应、测控装置间的相互干扰现象极易发生。上述现象的存在给自动控制系统带来安全隐患，如果考虑不周全，无论系统功能如何先进，都可能造成可靠性差、故障频繁，使系统不能正常运行。因此，在系统方案设计过程中需要重点考虑可靠性的设计，以保证系统的高效、稳定运行。

（1）抗干扰设计

节水灌溉自动控制系统的实际运行环境中，干扰源主要是电力网络及电气设备的暂态过程、变频器及无线通信设备引入的电磁干扰。其主要方式为：直接对测控设备内部的传导和辐射，由电路感应产生干扰；对控制系统的网络进行传导和辐射，由电源及信号线路的感应引入干扰。

针对干扰，可采用软件和硬件两种抗干扰措施。其中，软件抗干扰可在软件设计过程中采用软件滤波、软件"陷阱"、软件"看门狗"等技术手段以增强系统自身的抗干扰能力；硬件抗干扰是施工方案设计过程中应重点考虑的内容，一般从抗和防两方面来减缓干扰，总体原则是抑制和消除干扰源、切断干扰对系统的耦合通道、降低系统对干扰信号的敏感性。具体措施中可采用隔离、滤波、屏蔽、接地等方法。图5-1为自动控制系统抗干扰技术综合应用示意图。

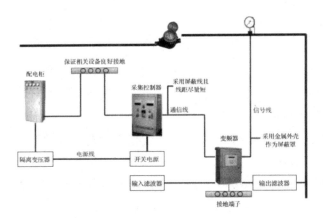

图 5-1　抗干扰技术综合应用示意图

1.隔离。

系统中使用隔离变压器，主要是应对来自于电源的传导干扰。使用具有隔离层的隔离变压器，可以将绝大部分的传导干扰阻隔在隔离变压器之前，同时兼有电源电压稳压、变换的作用。在系统总电源的设计中，建议适当增加隔离变压器。

2.滤波。

使用滤波模块或组件是为了抑制干扰信号从变频器等设备通过电源线传导干扰到电源及其他设备。在变频器输入端、输出端设置输入滤波器，可减少电磁噪声在变频器输出端对电源的干扰。若线路中有敏感电子设备，可在电源线上设置电源噪声滤波器，以免传导干扰。

3.屏蔽。

屏蔽干扰源，可以有效防止电磁辐射，是抑制干扰的最有效的方法之一。一般情况下，变频器的外壳用铁壳屏蔽，这样可以避免电磁干扰。系统设计中对变频器有数据交互或者控制的需求时，信号线尽可能在20m以内，且信号线需采用双绞屏蔽线，并与主电路及控制回路完全分离，周围电子敏感设备线路也要求屏蔽。为使屏蔽有效，屏蔽罩必须保证有效接地。

4.接地。

合理接地，可在很大程度上抑制内部噪声的耦合，防止外部干扰的侵入，提高系统的抗干扰能力。对控制系统而言，确保控制柜中的所有设备接地良好尤其重要。控制柜使用短、粗的接地线连接到公共地线上，考虑到高频的阻抗，接地线最好采用扁平导体或金属网。按国家标准规定，接地线接地电阻应小于40Ω。另外，与变频器相连的控制设备要与公共地线共地。

5.合理的电源选择。

选择现场采集控制器的电源时，尽量采用开关电源，因为一般开关电源的抗电源传导干扰的能力都比较强，而且开关电源的内部通常也都采用了有关的滤波器。

6.正确安装。

①远离干扰源。测控设备和监控中心的位置应尽量远离变频控制柜或其他强电设备所在房间，必须在同一房间内时，也应该尽量保持距离。这一点应该在现场勘查阶段就与用户沟通好。

②合理布线。信号线尽量避免和动力线接近，动力线和信号线分开距离至少要在40cm以上，最好是信号线与动力线分开配线，或把信号线放在有屏蔽的金属管内。如果控制电路连接线必须和动力线交叉时，应成90°交叉布线。另外，为了避免信号失真，对于较长距离传输的信号要注意阻抗匹配。

总之，控制系统的干扰是一个十分复杂的问题，在抗干扰设计中应综合考虑各方面的因素，合理有效地抑制干扰，对有些干扰情况还需作具体分析，采取对症下药的方法，才能够使控制系统正常工作。

（2）防雷及电涌防护设计

在节水灌溉自动控制系统实际运行过程中，雷电对其危害的途径主要有四种：一是直击雷。雷电直接击中现场仪表设备或连接管路，通常会损坏仪表的传感器设备并且可能损坏变送器的电路板。二是感应雷击。雷电流在其通道周围产生电磁场，通过电磁场向外辐射电磁波，电磁波与控制室的计算机、仪表和现场仪器仪表以及各类金属导体相耦合，产生感应电势或感生电流，从而造成设备故障或损坏，导致控制系统失灵。三是雷电过电压侵入。直接雷击或感应雷击都可能使导线或金属管道产生过电压，此雷电过电压沿各种金属管道、电缆槽、电缆线路就可能将高电位引入仪表系统，造成干扰和破坏。四是地电位反击。防雷装置接闪时，强大的瞬间雷电流通过引下线流入接地装置，导致地网地电位上升，高电压经设备接地线引入电子设备造成反击。

为降低雷电侵害，可采用外部防护和内部防护两种防雷措施。其中外部防护是指对安装自动测控装置的建筑物或设施本体的安全防护，可采用避雷针、避雷带、引下线、屏蔽网、均衡电位、接地等措施。内部防护工作是自动控制系统施工方案设计中需要重点考虑的内容，重点关注建筑物内的低压控制系统、遥控、小功率信号电路的过电压防护，其措施有保护隔离、接地、等电位连接、屏蔽、合理布线和设置过电压保护器等。图5-2为自动控制系统防雷与电涌防护技术综合应用示意图。

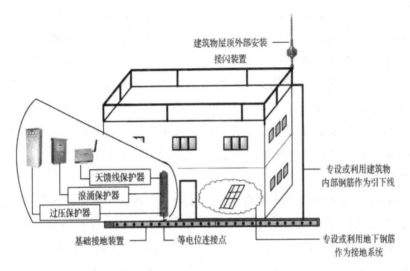

图 5-2　防雷与电涌防护技术综合应用示意图

1.电源部分防护。

对自动控制系统电源部分的雷电防护，通常采用用户总电源、用户分电源、设备工作室电源等多级保护将雷电过电压能量分流泄入大地，达到保护目的。用户总电源，处于变压器二次侧，应安装三相过电压保护器，主要泄放外线产生的过电压，作一级保护，通常由电力部门安装，现场勘查时，应注意查看并要求增加；用户分电源，通常是园区内各分建筑物的配电箱，应安装分配电压保护器，主要泄放第一级残压、配电线路上感应出的过电压和其他用电设备的操作过电压，作二级保护；设备工作室电源，在所有重要的、精密的设备以及UPS电源的前端安装过电压保护器或防雷插座，主要泄放前面的残压，作三级保护。

另外，对于自动控制系统中常用的直流电源，应安装直流电源浪涌保护器，并联安装于开关电源直流输出侧。

2.通信线、天馈线部分防护。

系统通信线一般都采用屏蔽双绞线（RS485总线）或者同轴电缆（网络），线路传输距离长、耐压水平低，极易感应雷电流而损坏设备。为了保证各种电子设备的安全运行，加浪涌保护器十分必要。当采用屏蔽双绞线时，需安装RS485浪涌保护器，选择此类保护器时应注意接口的传输速率，同时应选用对雷电脉冲响应迅速且残留电压低的保护器，安装时保护器应尽量靠近通信接口，以减小反射损耗。当采用同轴电缆网络通信时，需安装同轴线缆浪涌保护器，保护器选择时需考虑通信信号的线性阻抗与系统的匹配，否则会有信号反射的现象。网络通信线路避雷的最好方法是采用光纤网络，因为光缆本身为非金属线缆，并不会传导电流，所以不需要对光缆进行特别的防护处理，仅需在其进入机房的光分线盒处将内部金属加强芯及金属的防潮层作接地处理即可。

在系统采用手机模块、无线数传电台、无线网桥等设备通信的情况下，为保证通信质量，通信天线多架设在高处。大部分遭受雷击的无线通信系统故障都是由通信天线引入，加装天馈线保护器相当必要。天馈线保护器安装于天馈线的两端，其中一端为通信定向或全向天线接口，另一端安装于室内馈线与软跳线的连接处。安装时需停止设备工作，将馈线的连接头拆开，按正确的方向将浪涌保护器串接在接口处，并将浪涌保护器接地线连接到就近的接地排。

3.合理接地。

防雷系统的首要原则是将雷电流通过接地系统泄入大地，从而保护设备和人身安全，因此必须要有一个良好的接地系统。自动控制系统常用的接地方式有浮地、多点接地、联合接地。实际工程中，可按照需求选择合适的接地方式。

①浮地。是指仪表的工作地与建筑物的接地系统保持绝缘，此时建筑物接地系统中的电磁干扰就不会传导到仪表系统中，地电位的变化对仪表系统无影响。但由于仪表的外壳要进行保护接地，当雷电较强时，仪表外壳与其内部电子电路之间可能出现很高的电压差，将两者之间绝缘间隙击穿，造成电子线路损坏。

②多点接地。是指仪表、计算机、自动测控设备的交流工作接地、直流工作地与安全保护接地分开，这种接地方式的突出优点是可以就近接地，接地线的寄生电感小。但是如果较强的雷电波通过保护地进入系统，电子电路同样会因承受高压而损坏。

③联合接地。即将交流工作接地、直流工作地与安全保护地相连接，并且接入防雷接地系统，是实际工程中效果较好的接地方式。

4.等电位连接。

当雷击发生时，在雷电瞬态电流所经过的路径上将会产生瞬态电位升高，使该路径与周围的金属物体之间形成瞬态电位差。如果这种瞬态的电位差超过了两者之间的绝缘耐受强度，就会导致介质的击穿放电，这种击穿放电能直接损坏仪表、设备，也能产生电磁脉冲，干扰仪表系统的正常运行。为了消除雷电瞬态电流路径与金属物体之间的击穿放电，可在测控中心设置接地汇集环或汇集排，将现场所有仪表、设备的金属外壳、构架和建筑物的钢筋、门窗与其连接，并且与防雷接地、PE线、设备保护地、防静电地等连接到一起，形成完善的等电位连接。

5.正确安装。

①避免在建筑物屋顶上敷设电缆，必须敷设时，应穿金属管进行屏蔽并接地，架空电缆吊线的两端和架空电缆线路中的金属管道应接地。

②通信电缆以及地线的布放应尽量集中在建筑物的中部，通信电缆线槽以及

地线线槽的布放应尽量避免紧靠建筑物立柱或横梁，并与之保持较长的距离。

③所有的信号线及低压电源线都应采用有金属屏蔽层的电缆，并要求屏蔽层沿线路多点接地或至少应在线路的首、末两端接地。

总之，控制系统的防雷是一个很复杂的问题，不可能依靠一两种先进的设备和防雷措施就能完全消除雷电过电压的影响，必须采用综合治理的方法，将各类可能产生雷击的因素排除，才能将雷害减少到最低限度。

（3）冗余设计

系统的冗余设计就是在系统中增加备用关键设备，一旦系统发生故障，即以最快速度启动备用设备，从而维持系统的正常工作，防止某个设备异常引起的误动作或者数据缺失，避免不必要的误差。

1.电源冗余。

电源是系统的关键部分，通常包括上位机及网络设备电源、现场采集控制器电源及传感器电源。一旦电源发生故障，往往会使整个控制系统处于瘫痪状态。因此，在系统设计时，不仅要慎重考虑每个电源的容量，使其具有一定的冗余度，而且还要考虑整个电源单元的冗余设计。常采用的方法是：对各个设备均采用双回路供电方式，重要环节还需采用双电源供电，并辅以UPS以保证系统电源正常工作，回路或电源的切换可采用电源切换开关实现。

①双回路供电。是指由同一变压器的主相线和备用相线同时供电，正常运行时由主相线取电，当主相线故障时，由用户侧的自动切换开关将电源切换，以保障负荷的不间断供电。

②双电源供电。特指两回路电源来自不同的系统，通常设计为两个不同的变压器，即可避免两回路电源同时失压的情况，特别重要的场合通常还配置UPS、柴油发电机等设备以提供应急电源。

2.主机冗余。

自动控制系统监控中心通常都配置两台服务器，采用冗余的容错机制，在不需要人工干预的情况下，自动保证系统能持续工作。双机互备模式和双机热备模式是在众多的系统架构中运用最为普遍的模式。

①双机互备。是指两台主机同时、彼此相对独立地做着相同的工作（根据约定，先启动的机器有控制输出权）。当非拥有控制权主机出现异常时，对系统就不会有任何影响。而当拥有控制权的主机出现异常时，另一主机则主动接管异常机的控制权，继续提供服务。

②双机热备。就是一台主机为工作机，另一台主机为备份机。系统正常情况下，工作机为系统提供支持，备份机监视工作机的运行情况。当工作机出现异常，备份机主动接管工作机的工作。

3.设备冗余。

自动控制系统现场采集控制器负责传感器信息的采集和执行机构的控制，是整个系统性能保障的基础。根据各控制系统和设计方案的不同，控制器冗余的方式主要有以下几种形式：

①1：1冗余方式。是指采用两个完全相同的采集控制器，其中一台作为主控制单元承担全部的控制任务。在主控制器发生故障情况下，不需人工干预即可自动切换至备用控制器工作，系统继续运行。

②N+1冗余方式。是指在一个系统中包含N+1个控制器，其中N个为主控制器，1个为备用控制器。N个主控制器中任何一个出现故障，系统均能立即切换到备用控制器，故障的主控制器自动退出并发出报警信号。

③多控制系统的冗余方式。是指两个完全独立的系统，I/O信号通过硬接线由各自的I/O模块同时作用于一个控制对象。多控制系统互为冗余方式使得每个重要的控制对象都有两个互为冗余的控制系统进行控制。

4.通信冗余。

自动控制系统中常用的通信方式分有线通信（双绞线、同轴电缆、光纤等）和无线通信（手机模块、无线数传电台、无线网桥）两种方式。通信冗余是指构建两条通信链路，正常运行时，系统能够对各通信链路进行检测，并选择其中一条作为工作链路，另一条备用。当某条链路出现故障时，系统能够自动判断并无扰动地将通信任务切换到另一条链路上以保证通信的正常进行（沈梦梦，2007）。

总之，在自动控制系统中应用冗余技术可大幅提高系统的可靠性，但应用冗余配置的系统必然增加投资。因此，施工设计过程中需考虑在满足一定技术要求的情况下，实现一种性价比高的冗余方式。

（四）施工方案内容

项目施工设计方案是依据合同的约定而制定的，是施工单位针对一个拟建工程制定的组织实施管理的基本文件，是对拟建工程的施工准备工作和整个施工过程，在人、财、物、时间、空间、技术和组织方面作出的一个全面的计划安排。项目施工设计方案是整个项目实施过程的核心，也是指导现场作业的主要依据，方案科学、合理与否将直接影响到项目的成本、工期和质量。施工设计方案的优劣，对工程施工阶段的经济效益和工程质量有着直接的、决定性的影响。

节水灌溉自动控制系统施工方案设计应包括以下内容：①编制依据。提供施工方案设计时遵循的标准和规范。②工程概况。说明现场的基本情况和系统需要完成的主要工作内容。③详细功能。说明所采用的控制系统的结构模型设计、通信网络设计的特征和实现方式，以及系统主要设备的配置和技术参数。④施工安装图纸。根据现场勘察数据绘制设备器材安装图纸，包括《自动控制系统测量与控制原理图》《自动控制系统网络结构分布图》《中心与现场单元布置接线图》、《室内室外电缆接线布置图》《防雷接地系统图》等直接影响系统安装和工程预算的图纸。⑤设备材料清单。提供传感器与仪表配置、硬件配置、软件配置及其他配套设备的详细清单。⑥施工进度安排。制定各阶段性工程的完成计划、时间、预验收方案。⑦其他。如安全防护、文明施工及环保措施等。

二、工程施工准备

完成项目施工方案设计并经过审核确认后，需尽快开展工程的施工准备工作，工程项目施工准备是项目施工的重要组成部分，是搞好工程施工的基础和前提条件。合理的施工准备可以加快施工速度、提高工程质量、降低工程成本、保证工程合同履约。反之，则会给工程施工带来种种麻烦和损失，出现工序施工不衔接、窝工等局面。

（一）物资准备

根据《设备材料清单》制订采购计划，采购项目涉及仪表和自控设备、通信设备、工控机、其他配套设备以及安装用附件。设备采购工作是施工准备阶段的第一步，其工作将直接影响后续工作，因此必须做到以下几点：

（1）型号、规格准确，不漏项。必须提前订货，且应有适当的余量。

（2）供方技术支持，对于数目较多的设备，或者特殊的设备，供方不仅仅提供货物，双方还要签技术支持协议，保证供方对需方在工程过程中的持续技术支持。

（3）采购时机，对于购置周期较长或需特殊定制的设备，应注意掌握好采购时间，以免贻误正常施工进度。

（4）合理购置安装附件（如线管、固定件等），应注意就地取材，尽可能利用当地或附近的建材市场，减少运输。

（5）模拟测试，物料备齐后，在去现场前应对所有设备进行模拟测试运行，将系统软硬件按照工程实际环境构成模拟系统，模拟操作和运行，以便发现各种故障，提前解决，杜绝在施工现场进行测试调试的现象。另外，需做好仪器工具的准备工作，对配备的仪器设备进行精确度和标准化校对，检查工具、仪器是否有故障。

（二）人员组织

自动控制系统工程与其他工程的人员投入情况有一定的区别，有特殊的要求。首先，除了具有高素质的现场项目管理人员外，还需要两类主要人力资源，即设计人员和安装熟练的技术工人。其次，劳动力的主要投入阶段有一定的规律。在设计阶段主要投入的为系统设计人员和项目管理人员，负责系统的设计和计划的安排；在线路施工阶段除了项目管理人员外，主要是熟练的技术工人；在设备安装阶段主要为技术支持人员和工程技术安装调试人员；项目收尾阶段以管理人员和技术人员为主，进行系统的培训及项目的总结和交接；最后为项目竣工后的售后技术服务，投入劳动力较少。

技术工人投入主要是电工、机电自动化、计算机、设备安装等类的工种，要求熟悉电工电气、自控、计算机硬件类设备安装规范，计算机软件的设计规范及安装规范，能够正确使用各类仪表及检测仪器。人员投入根据工程量、工程施工进度和质量等关键要素由项目经理进行动态控制和安排。项目经理应提前向负责安装的技术工程人员进行技术交底，以保证工程项目严格按照设计图纸、安全操作规程和施工质量验收规范等要求进行施工。

（三）施工现场准备

现场准备是工程施工前的最后一项工作，项目经理应加强与甲方的沟通，需指定专人赴现场检查，符合下列要求方可进场施工：

（1）保证"三通一平"，施工现场路通、水通、电通和场地平整。

（2）保证线缆敷设条件具备，地埋走线的沟槽开挖情况、空中走线的线杆架设情况符合施工要求。

（3）保证控制中心外部防雷、接地工作及相关基建设施施工完毕。

（4）明确设备器材暂存及施工人员食宿场地。

第二节　工程施工与验收

节水灌溉自动控制系统的工程施工是一项综合性的工作，不但要配备具有自控专业知识和技能人才，还要配备具有一定水平的其他专业技能人才，如电工、管工、钳工、焊工等。无论怎样理想的设计方案，如果没有相应水平的施工人员去实现它，也达不到设计的预期目的。

一、工程施工

工程施工应严格按照正式设计文件和施工图纸进行，不得随意更改。若确需局部调整和变更的，须填写《设计变更审核单》，经甲方、监理单位批准后方可施工。施工过程中，需注意文明施工及成品保护管理，确保工完、料净、场地清。严格遵守国家规范和施工现场的各项安全规定，确保人身安全和设备安全。

（一）线缆敷设

在自动控制系统工程中，各类线缆是连接测控中心、现场采集控制器和传感执行设备的神经。实际施工中，室外通常采用架空或地埋方式，室内采用线槽或线管方式敷设线缆。线缆敷设工作必须精心设计、精心组织、精心施工才能最终保证系统的畅通无阻。一旦出现纰漏，则必然导致大量返工，影响施工进度和工程质量。在施工过程中，应注意下列事宜：

（1）所有线缆在敷设前要进行导电检查与绝缘测试，防止短路或断路现象，其绝缘电阻应大于20MΩ。

（2）线缆敷设原则上遵循先远后近、先集中后分散的原则。敷设前先实测长度，两端预留2~3m。敷设过程中进入分支管线或转向弯头时，宜用钢丝引导，严禁强拉硬拽以防止管口锐角毛刺划伤线缆，或线缆变形而影响使用。

（3）施工过程中，各种电源线、信号线和控制线应尽量避免有中间接头，必须出现接头时，应注意线序，用气焊熔接或压接。有屏蔽层时，应确保屏蔽层连接良好，并进行绝缘胶带和防水胶带双重处理。光缆熔接应由受过专门训练的人员操作，熔接时应采用光功率计或其他仪器进行监视，使熔接损耗达到最小，熔接后应安装光缆接头护套做好保护。

（4）电缆直接埋地敷设时，其上下应铺10cm厚的砂子，砂子上面盖一层砖或混凝土护板，覆盖宽度应超过电缆边缘两侧5cm；电缆应埋在冻土层以下，当无法满足要求时，应采取防止损坏电缆的措施，但埋入深度不应小于70cm。架空敷设时，应预设安装钢丝锁，每隔50cm设置挂钩，以支撑线缆，保证安全、牢固安装。

（5）关键线路或隐蔽线路应留有备份线。

（6）在线缆敷设完成后，要再次对线缆进行相应的测试。对各类线缆要作相应的通断测试和绝缘电阻测试。并应做好详细的测试记录。

线缆的敷设需横平竖直、整齐美观，不宜交叉，始终与施工图纸相一致，并一一做好记录，以备复核和检查。在设备安装前，务必将超出管线以外的线缆绑扎起来，做好半成品的现场保护工作，以防交叉施工中砸伤或人为破坏。

（二）设备安装

设备安装是自动控制系统能否可靠运行的关键环节，各种设备都有特定的作业方式和工作顺序，实际安装过程中，必须严格按照正常流程进行安装，避免急于求成，工序颠倒。现场设备安装过程中，应注意以下事项：

（1）仪表、设备安装前按照设计图纸的型号、规格、材质、位号进行核对，设备齐全、外观完好，并经单体调校和试验合格后方可开展安装工作。

（2）仪表的中心距地面的高度宜为1.2~1.5m。就地安装的显示仪表应安装在手动操作阀门时便于观察仪表指示值的位置。

（3）安装在工艺管道上的仪表，如远程水表、流量计或者电磁阀等安装必须便于操作、维护、拆卸，且仪表外壳上的箭头指向必须与水流方向一致。

（4）仪表或设备接线盒的引入口不应朝上，避免油、水及灰尘进入盒内，引入口必须朝上时应采取密封措施。

（5）仪表、设备接线过程中，剥绝缘层时应避免损伤线芯；多股线芯端头需烫锡或采用接线片。采用接线片时，电线与接线片的连接应压接或焊接，连接处应均匀牢固、导电良好；电缆（线）与端子的连接处应固定牢固，并留有适量的冗余；接线应排列整齐、美观。

（三）系统调试

系统调试是指对整个自动控制系统设计方案、施工及产品质量的试验检测，目的是"查漏补缺"，使其达到设计方案预期的功能和技术指标。节水灌溉自动控制系统的调试流程如下所述。

（1）电缆接线检查

1.首先查看电缆绝缘电阻测试记录，必要时抽查实测。

2.其次核对所有电源线、信号线、通信总线等连接是否无误，标志是否清晰。

（2）硬件设备检查

1.测控中心设备、现场采集控制器等各种设备型号准确、安装位置正确。

2.传感器和执行机构安装正确，特别注意有方向要求的传感器和设备。如脉冲水表和电磁阀安装时应注意与水流方向相同。

（3）接地电阻测试

从控制室接地板上拆开各接地母线，用接地电阻测试仪分别测量其接地电阻，须符合设计要求。若不符合要求，增加接地极根数，直至符合设计要求为止。

（4）单机测试

断开传感器、执行机构与现场采集控制器连线，将现场采集控制器单独通电运行，按说明书进行人机交互操作，判断该设备本身的性能状态。检测设备的I/O口状态，在相应端子排上用精密信号发生器载入相应的模拟量信号，用数字信号发生器载入数字信号，检查现场设备I/O口是否正常工作。

（5）本地测试

连接传感器与执行机构，利用笔记本电脑充当监控中心，与现场采集控制器通信。利用监控软件对现场采集控制器进行操作，查看监控数据，并对执行机构进行操作，操作无误后可进行系统联调。

（6）系统联调

将所有现场采集控制器断电，在监控中心设备通电后，逐个打开现场采集控制器，调试合格后打开下一采集控制器进行测试，避免因通信不畅而导致的系统故障。

（7）48h连续运行

自动控制系统在完成系统联调后，需进行48h的负荷运行，如负荷运行合格，无故障，则说明该系统工作正常。

在系统调试过程中，参加调试的人员要认真做好各项记录，包括单机、本地测试和系统联调的各种记录、测试结果等。这些记录均是工程验收和日后维修、维护所不可缺少的技术文件资料。另外，在系统调试过程中，可邀请甲方指派的系统使用或维护工程师共同参与，使其熟悉设备的安装位置、安装方法、调试过程及性能要求，以利于这些人员迅速掌握设备的操作使用方法、故障诊断技巧，方便今后的日常检修和维护工作。

二、工程验收

自动控制系统经系统调试正常后，提交建设单位（业主）进行试运行。试运行期间，项目施工单位应积极配合，记录并解决试运行期间出现的各种故障，并对有关人员进行操作技术培训，使系统主要使用人员能独立操作，同时帮助建设单位建立系统值勤、操作和维护管理制度。

系统经试运行达到设计使用要求并经建设单位（业主）认可后，应由施工单位向建设单位（业主）报告提请验收，并提供一式四份的竣工报告，其中一份在竣工验收合格后退还给施工单位，竣工报告应包括以下主要内容：①工程概况，说明已建系统的各种基本情况、施工过程等相关信息；②工程设计变更单；③随工检查和中间验收签证记录；④系统调试记录；⑤竣工图纸；⑥已安装的设备明细表；⑦系统使用说明书，包括系统涉及主要设备的软件使用说明书、硬件使用说明书与其他相关文件。

系统经验收通过或基本通过后，施工单位应根据验收结论提出的建议与要求提出书面整改措施，并经建设单位认可签署意见。经确认后，对系统进行最后完善，交付业主使用。

第三节 智慧节水技术典型案例

一、温室节水灌溉控制系统

（一）基本情况与需求分析

温室节水灌溉控制系统选择"大兴区农业科技成果展示基地综合监控系统"为例进行介绍。该基地坐落在北京市大兴区长子营镇永和庄村，建设宗旨在于全面展现大兴种植业当前最前沿的优新品种、新技术以及科技推广手段。园区总占地面积约100亩。拥有日光温室10栋，春秋棚8栋，联栋温室2100m²。基地由大兴区农业科学研究所负责管理，以中国农业科学院、北京市农业技术推广站、北京市农林科学院等科研院所为技术依托，集中展示了西甜瓜、蔬菜、甘薯、花生、食用菊花等农作物新品种以及香蕉、木瓜、火龙果等南方作物。种植南方作物的目的在于摸索南果北种生产技术，开展创新型都市观光农业园区方面的研究，以推动大兴区都市观光农业的发展。

针对基地内设施综合环境调控能力差、智能化程度低、管理技术水平落后的现状以及基地高新技术展示自身定位的需求，大兴区农业科学研究所提出将现代生物工程技术、农业工程技术、环境工程技术、信息技术和自动化技术引入设施农业生产中，根据动植物生长所需最适宜生态条件在现代化设施内进行环境自动控制，实现生产自动化、标准化和智能化设施生产管理，保证农产品周年生产和均衡上市，形成农产品生产高速度、高产出和高效益的生产模式。

（二）系统设计

"大兴区农业科技成果展示基地综合监控系统"是一套集对象感测、数据采集、信息传输、分析决策、智能控制等多层次结构的现代化综合监控系统。系统在采集基地内的气象信息、温室内的环境信息、土壤含水量信息的基础上，综合分析作物生长的环境和水肥需求，通过大屏幕显示、声光报警方法，指导技术人员进行环境和水肥调控，为作物生长提供一个良好的气候小环境。

整套系统采用分层分布式结构，主要包括1个气象信息采集点、12个语音型温室环境信息采集点、10个日光温室测控点、1套联栋温室测控分中心及综合控制中心。系统配套了高清视频监控设备，实现了基地内10个日光温室、联栋温室以及园区4个关键点视频信息的24h不间断监控。监控系统的应用有助于科研工作者及时跟踪作物生长情况，对作物生长的关键环节进行追踪，并及时发现作物的病虫害疫情情况。

各采集点与测控点采集各类传感器数据，通过RS485总线和网络将数据上传到综合控制中心；综合控制中心接收到数据后，对数据进行处理分析，形成决策指令，并将指令发送到各采集点与测控点；接收到指令后，语音型环境信息采集点通过语音方式，提醒日光温室用户进行人工通风、遮阴、覆盖保温被等工作，而日光温室测控点通过控制指定电磁阀，进行湿度和水分调节；联栋温室测控分中心通过配电控制柜间接控制，实现温室内通风、遮阴或者灌溉；系统可同时对数据进行对外发布，远程用户只需录入指定网址，通过密码登录，即可了解现场实时数据，并掌握整个系统的运行情况。

（三）系统实现与效果分析

（1）气象信息采集点

气象信息采集点由采集模块、气象信息传感器及安装支架组成，利用RS485总线经光端机与综合控制中心连接。气象传感器监测空气温度、湿度、风速、风向、辐射、降雨量6种信息。

（2）语音型温室环境信息采集点

语音型温室环境信息采集点由温室娃娃主机和各种环境信息传感器组成，利用RS485总线经光端机与综合控制中心连接。环境信息传感器监测温室中空气温度、湿度、露点、光照强度和土壤温度5个环境参数。采集的数据传输到监控中心统一控制管理，也可以在采集终端进行上、下限报警参数设置，超过设定范围，温室娃娃会通过语音方式进行报警，提示用户进行相应操作。

（3）日光温室灌溉控制点

日光温室灌溉控制点主要由控制模块、土壤水分传感器、电磁阀及相关附件组成，利用RS485总线经光端机与综合控制中心连接，每个温室内有两个电磁阀，分别控制微喷和滴灌两路设备。系统可以根据土壤水分上下限或者时间进行灌溉。

（4）联栋温室测控分中心

联栋温室测控分中心由平板电脑、测控模块、各种传感器、电磁阀、配电控制柜及安装附件组成，利用RS485总线经光端机与综合控制中心连接。联栋温室内传感器监测空气温度、湿度、土壤温度、土壤水分、光照强度及二氧化碳浓度等参数。控制设备包括内遮阳、外遮阳、风机、湿帘、水泵、顶窗、电磁阀等设备。可以在监控中心对其控制，也可以通过现场的平板电脑进行数据采集和控制。

（5）综合控制中心

综合控制中心由服务器、多业务综合光端机、视频服务器、液晶电视、UPS及配套网络设备组成。系统实际建设时，综合考虑了数据监控与视频系统的有机融合。

（6）中央控制软件

中央控制软件是本系统的核心，采用力控组态软件开发，具有安全管理、传感器参数集中显示、数据查询和统计分析、日光温室自动灌溉控制、联栋温室环境调控设备控制、数据远程发布等功能。

"大兴区农业科技成果展示基地综合监控系统"于2010年5月投入使用，系统运行以来，稳定可靠，单位面积的劳动生产率和资源利用率显著提高，设施内温、光、水、肥、气等诸因素综合协调到最佳状态，确保了园区生产活动科学、有序、规范、持续地进行。

二、果园节水灌溉控制系统

（一）基本情况与需求分析

果园节水灌溉控制系统选择"忠县柑橘智能灌溉控制系统"为例进行介绍。忠县位于重庆市中部、三峡库区腹心地带，是重庆市重点柑橘生产基地。忠县柑橘生产主要涉及石宝、甘井、黄金、拔山、双桂、新立和涂井等乡镇。忠县正在打造国家级农业旅游示范区"中国柑橘城"，并提出了"中国柑橘看重庆，重庆柑橘看忠县"的口号。忠县建成了全国最大的工厂化柑橘脱毒容器育苗基地、国家柑橘工程技术中心、15万亩高标准橙加工基地果园和亚洲第一条非浓缩橙汁加工线；重庆三峡建设集团和重庆博富文柑橘公司两大龙头企业进驻忠县建设橙汁加工厂，建立了完整的现代柑橘栽培技术标准，以柑橘产、加、销、研、学、旅为核心的产业集群雏形，产业竞争优势明显。忠县先后被评为"全国农业（柑橘）标准化示范县"、"全国工农业旅游示范点"，忠县锦橙获得重庆市"消费者最喜爱柑橘"称号。

为进一步提高忠县柑橘产业的现代化水平，忠县果业局提出以"果树信息、智能决策、精准管理、优质高效技术"多种技术相结合为基础，以研发核心技术与装备、建设核心示范基地为主要载体，以整合资源、由浅入深、循序渐进、以点带面为策略，通过现代农业技术应用解决忠县柑橘产业链条中的主要技术问题，使忠县率先在我国果树行业实现生产过程现代化，以科技进步提升忠县柑橘产业的素质、核心竞争力和国内外的影响力，引领我国柑橘产业现代高新技术发展方向。

（二）系统设计

忠县柑橘智能灌溉控制系统围绕"信息监测——决策控制——系统集成"三个关键环节，综合运用传感器技术、计算机技术、自动控制技术及现代通信技术，实现了柑橘种植过程的精准监测、高效灌溉和科学管理。根据重庆忠县拔山镇柑橘种植特征，对示范点"山顶""山腰""山脚"不同海拔高度柑橘生理生态信息及本地气象进行实时监测，同时配套灌溉施肥系统，为柑橘生长提供了最优的水肥保障。

系统采用分层分布式结构，主要由1个气象信息采集点、3个作物生理信息采集点、1个井房控制点、现场控制中心及远程服务器组成。另外，系统设计中充分考虑用户需求，对系统的供电和通信进行了完善的冗余设计，保障了监测数据的连续性和安全性。

气象信息采集点与作物生理信息采集点采集各类传感器数据，通过RS485总线将数据上传到控制中心；控制中心接收到数据后，对数据进行处理分析，形成决策指令，通过无线数传电台发送到井房控制点；井房控制点接收到控制指令后，首先启动首部供水系统，待检测到供水压力正常后，开启指定阀门供水。同时，系统可实时将现场数据与远程服务器同步，所有数据均在远程服务器中备份，用户只需录入服务器指定网址，通过密码登录，即可实时获取所有数据，并掌握整个系统的运行情况。图5-3为忠县柑橘智能灌溉控制系统整体结构框图。

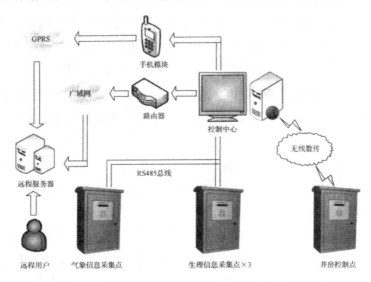

图 5-3　忠县柑橘智能灌概控制系统整体结构框图

（三）系统实现与效果分析

（1）气象信息采集点

气象信息采集点由采集模块、太阳能充放电设备、各种气象传感器及安装支架组成，利用RS485总线与控制中心连接。气象传感器监测空气温度、湿度、风速、风向、辐射、降雨量6种信息。气象信息采集点及作物生理信息采集点均设计冗余供电方式，通常情况下采用市电供电，当市电掉电时，自动切换到太阳能供电，保证传感器数据信息采集正常。

在项目建设中,为真实反映柑橘园中的气象信息,在现场柑橘园中采用高支架技术将气象信息采集点进行安装,以避免地形和果树对气象信息的影响。

(2)作物生理信息采集点

作物生理信息采集点由采集模块、太阳能充放电设备、各种作物生理信息传感器及安装支架组成,利用RS485总线与控制中心连接。作物生理信息传感器监测叶面温度、叶面湿度、植物径流及土壤水分4种信息。供电冗余方式同气象信息采集点。

(3)井房控制点

井房控制点由ASE灌溉控制器、无线数传电台、柴油机采集控制柜、远传压力表、液位传感器、柴油机供水设备、自动反冲洗过滤器及电磁阀组成。因井房控制点与控制中心间隔距离较远,且间隔两个山包,所以采用无线数传电台进行数据交互。其中柴油机采集控制柜负责控制柴油机供水设备的启停,同时通过液位传感器采集剩余油量信息,提醒用户及时补充油量。

(4)现场控制中心

现场控制中心由采集控制一体机、无线数传电台、手机模块、液晶电视、UPS及配套网络设备组成。现场控制中心供电、通信采用冗余方案,市电供电时,由采集控制一体机获取采集点传感器数据,并实时与远程服务器进行数据同步;市电掉电时,自动切换成UPS供电模式,由远程服务器通过GPRS网络直接获取采集点传感器数据,待市电正常时,由远程服务器将掉电期间的数据返回到现场控制中心。

中央控制软件是柑橘智能灌溉控制系统的核心,采用力控组态软件开发,具有安全管理、传感器参数集中显示、数据查询和统计分析、自动灌溉控制、数据远程发布等功能。

忠县柑橘智能灌溉控制系统实现了果园信息采集自动化、信息管理远程化、生产经营决策智能化等功能,大幅度提高了柑橘栽培与经营管理的科技含量和效益回报,为实现忠县柑橘产业现代化的总目标提供了基础数据源支撑。

三、大田节水灌溉控制系统

(一)基本情况与需求分析

大田节水灌溉控制系统选择"新疆农业科学院国家现代农业示范区高标准节水示范项目"为例进行介绍。项目区位于乌鲁木齐市北郊新疆农业科学院综合试验场,土地总面积为10006亩。该试验场是新疆农业科学院集科研、生产、推广为一体的综合性试验基地及国家级现代农业科技示范区,多年来农业科技成果通过该基地已推广、辐射到全疆各地，为新疆农业科技事业和农业生产的发展作出了重大贡献。但由于资金有限，农田基本建设投入严重不足，导致水井供水不足、水利设施老化，渠系水利用系数低，渗漏严重，加上土壤肥力逐年降低，灌溉技术落后，水肥利用率低；农业信息化建设工作基础薄弱，信息载体以传统的纸质为主，信息数据库少、信息容量小。这些因素直接导致试验基地对新疆农业科技发展的推动、推广影响逐渐减小，国家级科技示范区的作用逐渐减弱。

针对上述现象，综合考虑新疆农业发展的实际需要，新疆农业科学院提出以提高灌溉水利用率和农田水分生产率为核心，以节水、增产、增效为目标，选择节水农业技术领域内的先进成熟技术进行集成示范，将工程节水、农艺节水、生物节水、管理节水等多种节水技术交互融合、有机地联系起来进行综合应用示范，总结出一套适合新疆地区的农业节水体系，全面提升全疆在节水农业技术领域的研究水平和技术含量。

（二）系统设计

"新疆农业科学院国家现代农业示范区高标准节水示范项目"是涵盖工程节水、农艺节水、生物节水、管理节水等多项农业节水技术的综合性项目。本项目建设总规模6000亩，包括4000亩防渗渠软管灌溉示范区及2000亩滴灌、微喷灌及信息技术综合示范区，综合示范区内建设了棉花滴灌1057亩、玉米滴灌563亩、葡萄滴灌190亩、苗木喷灌220亩，根据不同作物生长发育特点，为不同作物配套了适宜的灌溉方式。

整套智能灌溉控制系统采用分布式管理，主要由4个机井测控分中心、1套气象监测站及综合测控中心组成，各测控分中心均可独立运行，完成手动或自动灌溉功能，亦可通过网络连接与综合测控中心有机组合成一套综合考虑土壤和气象等环境因子影响的智能灌溉决策控制系统。各机井测控分中心均包含1套自动灌溉施肥机及多套测控点，由于面积及作物分布差异，各机井测控分中心下辖测控点数量各不相同。其中1号机井测控分中心下辖21个无线灌溉控制点、5个无线墒情采集点；2号机井测控分中心下辖31个无线灌溉控制点、8个无线墒情采集点；3号机井测控分中心下辖21个无线灌溉控制点、6个无线墒情采集点；4号机井测控分中心下辖21个无线灌溉控制点、6个无线墒情采集点。

系统建设时，设置的墒情采集点的数量相对较少，采用以点带面的表达方式，相邻地块采用同样的墒情采集点，系统共建设99个无线灌溉控制点、25个无线墒情采集点以及4套精准灌溉施肥系统。图5-4为系统整体结构框图。

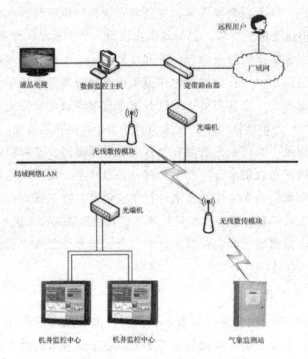

图 5-4 系统整体结构框图

系统工作分单机运行和系统联动两种工作模式，单机工作模式下，各分测控中心单独运行，首先由无线墒情采集点检测土壤的含水量及温度信息，通过无线Mesh网络传送至各分测控中心，各分测控中心可根据预先设定的土壤墒情阈值，发送决策指令到无线灌溉控制点启动该区域电磁阀进行轮灌；系统联动模式下，综合监控中心安装的智能灌溉决策控制软件掌控整个系统的控制权，可通过综合处理、分析各分测控中心获取的土壤墒情信息及气象监测站获取的气象信息，形成决策指令，通过有线网络将数据传送到各分测控中心，再由分测控中心通过无线ZigBee网络下传到各无线灌溉控制点启动灌溉。

（三）系统实现与效果分析

（1）机井测控分中心

机井测控分中心主要由平板电脑、无线灌溉控制点、无线墒情采集点、IC卡用水系统及精准灌溉施肥系统组成，利用光缆经光端机与控制中心连接。图 5-4为机井测控分中心系统框图。平板电脑安装大田无线自动化灌溉监测控制软件，软件采用HMIBuilder组态软件开发，用户界面简洁美观，易于操作，实现田间电磁阀开关控制、轮灌组的编制、自动运行时间和间隔的设置、系统运行状态的实时显示、传感器数据显示等功能，用户可以根据实际需求，灵活设置灌溉方式，进行合理的灌溉，从而提高了水的利用率和作物品质。

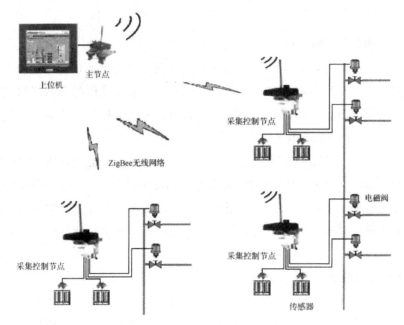

图 5-4　机井测控分中心系统框图

1.无线灌溉控制点

无线灌溉控制点由 ZigBee 无线控制器、太阳能充放电设备、电磁阀及安装支架组成，利用 ZigBee 无线网络与机井测控分中心连接。

实际项目建设中，1个无线灌溉控制点控制2个电磁阀，为保障系统供电，防止作物生长过高时影响太阳能设备采光，安装支架高度为6m。

2.无线墒情采集点

无线墒情采集点由无线环境监测设备、土壤水分温度一体传感器及安装支架组成，利用 ZigBee 无线网络与机井测控分中心连接。

无线环境监测设备使用太阳能供电以及 IP65 级的防尘防水封装，非常适应野外安装。此外，无线监测设备采用无线自组织、自愈合的 Mesh 协议栈，网络具有极高的可靠性，且安装调试简单，即使非技术人员也可以在短时间掌握安装、使用方法，并能快速建立起一个无线环境监测网络。

3.自动灌溉施肥机

自动灌溉施肥机选择2套以色列 TALGIL 追梦系列产品、2套中心自主研发的肥能达精准灌溉施肥机。自动灌溉施肥机的使用既简化了灌溉和施肥过程的操作，提高了劳动效率，又可以实现水肥耦合，促进肥料利用效率的提高。根据用户在核心控制器上设计的施肥程序，文丘里注肥器按比例将肥料溶液注入灌溉系统的主管道中，达到精确、及时、均匀施肥的目的。同时通过自动施肥机上的 EC/pH 等传感器，对施肥过程中 EC/pH、肥/液位、压力进行动态监测，提高水肥利用效率。

（2）环境信息监测系统

该系统采用低功耗无线Mesh通信协议，在网络层泛洪通信协议基础上，采用梯度控制算法和时间自同步校正算法，设计实现了多条通信网全网周期休眠—唤醒机制，延长了节点工作时间，解决了大面积农田的远程信息采集的问题，产品具有安装方便、成本低等优点。

采用MCGS组态软件进行上位机系统的设计与开发，通过标准RS485接口和Modbus协议，与采集控制模块进行数据通信和设备控制。MCGS组态软件系统设计主要分为数据采集部分和设备控制部分。通过将实时获取的数据与设备进行关联，建立逻辑控制表，来实现数据的实时动态显示、数据存储分析和设备的自动控制。

1.气象环境信息

气象自动监测系统可以实时监测环境参数，是为了监测种植区域各类气象参数而设计的专用系统，系统由风向风速传感器、雨量传感器、光照传感器、温湿度传感器等组成，可采用不同的供电系统进行供电。

2.土壤环境信息

土壤参数测量系统由土壤温度、水分、盐分监测系统和便携式土壤综合参数测量系统组成。土壤温度、水分、盐分监测系统可实时在线连续监测土壤温度、水分、盐分的变化情况，有利于针对农业生产区特定地域进行土壤参数的长期连续监测，分为固定式和便携式两种。

（3）综合测控中心

综合测控中心由服务器、多业务综合光端机、视频服务器、液晶电视、LED大屏幕、UPS及配套网络设备组成。系统实际建设时，除建设智能灌溉决策控制系统外，另外配套了病虫害预报防治、地理信息管理、专家系统、园区展示及人员培训等系统，是农业信息技术在农业应用的一个全面的应用实例。

项目通过应用农业节水高新技术及农业信息化技术，提高了水资源利用率、作物产量和农业信息化程度，降低了作物生产成本，同时对提高作物的品质和产量具有积极促进作用，有着良好的示范效果，具有明显的社会效益。经过本项目建设，新疆农业科学院综合试验场已成为新疆及干旱区最具代表性的节水农业高新技术及农业信息化技术示范推广基地，项目区年均节水30%以上，灌溉水利用率达到80%，平均亩灌溉定额400m³。

1.技术推广作用大，示范效果明显

项目建成后，实现了项目区内水、肥、土等资源的科学管理和高效利用。本项目改变了传统的灌溉、施肥、作物栽培、田间管理、病虫鸟害防治、数据积累和信息传输方式，有效缓解了水对农业生产的限制作用，提高了作物产量和生产效益。对项目区及其周边高效节水技术和农业信息技术推广应用具有积极的示范带动作用，促进了周边地区大面积节水和实现农业信息化。

2.降低了农业生产成本，增加农民收益

本项目建设避免了常规灌溉"跑、漏、积"水的现象，可大幅度减少亩灌溉定额，提高水的利用率。采用滴灌系统施肥，化肥随水流直接施到作物根部，不用机械或人工追肥，可实现精准平衡施肥的要求，减少化肥用量。利用农业生产管理的信息化技术，加强了与环境和作物的"对话"，能够根据气候特点和作物实际需要进行科学高效的农业生产管理，降低生产成本，提高经济效益，增加农民收入。

3.提高农民素质，提升管理水平

本项目通过高标准节水技术设施和农业信息化技术设施应用示范，展示了现代农业的水肥管理技术成果和管理模式，利用三维视景仿真技术及农业数字科普培训软件，通过组织农民对项目区进行学习和实践应用，亲身体会现代化水肥管理技术和农业信息化技术带来的方便和高效率，对改变项目区及其周边地区农民传统的管理观念、提高农民自身素质有着积极的促进作用。

4.带动相关产业的发展

本项目建成后，又有新增2089亩节水灌溉和农业信息化示范基地，促进了新疆农田水利灌溉业和信息产业的发展。同时在典型示范带动作用下，高标准节水技术和农业信息技术迅速得到广泛应用，拉动了节水设备和农业信息化设备的大量需求，农田水利灌溉业和农业信息化产业进一步提升。

第六章　智慧节水农业发展趋势

第一节　节水农业技术体系

农业节水就是要充分有效地利用自然降水和灌溉水，通过采取水利、农业、管理等措施，最大限度地减少通过输水、配水、灌水直至作物耗水过程中的损失，最大限度地提高单位耗水量的作物产量和产值。农业节水的内涵一般包括水资源的合理开发利用、输配水和田间灌溉过程的节水、农业节水增产增效技术以及用水管理节水四个方面。农业节水已不是一种单一技术，而是形成了包含多种措施的一套完整的农业节水技术体系。这一技术体系包括节水灌溉工程技术体系、农业水资源开发与优化调配技术体系、农业耕作栽培节水技术体系、节水管理技术体系。

一、节水灌溉工程技术体系

渠道防渗技术、低压管道输水技术、喷、滴、微灌技术以及田间节水灌溉工程技术构成节水灌溉工程技术体系。

二、农业水资源开发与优化调配技术体系

（一）雨水集流技术

在干旱缺水的丘陵山区，选择有一定产流能力的坡面、路面、屋顶、村庄附近低洼地、溪谷等地方，采取经过夯实防渗处理修建的水窖、蓄水池或塘坝，将雨水引入储存起来，经过净化处理，供农村人畜饮水和农作物灌溉用水。

（二）地表水、地下水联合调配互补技术

利用系统工程理论和模糊数学方法建立优化调控模型，通过计算机等现代化手段调配水资源的合理分配，达到地表水、地下水互补，充分发挥水资源的效益，实现节水增产并保护灌区水资源的良性平衡。

（三）劣质水利用技术

劣质水包括城市生活污水、工业废水、微咸水和灌溉回归水。城市生活污水、工业废水含有多种重金属元素、有害的无机物或有机化合物、病原生物等，必须经过严格净化处理达到灌溉水质要求，才能用于灌溉非直接食用的农作物。利用微咸水灌溉时，咸淡水混合使用以及通过合理调配用于咸水淡化灌溉也获得了很好的效果。

（四）雨养型农业技术

我国北方受海洋及大陆季风影响，70%~80% 的降雨集中在 6~9 月，选择适宜作物，采取适宜栽培方法，以及适应在雨季用水特点，可取得充分利用自然降水及水资源的效果。如冬小麦在北方的生长期是 10 月至次年 5~6 月，春小麦生育期是 3~6 月，其用水正是北方缺雨期，不灌只产 750~2250 千克/公顷，灌则产 3750~6000 千克/公顷，很不经济，水稻虽是嗜水性作物，但如改为旱种，5 月利用自然墒情直播，旱出、旱长到 6 月中下旬的四叶期，然后给水，这时已到汛期，生理需水和自然降雨正好吻合，可充分利用天然降雨，每公顷用水也只有 4500~7500 立方米，产量可达 6000~7500 千克/公顷，与小麦相比，反而成了少耗水作物。可见这种技术适合国情，是大有发展前途的。

（五）云水资源开发技术

据国家气象部门资料，我国有三大云水资源逸出区，即松辽分水岭区、西北地区、黄河河套以下至潼关一带的宁夏、陕西、山西、河南地区。对一定云水含量的积云如及时投放干冰、碘化银，就能将云中水汽凝结为水，下落为雨雪，一般可增雨 20%~25%，增雨成本为 0.005~0.02 元/立方米。

（六）水域资源利用技术

我国江河交织、湖泊众多，水库与池塘星罗棋布。全国有大小湖泊 24000 多个，总面积达 800 多万公顷，水库总面积约 430 万公顷，加上山塘、池塘以及不通航的江河等，宜于开发利用的内陆水域面积不少于 1300 万公顷。然而，如此广阔的水域资源，在开发和利用上却长期处于低水平。如太湖的平均鱼产量只有 60 千克/公顷，而水面利用则几近于零，致使约 16 公顷的水域纯收入才相当于 1 公顷农田。20 世纪 90 年代初，由中国水稻研究所研究成功的水面浮床无土种植技术，在水面上种植水稻、花卉、蔬菜等农作物，生产农产品，美化水域景观的同时，利用植物的吸收作用，可以达到净化水质、治理水域污染的目的。从而为水面资源的开发利用提供了新技术和新途径。

（七）水资源立体高效利用技术

联合国生态农业500家之一的辽宁大洼县西安生态养猪场、赵圈河苇田的鱼蟹混养、盘锦地区的大面积稻田养蟹以及铁岭地区的稻田养鱼、养鸭都是水资源立体高效利用技术的典型实例。生态养猪场淋浴冲洗猪舍的水进入田间、沟渠，沟渠内种植水葫芦等水生植物作为猪饲料的同时，净化水体，形成了生态的良性循环和实现了水资源的高效利用。苇田、稻田养鱼、养蟹使植物和动物共用一个水体，形成水资源的高效利用。稻田养鱼、养鸭更是利用生物链的原理，达到水的高产、高效。这为现代农业水资源的合理利用提供了崭新途径。

三、农业耕作栽培节水技术体系

（一）耕作保墒技术

采用深耕松土、镇压、耙耱保墒、中耕除草、增强有机肥、改善土壤结构等耕作方法，可以疏松土壤，增大活土层，增强雨水入渗速度和入渗量，减少降雨径流流失，切断毛细管，减少土壤水分蒸发，既可提高天然降水的蓄集能力，又可减少土壤水分蒸发，保持土壤墒情，是一项行之有效的节水技术措施。

（二）覆盖保墒技术

在耕地表面覆盖塑料薄膜、秸秆或其他材料可以抵制土壤蒸发，减少地表径流，蓄水保墒，提高地温，培肥地力，改善土壤物理性状，提高水的利用率，促进作物增产。秸秆覆盖一般可节水15%~20%，增产10%~20%。塑膜覆盖可增加耕层土壤水分1%~4%，节水20%~30%，增产30%~40%。

（三）优选抗旱品种

调整种植结构根据当地的降水分布、干旱发生规律和水分特性，因地制宜地选择耐旱作物品种。

（四）施用化学剂

节水施用化学剂可以提高土壤保水能力，减少作物蒸腾损失。例如：复合包农剂、黄腐酸及多功能抑蒸抗旱剂，聚丙烯酰胺、旱地龙等都具有明显的保水、保土、保肥、增产作用。

①保水剂能在短时间内吸收其自身重量几百倍至上千倍的水分。将保水剂用作种子涂层，幼苗蘸根，或沟施、穴施、地面喷洒等方法直接施到土壤中，就如

同给种子和作物根部修了一个小水库，使其吸收土壤和空气中的水分，又能将雨水保存在土壤中，当遇旱时，它保存的水分能缓慢释放出来，以供种子萌发和作物生长需要。

②抗旱剂属抗蒸腾剂，叶面喷洒，能有效控制气孔的开张度，减少叶面蒸腾，有效地抗御季节性干旱和干热风危害。喷洒1次可持效10~15天。还可用作拌种、浸种、灌根和蘸根等，提高种子发芽率，出苗整齐，促进根系发达，可缩短移栽作物的缓苗期，提高成活率。

③种子化学处理可提高种子发芽率，苗齐苗壮。主要方法有：①用1%浓度的氯化钙溶液拌种，液种比为1：10，拌匀，5~6小时后播种；②用0.1%浓度的氯化钙溶液浸种，液种比为1：1，浸种5~6小时后播种。

（五）现代化农业技术

由于生物工程技术、基因技术的快速发展，使传统农业、常规农业不断地与现代高新技术结合而形成新的农业技术。例如："物理农业""设施农业""生态农业""立体高效农业""白色农业""蓝色农业""绿色农业"等。这些新的农业技术的突出特点也都是以充分利用水资源和节水为基础的。

四、节水管理技术体系

（一）节水灌溉制度

改进和完善灌溉制度，用节水型的灌溉制度指导灌水。可采用非充分灌溉、抗旱灌溉、低定额灌溉、作物控制性分根交替灌溉和调亏灌溉等。20世纪80年代中期以后，盐碱地改良利用水稻优化灌溉技术，用水量不足7500立方米/公顷，开展水稻覆膜旱种，用水降至最低2250~3000立方米/公顷。采用作物控制性分根交替灌溉新技术可节水30%以上，水分利用效率提高40%~50%。调亏灌溉可使水的生产效率达到1.5~2.0千克/立方米以上的水平。

（二）精准灌溉技术

计算机和信息科学的发展为精准灌溉奠定了坚实基础。采用张力计、中子法、电阻法等先进的科学技术手段监测土壤墒性和作物水分状况、数据经计算机分析处理后配合天气预报，从而做到适时适量的精准灌溉，达到节水增产的目的。

（三）现代化灌溉管理技术

采用电子技术对河流、水库、渠道的水流量、含沙量乃至抽水灌区的水泵运行工况等技术参数进行采集，输入计算机，利用预先编制好的计算机软件对数据进行处理分析，按照最优配水方案，用有线或无线传输方式，控制各个闸门的开启度或调节水泵运行台数，实现自动监测控制。同时对田间灌溉用水采用量水堰、量水槽、特种量水器和复合断面量水堰等量水设备进行半自动式或自动式计量，从而可节省大量的管理劳动力，实现最优化用水管理。

（四）制定节水政策、法规

通过建立健全节水管理组织，制定适合不同地区自然和社会经济条件的农业节水技术政策，制定鼓励和促进用水户节水的政策、法规，完善多种节水管理的规章制度，使节水意识变成农民自觉的行动，使节水工作逐渐步入规范化、法制化的轨道。只有使人们真正地认识到水的宝贵，节水意义的重大，并把节水与其自身经济利益联系起来，才能促使人们自觉地珍惜用水，最大限度地节约用水。

第二节 国际节水农业发展趋势

目前，国际上现代节水高效农业的应用基础研究、关键技术研究和产品研发领域的发展态势表现在以下几个方面：

一、农业节水研究

开始由实验统计向具有较严谨理论体系和定量方法的科学转变，农田生态系统中水分迁移模拟与区域作物需水的定量计算模型得到较快的发展。国内外学者对区域的土壤—植物—大气系统（SPAC）水分运移进行了大量研究，但如何应用微观尺度的SPAC水分传输理论解决流域尺度水转化过程的描述仍然需要做大量的研究工作，这涉及如何考虑土壤与植被的空间变异性以及水文地质条件的影响，把点上、微观尺度上得到的模型扩展到面上、区域上应用的问题。为了解决这一问题，有关农田表面的空间变异性、尺度转换、各部分介质的非线性相互作用等将是未来研究的难点。

由于节水技术水平的提高和作物水分利用效率的改善，迫切需要研究农业结构调整、作物布局改变和非充分灌溉条件下的作物需水规律及其区域分布；而且过去有关作物需水量的研究以单点和单一作物的，计算模型较多，对于区域多种作物组合的需水计算还缺少科学的方法。有关作物需水量的计算方法目前应用最多的是彭曼·蒙特斯（Penman Montcith）办法，但此方法主要适用于单点的单一作物需水量计算，对于区域多种作物组合的需水量计算首先要根据不同代表点的气象观测资料计算代表点的需水量，其次用插值法绘制区域需水量的分布图，最后根据代表点控制的面积用加权平均法确定区域需水量，但这种方法很难克服气象因素和作物需水的空间变异所产生的较大计算误差，没有考虑多种作物组合中作物与作物间的交互作用。20世纪60年代后期遥感技术的应用为用能量平衡法计算区域作物需水量提供了可能，20世纪80年代以后，利用遥感作物冠层温度估算区域需水量分布的研究变得十分活跃，并在一些发达国家得到了大量的应用。但目前还存在一些技术问题，如计算冠层表面热通量的SVAT模型参数的空间分辨率问题，陆地卫星影像（TM）波谱参数和SVAT模型参数的定量对应关系等。另外，由于作物高效用水理论的突破和节水调控新途径的开拓，需要考虑利用作物本身的生理功能挖掘其节水的潜力，减少作物本身奢侈的蒸腾量，传统的按能量平衡理论估算作物需水的方法和在充分湿润条件下获得的作物系数均遇到了严峻的挑战，迫切需要建立作物高效用水和非均匀湿润条件下的需水量计算方法及相应的作物系数值，以满足农业节水发展之需要。

二、水分胁迫对作物的后效性影响及其提高水分生产效率的机理已成为当前研究的热点

作物高效用水生理调控与非充分灌溉理论研究不断深入，利用作物生理特性改进水分利用效率（WUE）的研究将会更加引人关注。

20世纪70年代以来，国内外提出了许多新的概念和方法，如限水灌溉、非充分灌溉与调亏灌溉等，对由传统的丰水高产型灌溉转向节水优产型灌溉，提高水的利用效率起到了积极作用。大量研究结果表明，植物各个生理过程对水分亏缺的反应各不相同，而且水分胁迫可以改变光合产物的分配。同时一些研究还表明，水分胁迫并非完全是负效应，特定发育阶段、有限的水分胁迫对提高产量和品质是有益的。植物在水分胁迫解除后，会表现出一定的补偿生长功能。在某些情况下，水分亏缺不仅不降低作物的产量，反而能增加产量、提高WUE。调亏灌溉就是基于上述认识，在作物生长发育的某些阶段主动施加一定的水分胁迫，即人为地让作物经受适度的缺水锻炼，从而影响光合产物向不同组织器官的分配，以调节作物的生长进程，改善产品品质，达到在不影响作物产量的条件下提高WUE的目的。但是，这些方法仅考虑在时间上的调亏，没有考虑作物根系功能和根区土壤湿润方式变化对提高作物WUE的作用。大量研究发现根区土壤充分湿润的作物通常其叶气孔开度较大，以至于其单位水分消耗所产生的CO_2同化物较低。作物叶片的光合作用与蒸腾作用对气孔的反应不同，在一般条件下，光合速率随气孔开度增大而增加，但当气孔开度达到某一值时，光合增加不明显，即达到饱和状态，而蒸腾耗水则随气孔开度增大而线性增加。因此，在充分供水、气孔充分张开的条件下，即使出现气孔开度一定程度上的缩窄，其光合速率不下降或下降较小，但可减小大量奢侈的蒸腾耗水，达到以不牺牲光合产物积累而大量节水的目的。控制性作物根系分区交替灌溉节水新技术，强调交替控制部分区域根系干燥、部分区域根系湿润，以利于交替使不同区域的根系经受一定程度的水分胁迫锻炼，

刺激根系吸收补偿功能，诱导作物部分根系处于水分胁迫时的木质部汁液ABA浓度的升高，使调节气孔保持最适宜开度，达到以不牺牲作物光合产物积累而提高作物WUE的目的。同时，还可减少棵间蒸发损失和深层渗漏。

该项技术具有良好的开发前景和节水效果，但这种供水方式对作物WUE的影响和节水的机理以及最优供水模式等问题还有待进一步研究。另外，在存在土壤次生盐碱化威胁的地区，是否会导致土壤盐分积累，也需要进行更深入的试验研究和分析。

国内外虽然对非充分灌溉条件下的作物水分生产模型进行了大量的研究，并相继提出了加法模型、乘法模型及加乘混合模型等，但它们大多是缺乏物理意义的统计回归分析模型，且水分敏感系数或指数在不同地区和同一地区不同水文年间的变化较大，因此需要通过对非充分灌溉条件下作物产量与水分关系的研究，建立参数变化比较稳定且具有较强物理意义的水分生产模型，还需要考虑不同土壤肥力和盐分水平对作物缺水敏感指数的调节作用，以实现水肥盐联合调控的目的；同时，需要由研究单点的作物水分生产函数，转向研究区域范围内的作物水分生产函数及其分布特征；从传统地研究小麦、玉米、棉花等大田作物，转向研究经济作物；而且对于不同作物和不同地区适用的非充分灌溉模式仍需进一步的深入研究。

三、作物WUE基因工程改良的研究正在世界范围内引起广泛重视

作物抗旱节水相关性状的基因定位、分子标记、基因克隆和转基因研究十分活跃，通过基因工程改良培育高WUE型和抗旱节水型作物新品种将成为农业节水中一个新的亮点。

目前，抗旱节水遗传改良研究的重点和方向是：随着生物多样性的日渐减少，进行作物抗旱节水种子资源的搜集和保存及开发利用研究，建立抗旱节水基因库，对抗旱节水及相关性状进行分子标记及基因克隆研究，利用常规杂交育种和转基因技术，培育抗旱节水新的优良品种。到目前为止，国内外已在烟草、拟南芥、苜蓿、番茄、玉米、大麦、大豆、小麦、水稻等植物上开展了抗旱节水机理及分子生物学研究，并进行了抗旱节水相关性状的基因定位、分子标记、基因克隆和转基因研究。从理论上来讲，能对WUE及其相关基因进行分子标记和定位，就能对这些基因进行克隆，凡是能克隆出调控光合速率、蒸腾速率和WUE有关的基因，一定会通过转基因方法进行转节水、高WUE基因植物的培育和改良，但到目前还未见有直接转WUE基因的报道。由于作物抗旱性是由多基因控制的，与丰产性不易结合，而高WUE特性能将丰产性和抗旱性结合为一体，其育种潜力更大，应用杂交育种和转基因工程培育抗旱节水高产品种是一条新的途径。

四、农业节水新技术与产品研发速度较快

一批低成本、高效率的新型农业节水设备与制剂正在走向市场和大面积应用，产品日趋标准化、系统化，高效环保型节水材料与制剂是未来研发的亮点，高精度激光固化树脂快速成型技术应用将进一步提高节水灌溉设备的开发水平。

地面灌溉技术研究方面，在土壤入渗过程中气阻影响研究的基础上，水平畦灌的研究不断深入，传统的畦灌、沟灌也由过去单纯研究灌水技术要素对灌水均匀性和水分深层渗漏的影响，转向综合研究灌水技术要素对土壤水肥运移和对水肥淋失的影响；同时，开发了膜上灌等新型灌水技术，并得到较大面积推广。水平畦灌是田面非常平整条件下的畦灌，要求供水流量大、土地平整精度高，用传统技术难以满足其精度要求，必须在进行大地测量后，采用激光平地技术。该技术在美国等发达国家被称为是地面灌溉最重要的进展之一。波涌灌溉利用了致密层在发展中不断减小田面糙率与土壤入渗特性这一客观规律，逐次为以后各周期的灌溉水流创造了一个加速水流推进与提高减渗效果的新接口。浑水波涌灌溉则是利用含沙量较高的水进行波涌灌溉，能够起到更加明显的效果。

在喷灌、微灌技术研究方面，国外一直非常重视喷灌水肥需求规律及水肥耦合高效利用方面的研究，施肥灌溉应用十分普遍。在微灌水肥高效利用方面，以色列、美国、荷兰等国家对不同作物的施肥灌溉制度和微灌施肥灌溉专用液体肥料进行了20~30年的研究，取得了丰硕的成果，已经研制出了针对多种经济作物水肥高效利用的专家管理系统。我国从20世纪70年代起，就针对微灌开始了研究和试验示范工作，开展了微灌条件下的土壤水分与溶质运移规律、日光温室和大田经济作物的灌溉制度、水肥耦合模式、滴灌施肥技术等研究工作。在喷微灌设备方面，对注肥设备的研制取得了可喜的进展，但对滴灌施肥灌溉条件下养分的运移以及施肥灌溉系统运行参数几乎没有涉及。施肥灌溉自动控制环节薄弱，施肥灌溉软件方面研究严重滞后是造成这一局面的主要原因。国外现有滴灌施肥灌溉自动控制软件也只能在给定施肥量的情况下控制肥液浓度与施肥历时，而未能将作物施肥灌溉制度、土壤特性、氮素运移模式相结合，形成决策、管理一体化的软件。国外由于长期的技术积累，一些著名公司不断有新产品推出。以色列的耐特菲姆公司、普拉斯托公司等，开发出了系列化的内镶式、管上式灌水器件，根据所提供的资料，新开发的产品抗堵性能提高，而使用寿命得以延长。国内一些企业也有新产品推出，但因缺乏技术支撑，产品性能尚不如国外，而且开发费用高，周期长。在节水灌溉产品快速开发平台技术中，提出的高精度快速成型专用设备是快速成型领域研究的热点，但是目前没有见到开发成功的报道。特别是微涂层的实现，由于受到材料性能的限制，依靠自然流平无法达到很小的层厚，

并且受到表面浸润性能的影响，必须采取相应措施才能实现，目前正从材料、涂层方法方面力争有所突破。

国外正在开发节能型的低压重力式滴灌技术和防堵塞的脉冲灌等技术。地下灌溉由于具有能显著减少作物无效蒸发、土壤表面蒸发，而特别省水的优点，发展也十分迅速。目前国外利用废旧橡胶、塑料发泡剂等研制成功了新型发汗渗灌管，并在果树、花卉等作物中开始应用，现正在开展其合理管道间距、埋深及其优化灌水模式、防生物堵塞技术等方面的研究。工程节水技术方面，高精度激光固化树脂快速成型技术得到进一步发展，在微小光斑聚焦以及精密扫描系统、微涂层实现方法方面取得了突破，微小光斑的聚焦精密扫描系统的扫描精度在液面达到 ± 0.005 微米，解决了迷宫流道特征参数的提取与 CAD 建模问题。

根据我国国情，已研发出秸秆粉碎还田免耕施肥小麦播种机、注水量和注水频率可调的坐水种点灌机、抗旱用行走式轻型喷灌设备、专用直流潜水电泵、大射程旋转式微喷头、长流道新型薄壁微灌带、带离心清洗装置的自动反冲过滤器、带稳压机构的连续精量水动式施肥泵、低压压力调节器、节能异形喷嘴、可调雾化程度及射程的多功能喷头、新型短流道喷头、轻小型喷灌机组、新型中远射程喷头、国产激光控制精细平地铲运设备等节水灌溉设备和系统，其中国产激光控制精细平地铲运设备、专用直流潜水电泵等设备形成定型生产或示范应用。

在节水制剂与材料研发方面，国内学者初步解决了秸秆纤维的溶胀技术，使研发的产品耐盐性超过现有市场产品和文献报道。保水剂的非离子高分子聚合物接枝工艺，使产品的吸水率达到 40 倍，成本低于 1000 元/吨，大豆种子包衣每亩低于 2 元。研发了生物集雨营养调理剂、纳米混凝土改性剂、多功能生物型种衣剂、新型保水剂、新型防水保温材料、新型填缝止水材料、新型液膜材料、新型高效重金属离子净化剂等节水制剂和材料，其中已有多功能生物型种衣剂、新型高效重金属离子净化剂等产品形成定型生产或示范应用。

一批节水产品初步表现出较强的市场前景和进一步开发的前景。如生物集雨材料及其相应建造工艺，蜂窝管渗流集蓄新产品，秸秆粉碎还田免耕施肥小麦播种机，长流道新型薄壁微灌带，带离心清洗装置的自动反冲过滤器，带稳压机构的连续精量水动施肥泵，多功能生物型种衣剂，作物根区局部控水灌溉装置，新型液膜覆盖材料，国产激光控制精细平地铲运设备，控制性分根交替灌溉孔口灌水器和交替阀等将会取得较大突破。

五、灌区水转化与农业水资源持续高效利用研究得到了广泛重视

农业水资源系统承载力模型、分布式灌区水转化模型、农业与生态用水的科学配置及节水高效和对环境友好的农业用水模式等研究将会更加活跃。

农业与生态用水的科学配置中有关生态需水的计算方法主要从物理的水量平衡、水热平衡、水沙平衡、水盐平衡等方面考虑，而且主要是针对现有生态系统或生态水文条件，没有考虑生态系统和水文过程的相互反馈作用以及不同遗传特性物种的水分生产力关系，还缺乏系统的建，立在严谨的生理学、生态学和物理学理论及定量的数学方法基础之上的生态需水量计算方法。此外，如何确定分布式灌区水转化模型的有效结构、如何对农业水资源利用在分布式模型中进行有效表达、如何在野外对模型参数进行原位测定和对分布式模型的栅格参数进行率定，以及确定区域农业水资源多维调控的决策方法等都将是该领域研究的重点和难点。

六、非常规水将是农业用水中"开源"的主要对象，非常规水资源化及其高效安全利用技术研究十分活跃

在节水的同时，开发利用非传统水资源，是解决缺水的重要途径，其中污水资源和咸水、微咸水资源以及天然雨水资源的开发利用极为重要。开发利用非常规水资源已成为众多国家和地区解决用水危机的新途径而受到普遍重视。在国外，无论是水资源十分紧缺的国家（如以色列），还是水资源相对丰富的国家（如美国），均早已开展了污水资源化的开发利用工作。从地域范围看，污水灌溉的实践遍及世界上大多数地区。在经济发达的美国，目前全国50个州中有45个州开展了污水回用于农业的工作，全国城市污水再生回用总量约为94亿立方米/年，其中60%用于灌溉；气候干旱的以色列，目前全国建有200多个污水回用工程，其污水利用率已达70%，其中约2/3用于灌溉，灌溉用污水水量占总灌溉水量的1/5；污染物在土壤和地下水系统中的运移规律和长期的环境效应方面，近20~30年来，可以见到的国外研制的土壤中氮素转化和运移模型已有几十种以上，但缺乏以大气一土壤一植物一地下水系统为统一体的水盐运移规律的研究以及适宜于当地水土条件的咸水灌溉成套技术体系（地上、地下工程，灌溉技术）和运行管理模式。至于区域性咸水利用和改造的研究方面——包括合理的咸水开采水平、开采条件下浅层咸水资源的评价方法、地面水（淡水）与地下水（咸水）联合运用与调度模式、长期利用咸水灌溉后的环境影响、安全控制指标体系、风险分析及其监控测报系统等尚待形成完整的技术体系。

污水灌溉及其对环境的影响已成为许多国家水资源高效利用与管理、农业与生态环境等领域日益关注的重要课题。目前，需要进一步研究污水灌溉条件下作物需水量和耗水量的计算模型以及对污水灌溉响应的产量模型；污水灌溉对植株、土壤及地下水环境的影响，如污水灌溉对土壤水分物理参数的影响，污灌条件下饱和一非饱和土壤中有害物质（重金属、硝态氮和盐）的时空分布特点，盐分和污染物（重金属及硝态氮）在土壤中的运移、转化、吸附与积聚等动态过程，重金属在植株中的富聚规律；污水灌溉条件下，灌溉水中盐分含量与盐分组成对作

物吸收养分的影响及考虑盐分影响条件下作物吸收养分的数学描述；作物污水最优灌溉模式与应用技术的研究，即以最大限度地减少水和有害物质，从根系层淋失和有毒物质（重金属）在作物中累积为目标，根据作物蒸腾强度和土面蒸发强度调控污灌量，并根据农作物对污水灌溉响应的产量模型和不同灌溉技术，确定相应的最优污水灌溉模式（包括灌水量、灌水时间和灌水次数）。

在雨水集蓄利用方面，国际上已从过去经验的总结，向现代技术的应用和工业化技术产品生产方面转变（比如德国的塑料窖体生产等）；雨水利用也不仅仅只是为了解决生活用水和农业用水，而逐步开始对雨水资源化和水资源的保护与高效利用进行探索。与集蓄雨水高效利用相配套的免耕技术及机械化机具在一定程度上解决了半干旱地区的播种出苗和灌溉问题，但在一些关键技术上尚未突破。目前，雨水集蓄利用的方式、材料和技术发展落后，雨水利用新技术和新方法的研究十分薄弱；已难以适应集雨工程迅速发展的需求。

七、高新技术在农业节水现代化管理中的应用日益广泛

3S（GPS、GIS和RS）技术的应用将全面提升农业节水管理的现代化水平，数字渠道、数字灌区的发展将大大促进精准灌溉和农业水资源精准调度的实践。

3S技术的应用产生了数字渠道、数字灌区等概念。在灌区用水管理中，综合各种预测技术、优化技术的灌溉用水计算机管理系统已开始在我国灌区大面积应用，使灌区的灌溉用水实现了由静态用水向动态用水的转变，为提高灌区水资源的利用率提供了技术保障。为实现渠系优化配水的要求，应用计算机技术的渠道水量、流量实时调控的研究也在国内外逐步兴起。灌区用水管理系统方面，已逐步转向将数据库、模型库、知识库和地理信息系统有机结合的灌区节水灌溉综合决策支持系统。特别是近年来发达国家已开展了利用3S技术，以及计算机控制系统进行精细准确调整灌水施肥的精准灌溉技术研究，为最大限度地优化各项农业投入，充分挖掘田间水肥差异性所隐含的增产潜力创造了条件。

第三节　我国节水农业重点技术发展趋势

目前国内外对节水农业的理论、技术和产品的全方位研究十分重视，并表现出以下趋势：农业节水新技术与产品研发速度较快，一批低成本、高效率的新型农业节水设备与制剂正在走向市场并大面积应用；生物节水理论和技术逐步成为研究的热点；集雨节灌、城市雨洪利用、劣质水开发利用、洪水开发利用越来越得到重视；区域生态演变与水资源承载力及持续高效利用的研究得到了广泛的重视，并取得了新进展；农业节水工程的建设技术和新材料开发方面取得了明显进

展；高新技术在节水农业中的应用日益广泛，数字地球、数字流域、数字渠道、数字灌区概念的提出，进一步推动了农业水土工程领域的发展；节水工程标准与宏观战略研究促进了节水农业技术向着定量化、规范化、模式化、集成化方向发展。

一、生物节水技术

节水农业研究领域的国际总体趋势是节水农业发展的重点，已经由输水过程节水和田间灌水过程节水转移到生物节水、作物精量控制用水以及节水系统的科学管理，并重视农业节水与生态环境保护的密切结合，这代表了现代节水农业技术的发展趋势与方向。现代生物与农艺技术的发展趋势主要表现为：①更加重视改良利用作物的抗旱耐旱性及水分高效利用性，特别是通过认识作物抗旱、耐旱机理，筛选高WUE作物品种，提高作物本身的节水潜力；②注重由丰水高产型灌溉制度研究转向节水。优产型灌溉制度研究，由作物常态（顺境）灌溉试验研究转向劣态（逆境）灌溉试验研究，由单纯地考虑作物产量问题转变为考虑产量和品质双重目标。注重将工程措施、农业措施与管理措施有机结合，形成综合节水技术，并向标准化方向迈进。

（一）通过提高植物自身的水分利用效率和耐旱性，进而达到节水增产的目的

农业节水是一项集多学科理论和技术于一体的系统工程，要解决的中心问题是提高水的利用率和利用效率，从而实现"既节水，又增产"的双重目标。节水农业包括水资源优化配置、充分利用自然降水、高效利用灌溉水以及提高植物自身水分利用效率等多方面的内容。按照国际经验，目前的节水农业一般以有效的管理措施为基础，以工程措施为手段，同时重视耕作栽培技术的运用以及种植结构的改进，而严格意义上的生物节水技术，则还处于较次要的地位。但可以预见的是，当水分流失、渗漏、蒸发得到有效控制，水的时空调节得到最大限度利用之后，生物节水技术必将越来越重要，成为进一步节水增产的关键环节和最终潜力所在。

生物节水主要通过提高从单叶到群体不同层次上的植物水分利用效率得以实现。作物的耐旱性，即作物忍受低水势和耐脱水的能力，往往与其节水能力有关，也即耐旱性强的作物或品种同时具有相对高的水分利用效率，但这往往以牺牲其绝对产量为代价。只有同时提高作物的水分利用效率和耐旱性能，才能真正实现作物的高效用水。遗传改良、生理调控和群体适应，是实现生物节水的三个主要技术途径，而培育抗旱节水的高产新品种和新类型，则是这一研究的核心目标和

方向。现有研究证实，干旱缺水并不总是降低作物产量，一定生育阶段适度的水分亏缺，往往可以同时促进节水与增产。品种间和品种间的水分利用效率存在显著差异，同时有试验显示，作物进化过程中伴有水分利用效率的提高说明培育高水分利用效率的品种，符合进化的方向。

研究生物节水技术，既积极推动当前的应用研究，更重视未来潜力的探索。对于研究中的一项重点内容——挖掘耐旱节水种子资源和培育耐旱节水新品种，要充分估计到取得突破的难度，制订切合实际的研究目标和实施方案。由于节水耐旱性状的复杂性，应确立从分子到群体不同层次上开展研究的必要性，强调常规育种、细胞工程育种与基因工程育种的紧密结合。

生物节水应重点研究植物耐旱机制，明确不同机制在增强植物整体抗旱性中所起作用大小，以寻求起关键作用的耐旱主效基因；进一步研究与高水分利用效率有关的生理、形态性状，明确选育指标，建立定向培育高 WUE 类型的技术体系和程序；进一步澄清水分利用效率、耐旱性和产量之间的关系，明确三者结合的可行性、条件及机理等。

（二）研究作物高效用水调控技术

是生物节水技术研究的一个重要方向如在了解作物高效用水机制的基础上，国内外开发诸如调亏灌溉（RDI）、分根区交替灌溉（ARDI）和部分根区干燥（PRD）等新的作物高效用水技术，以便明显地提高作物和果树的水分生产效率。与传统灌水方法追求田间作物根系活动层的充分供水和均匀湿润有所不同，ARDI 和 PRD 技术强调在土壤垂直剖面或水平面的某个区域内保持土壤干燥，交替控制部分根系区域干燥、部分根系区域湿润，使不同区域的根系交替经受一定程度的水分胁迫锻炼，刺激根系吸收补偿功能以及根源信号 ABA 向上传输至叶片，进而调节气孔保持最适宜的开度，达到不牺牲作物光合产物积累而又减少其奢侈的蒸腾耗水的目的。同时还可减少作物棵间土壤湿润面积，降低棵间蒸发损失和深层渗漏损失。控制性作物根系分区交替灌溉在田间可通过水平和垂直方向交替给局部根区供水来实现，主要适用于果树和宽行作物及蔬菜。调亏灌溉（RDI）是基于作物的生理生化过程受遗传特性或生长激素的影响，在作物生长发育的某些阶段主动施加一定的水分胁迫（即人为地让作物经受适度的缺水锻炼），从而影响其光合产物向不同组织器官的分配，达到提高其经济产量而舍弃营养器官的生长量及有机合成物的总量，同时因营养生长减少还可提高作物的种植密度，提高总产量，减少棉花、果树等作物的剪枝工作量，改善产品品质。国际上有关调亏灌溉的研究主要是针对果树和番茄等蔬菜作物，对大田作物的研究较少。这些技术与传统的灌溉方式相比，可大量减少灌溉水量，降低蒸腾，但作物产量却没有降低。

这些都说明将作物水分生理调控机制与作物高效用水技术的研究紧密结合，研究作物高效用水调控技术是生物节水技术研究方面的一个重要方向和现实途径。

（三）非充分灌溉成为解决水资源短缺，提高灌溉水分利用效率的重要方式

面对水资源短缺的严重局面，实施非充分灌溉已经成为解决水资源短缺，提高灌溉水分利用效率的重要方式之一。国内外虽然对非充分灌溉条件下的作物水分生产模型进行了大量的研究，并相继提出了加法模型、乘法模型及加乘混合模型等，但它们大多是缺乏物理意义的统计回归分析模型，且水分敏感系数或指数在不同地区和同一地区不同水文年间的变化较大，因此需要通过对非充分灌溉条件下作物产量与水分关系的研究，建立参数变化比较稳定且具有较强物理意义的水分生产模型，还需要考虑不同土壤肥力和盐分水平对作物缺水敏感指数的调节作用，以实现水肥盐联合调控的目的；同时，需要由研究单点的作物水分生产函数，转向研究区域范围内的作物水分生产函数及其分布特征；从传统的研究小麦、玉米、棉花等大田作物的水分生产函数，转向研究经济作物水分生产函数；而且对于不同作物和不同地区适用的非充分灌溉模式亦需进一步的深入研究。关于有限灌溉水在作物间和作物生育期不同生育时段间的优化分配问题，国外在编制不同亏水度作物生长模拟模型的基础上，将作物水分生产模型广泛地应用于灌溉系统的模拟，提出了各种不同配水计划的预测效果，制定了相应的作物非充分灌溉模式与实施操作技术；国内在这方面虽然也做了大量的研究工作，但大多数的优化配水结果多是针对某一具体作物或某一具体灌区的，到现在还没有形成比较通用的非充分灌溉设计软件，更无基于网络、便于基层水管人员或农户使用的非充分灌溉设计软件。

（四）农艺节水技术是从广义上实现生物节水的一个重要的现实途径

农艺节水技术是从广义上实现生物节水的一个重要的现实途径，国外发达国家在节水农业发展的过程中，十分重视研究农艺节水措施，重视农艺节水技术的应用，并将农艺节水技术和工程节水技术相结合，形成高度集成的综合节水技术体系则是当前节水农业技术发展的方向，也是目前许多水资源匮乏的国家正在开展研究的热点。

农艺节水技术的研究十分广泛，国外的研究和应用主要集中在以下三个方面：一是采取适应水土资源特点的作物区域化种植结构的研究，如美国在中西部形成了以充分利用自然降水为特点的小麦带、玉米带，以较低的生产成本获得了较高的经济产量，澳大利亚以自然生态保护为特点的农牧结构等。二是充分利用土壤水库的调蓄功能，通过土壤地力和生物技术的结合，充分利用自然降水，保证水资源的可持续利用，降低农业生产成本。三是通过合理施用肥料，调节水分—营养—产量之间的关系，是提高缺水地区作物水分利用率和利用效率。农艺节水技术与工程节水技术措施相比，具有投资少、见效快、易实施等优点，有许多技术农民完全可以掌握，并能以家庭为单位组织实施，因而具有大范围、大面积推广应用的基础。农艺节水技术具体到农田、农作物布局及农作物自身的节水问题，这方面的节水问题最多、难度最高、潜力也最大。由于灌溉用水大约有50%消耗在田间，因此，如何做好田间节水，抑制土壤蒸发和作物奢侈蒸腾，提高作物水分利用效率，既是节水农业的重要课题，也是节水农业发展的潜力所在。其主要技术包括：区域节水型农作制度、水肥耦合和高效培肥技术、化学调控技术等。

区域节水型农作制度，主要是通过改变播期、增减密度、调整种植结构、改进轮作制度等技术方法，降低作物蒸腾量和增大蒸腾对蒸发比例，以实现节约田间耗水的目标。其基本点是利用作物的不同需水特性和耗水规律，实行农用水资源的优化配置、建立节水型种植体系。在当前这是一种可在较大范围内产生效果、较为现实的生物—农艺节水策略，研究区域节水型农作制度，并与大农业结构调整相结合，是其发展方向。

水肥耦合和高效培肥技术，主要是通过合理施用肥料，调节水分——营养——产量之间的关系，是提高缺水地区作物水分利用率和利用效率的有效途径之一。20世纪80年代至90年代，我国北方旱区粮食产量提高了约一倍，其中化肥的作用占到了50%。其具体作用可归结为：①低产条件下普遍缺乏水肥营养，生长受到限制，增施肥料后解除了生长受到的抑制，使群体郁闭增大，因而增加了蒸腾蒸发比。②无机营养对植株光合作用的促进作用，大于对蒸腾耗水的促进作用。③合理增施氮、磷、钾，还可以增加植株的生理抗旱性，特别是磷素营养，其有提高御旱和耐旱能力的双重功能，虽然我国对其技术进行了深入系统的研究，但目前还未形成适合我国旱区不同地区的标准化技术规程，因此在深入研究不同地区和作物的水肥耦合和高效培肥技术的基础上，建立我国旱区不同地区和作物，在不同水文年份均能保证作物稳产、高产的培肥技术规程，及其与之配套的实施技术是其研究的主要方向。

化学调控技术是利用化学调控手段，减小蒸发，保持土壤水分，调节作物生长状态，是农艺节水的重要措施之一。在我国对保水剂、抑蒸剂、作物生长调节剂，进行过较系统研究并得到一定应用。如利用黄腐酸等技术既能在一定程度上关闭气孔降低蒸腾，又能促进根系发育，一定条件下抗旱增产效果明显。利用氯化钙浸种以增强作物抗旱性的技术始于20世纪50年代，在我国一些地区曾一度进行过较大面积示范，干旱条件下有一定增产效果。但从总体上看，目前对化学调控的机理还不够清晰，不同年份利用化学调控技术在促进节水和增产中的稳定性问题还没有系统解决，未形成适合不同地区、不同土壤和作物的化学调控节水技术的标准化技术规程。因此，研究适合不同地区、作物的节水、稳产高产的标准化的化学调控技术规程和与之相配套的实施技术是其研究的主要方向。

二、非传统水资源开发利用技术

（一）劣质水开发利用技术

主要是通过污水、微咸水等开发和处理回用，增加水资源可利用量。劣质水的开发是水资源综合利用和节水的重要措施，关键是可以有效地缓解我国水资源紧缺的状况，替代一部分自来水的供应量，增加一部分农业用水量，减少水污染对水环境的破坏，改善生态环境质量，提高水资源的利用率，促进水资源的可持续利用。

将劣质水（主要是城镇生活污水和微咸水）资源化后用于农（林）业灌溉，已成为减轻环境污染、开源节流、缓解水资源供需矛盾的一种有效方法。劣质水的替代和污水处理回用具有很大的潜力，尤其是通过处理回用替代一部分自来水供应的新增加量，不仅是节约资源的重要途径，而且减少了未来供水的需求量，就减少了开源量和开源的投资，而且减轻对生态环境的破坏，有利于人居环境和生态环境的改善，这对解决中国水资源短缺，减少资源的消耗和水环境的恶化无疑是一条捷径。

目前，污水灌溉对农产品品质的影响研究将是国际上污水灌溉领域更加关注的重点之一，随着对微咸水灌溉研究的深入和社会对水资源与环境问题的关注，安全、高效与可持续发展是微咸水灌溉技术研究的重点，国际上普遍关注的是适宜于主要作物的咸水灌溉技术规程、咸水灌溉利用对环境的影响以及浅层地下咸水可开采量的评价技术。

（二）雨水集蓄利用技术

随着水资源日趋短缺和农林业发展对水资源需求的大幅度增长，雨水集蓄利用越来越受到世界各国的重视。以色列在雨水利用方面：一是集雨用于种草植树，恢复退化的植被；二是通过水库积蓄的方式，向输水网络供水，并用部分水调节沿海地区的地下水位，防止海水入侵；三界田间蓄积后就地利用，在播种时通过机械作业建立集雨积蓄坑或径流面。印度在集雨方面采用三种形式：一是利用蓄水池收集田间降雨，在降水量高的年份把总量的16%~26%收集起来，作为补灌水源；二是利用田间集水形式，收集周围平地或集水区的径流，用于灌溉；三是发展微型集水区，实现雨水的就地拦截利用。

新技术、新材料、新方法不断注入该研究领域。现代高分子材料、复合材料、生物材料，以及智能决策系统、工程设计软件等先进技术已成为集雨工程研究领域的重要内容。现代集雨工程要求其集流方式和材料不但要具有高效、低成本、可靠的特点，而且正在向新型方便、绿色环保无污染的方向发展。HEC土壤固化剂、高掺量粉煤灰、有机硅喷涂型高分子化合物、草皮苔藓等极可能成为性能优良的新型集雨材料。在窖体设计上，将发展不同规格尺寸的可移动窖体系列产品；在技术的应用上，更加注重水环境的协调平衡和水资源的可持续发展；利用雨水或分散的零星水源的行走式节水机具将朝着标准化、系列化和自动化方向发展。

（三）洪水开发与利用技术

暴雨洪水是对人类威胁最大的一种自然灾害，同时它还具有资源、环境、生态等多种功能。科学调蓄利用雨洪资源，是减轻洪水灾害，增加水资源量，实现人与水和谐相处、协调发展的有效措施。特别是在我国水资源最为短缺的干旱、半干旱地区，汛期降水量占全年的70%以上，而在农业需水量最多的季节（3~5月份），降水量只占全年的15%左右。因此，汛期是补充水资源的最佳季节，实现雨洪资源化是除害兴利的重要途径，是解决我国北方广大地区严重缺水问题的当务之急。在丰水年利用洪水冲淤、冲污、洗碱、淋盐、补水，可以起到缓洪减灾和增加植被、湿地水资源量及改善生态环境的作用。

三、信息节水技术

利用现代信息技术，通过对灌溉系统的水情和作物需水进行监测和预报，是提高灌溉用水管理水平的重要手段。目前灌溉系统的用水管理正在朝着信息化、自动化、智能化的方向发展。力求在减少灌溉输水调蓄工程的数量、降低工程造价费用的同时，既满足用户的需求，又有效地减少弃水，提高灌溉系统的运行性能与效率。

（一）作物水分监测与精量控制灌溉

在作物水分监测与精量控制灌溉方面，国外已大量使用红外线技术，并采用热脉冲技术测定作物茎秆的液流和蒸腾，用于指导精量灌溉。20世纪70年代后期以来，美国、澳大利亚等国先后提出一些土壤和作物水分监测与预报的理论和方法，并在田间试验应用。近年来国外在研究建立能在不同湿度环境、不同天气条件下使用的基于作物冠层温度的作物水分胁迫诊断指标，并随着精准农业技术的发展，基于作物冠层温度的作物水分胁迫诊断技术的应用将与精准农业其他技术融合，设备从手持式的方式发展到与其他设备有机结合的机载式。在作物水分与土壤墒情监测预报方面，美国和以色列等国大量利用空间信息技术和计算机模拟技术，取得较大进展，并已进入生产应用阶段。随着作物和土壤水分监测、预报技术的发展，灌溉预报研究进展也很快，美国、英国、澳大利亚等国家已提出几种具有代表性的节水灌溉预报程序，并进行了多年实践。近几年国内研发了新型电阻式土壤水分传感器、新型膨压式土壤水分传感器、开关式土壤水分传感器、水位自动记录仪、农田测墒灌溉控制器、灌溉控制器等节水用仪表等，区域旱情信息的遥感测量方向也取得重要进展，作物蒸腾监测和茎秆变差作物水分诊断方面也取得了一定进展，研究作物水分监测与精量控制灌溉技术和新产品已成为信息节水的重要方向。而通过系统研究，提高其技术成熟度，大幅度降低产品的造价是该方向的研发重点。

（二）灌区灌溉用水管理网络化决策支持系统

模块化和标准化硬件及通用化软件灌区现代化管理是获得灌区系统的最优运行、充分发挥工程效益的良好手段。在灌区灌溉用水管理中，综合各种预测技术、优化技术的灌溉用水计算机管理系统已开始在我国灌区大面积应用，使灌区的灌溉用水实现了由静态用水向动态用水的转变。为实现渠系优化配水的要求，应用计算机技术的渠道水量、流量实时调控的研究也在国内外逐渐兴起。灌区用水管理系统方面，已逐步转向研究将数据库、模型库、知识库和地理信息系统有机结合的灌区节水灌溉综合决策支持系统；特别是近年来利用3S技术的数字渠道、数字灌区等方面的研究发展迅速，支持灌，溉用水信息实时采集的各种传感技术和传输技术将得到更快发展，建立数字河流、数字灌区，以实现河流和灌区信息资源在区域定位基础上的高度共享，对区域可持续发展带来积极而深远的影响。随着GIS空间信息处理技术及相应计算机软件、高性能微机工作站及数字地形高程（DEM）等技术的出现，使得与水文水环境、灌溉水管理等有关的地理空间资料的获取、管理、分析、模拟和显示变为可能，为实现灌区管理现代化提供了技术支持。因此研究基于3S技术的灌区灌溉用水管理网络化决策支持系统和通用化软件会更加引起广泛关注，成为该方面研究的重要方向，该方向要主攻硬件产品的模块化、标准化，软件产品的通用化。

（三）精确灌溉技术

近年来发达国家已开展了基于田间水肥等生产要素的巨大差异性，利用全球卫星定位系统（GPS）、地理信息系统（GIS）、遥感技术（RS）和计算机控制系统，精细准确调整灌水施肥的精准灌溉技术研究，为最大限度地优化各项农业投入，充分挖掘田间水肥差异性所隐含的增产潜力创造了条件：精确农业灌溉技术是以大田耕作为基础，按照作物生长过程的要求，通过现代化的监测手段，对作物的每一个生长发育状态过程以及环境要素的现状实现数字化、网络化、智能化监控，同时运用 3S 技术以及计算机等先进技术实现对农作物、土壤墒情、气候等从宏观到微观的监测预报，根据监控结果，采用最精确的灌溉设施，对作物进行严格有效地施肥灌水，以确保作物在生长过程中的需要，从而实现高产、优质、高效和节水的农业灌溉。基于 3S 技术的精量灌溉适用平台和数据管理软件以及作物生长决策模拟模型开发会更加引起广泛关注，成为信息节水的一个重要方向。

四、渠（管）系高效输配水与田间节水灌溉技术

提高渠（管）系高效输配水与田间节水灌溉技术水平是提高灌溉水利用率的最为有效的手段，渠（管）系高效输配水与田间节水灌溉技术和产品研究是发展节水农业的关键科技问题和主要方向之一。

（一）地面灌溉技术方面

目前地面灌溉仍然是灌水技术的主体，提高地面灌溉技术水平，对发展节水农业至关重要。在地面灌溉技术方面，美国、以色列、澳大利亚等节水农业技术发达的国家已大面积采用水平畦田灌、波涌灌等先进的精细地面灌溉方法，其中激光控制平地技术与大流量供水技术的结合，使得传统的地面畦（沟）灌性能得到明显改进，田间灌溉水的利用率最大可达到 90% 左右，具有技术适用范围广、节水增产效益显著的特点。

（二）喷、微灌技术

目前国内外在多孔管道水力学模拟、喷微灌灌水器出流过程和水流运动模拟研究的基础上，研发喷微灌设备，其研究的方向正朝着多目标利用及运行管理自动化的方向发展，以提高抗堵能力和提高压力补偿能力以及降低成本的新型灌水器、注肥均匀且注肥浓度可调和操作简单的注肥器、低压和高性能的自流高效过滤系统是微灌设备开发的新趋势和国内技术研发的重点。

高精度快速成型专用设备是目前快速成型领域研究的发展方向之一，快速成型技术经过近 20 年的发展，在原型制作方面已经达到比较成熟的阶段，目前主要向高精度、快速化以及制作金属功能件方向发展，高精度快速成型机是目前国际发展的趋势。

（三）渠道管网高效输配水技术

在渠道管网高效输配水技术研究方面，20 世纪 70 年代以来，为适应大规模的灌溉节水工程建设，美国、以色列等已逐步实现输水系统的管网化、智能化和施工手段的机械化。在大型渠道防渗工程的施工和输配水管理方面广泛采用机械化和自动化。近年来，为实现用水管理手段的现代化与自动化，满足对灌溉系统管理的灵活、准确、快捷的要求，发达国家非常重视空间信息技术、计算机技术、

网络技术等高新技术的应用，大多采用自动控制运行方式，特别是对大型渠道的输配水工程多采用中央自动监控（遥测、遥讯、遥调）方式。在大大减少调蓄工程的数量、降低工程造价的同时，既满足用户需求，又能有效减少弃水，提高灌溉系统的运行性能与效率。

（四）节水工程的建设技术和新材料开发

基于定型化结构是节水农业工程建设的一个明显的发展方向。节水农业配套建筑物朝集合化方向发展，将分散的不同功能的建筑物集合为一个整体，可大大减轻建筑物重量，节省材料，缩短工期，降低工程造价。渠系装配式建筑物技术研究应用更加广泛，设计图纸及生产模具已臻于系列定型。装配式建筑物研究应用出现了新的特点：品种、形式多样化，由过去的闸、槽建设发展到渠系及田间的各类分水、量水，控制田间灌水、排水的建筑物。模具定型，成套生产，构件成型质量高。由于模具的定型生产，改变了原来就地设模所造成的不规整，装配质量差的缺点。装配结构中引进了新材料、新工艺。因此，基于定型化结构是节水农业工程的建设方面一个明显的发展方向。

国内外在节水工程的建设新材料开发方面取得一系列重要成果。成本低、防渗性能好的塑料薄膜、沥青玻璃布油毡及各种聚乙烯土工膜得到了广泛应用。提出的刚柔相济、适应冻胀变形性能好的新型渠道连锁板衬砌结构形式，通过试验表明具有较强的适应冻胀变形能力。研制的氯化聚乙烯（CPE）止水管（带），性能良好，具有抗拉、抗撕裂强度高，延伸率大，抗渗透性、抗穿孔性强等特性，可冷施工操作。新型保温复合材料和环保型混凝土新材料、防冻抗裂剂等，微灌专用纳米材料及产品，高强度、轻型金属管材，高分子复合材料的大口径管材、管件及配套设备，新型土壤固化剂，新型复合土工膜料和添缝材料，新型长效保水剂与节水抗旱种衣剂、植物蒸腾抑制剂、土壤结构改良制剂，控制农田灌水水流入渗的化学制剂，适合旱区雨水集蓄的新型低成本、高效率的坡面集雨固化土材料、绿色环保型集雨面喷涂材料、生物集雨材料等方面进展较大。节水工程的建设新材料开发已成为节水农业技术发展的关键技术和主攻方向之一，具有很大的发展潜力。

五、节水、抗旱、保墒生化制剂开发与产业化

在节水、抗旱、保墒生化制剂开发利用方面，法国、美国、日本、英国等国家已开发出一系列产品，并在经济作物上广泛使用。法国和美国等将聚丙烯酰胺（PAM）施用在土壤表面，用以抑制农田土壤蒸发，改善土壤结构，防止水土流失。我国农用制剂开发与应用研究始于20世纪80年代初期，但发展速度较快，目

前已有40多个单位进行研制和开发，然而产品生产还比较落后，总产量不过1000吨。固体塑料薄膜以其特有的作用，在农业生产中被广泛应用，但由于塑料薄膜分解周期长，降解困难，给后续农业生产带来极大的不便，并破坏和污染了土壤生态环境。而液体生态地膜，既能固结表土，又能改良土壤结构，可广泛用于农业生产、固沙造林、植树种草、保持水土、盐碱地治理改良、道路护坡等方面，液体生态地膜发展前景看好。

近年来，尤其是通过"十五""863"节水农业重大专项的支持，在可被微生物完全分解成对环境无害物质的农用地膜；生物全降解膜制造材料和工艺，低成本聚乳酸共聚物材料；田间生物材料成膜技术与设备；具有增温、保墒、增产、无残留的多功能液体覆盖材料；乳化剂原材料及配方技术、各类添加剂的复配技术、生产工艺及设备等技术方面取得了重要进展。节水生化制剂和农膜开发已成为节水农业技术发展的关键技术和主攻方向之一，具有很大的发展潜力。

六、现代节水工程技术的标准化

世界各国，特别是发达国家都非常重视高新技术和新材料与传统节水农业技术的结合，大力提高节水技术产品中的高科技含量，使节水农业技术日益走向精准化和可控化，并形成集成化、专业化的技术体系和发育较为完善的节水技术和产品市场机制，使得原有的技术粗放型农业逐步转变为现代的技术集约型农业。随着节水灌溉研究的不断深入，节水灌溉工程措施与农艺节水措施相结合的重要性越来越被人们广为接受，农艺节水措施与灌溉工程措施的结合，往往可达到事半功倍的效果。以色列在田间灌溉全部采用喷、微灌技术的同时，结合调整作物种植结构，实施水肥同步供给，形成了节水、高效、高产的农业节水技术体系。美国、俄罗斯等国家在发展农田节水灌溉技术的同时，还利用耕作措施和覆盖保墒措施调控农田水分状况，充分发挥水、光、热等自然资源在生产中的作用，形成了综合性的节水农业发展模式。

我国不同地区的气候特点、作物布局、水源条件、农村经营体制和经济发展水平间的差异较大，使得节水农业技术研究与产品研发、节水农业技术体系集成模式的建立较为复杂。如一些经济发达地区，特别是东南沿海地区与都市城郊地区现代设施农业发展较快，对节水农业技术的需求与发达国家相类似；而一些经济相对落后的地区，特别是西部地区对技术的需求又与经济欠发达国家相类似。因此，应根据不同地区的具体条件和经济发展水平，探索适合各地区特点的节水农业发展模式。建立不同类型区的现代农业节水技术集成模式与示范基地。以农业节水高新技术和产品应用为载体，将节水灌溉技术、农艺节水技术和用水管理技术进行组装配套，形成各具特色的现代农业节水技术综合体系是节水农业技术研发的重要方向。

　　世界各国为了保证农业水土工程事业的发展，使科技和推广工作有法可依，制定了一系列新的技术法规。我国先后制定的农业水土工程标准与规范主要有：《节水灌溉技术规范》《喷灌工程技术规范》《微灌工程技术规范》《喷灌与微灌工程技术管理规程》《低压管道输水灌溉工程技术规范（井灌区部分）》《灌溉试验规范》《渠道防渗工程技术规范》《渠道工程抗冻胀设计规范》《雨水集蓄利用工程技术规范》《泵站技术规范》《泵站技术改造通则》《泵站现场测试规程》《农用机井技术规范》等，这些规程、规范、通则等技术法规的颁布实施，体现了节水农业发展转向了依靠科学技术发展的轨道上来，提高了其技术水平。但从总体上看，目前的节水灌溉工程建设的相关规范从全国宏观层次上考虑较多，缺乏适合全国不同区域特点和经济发展水平的节水农业技术标准体系和标准化参数，还不能完全满足节水农业快速发展的要求。因此在建立不同类型区的现代农业节水技术集成模式与示范基地，探索适合各地区特点的节水农业发展模式，形成适合全国不同区域特点和经济发展水平，各具特色的现代农业节水技术地方规范至关重要。

　　综上所述，节水灌溉是一项系统工程。现代节水灌溉的发展目标是以提高水的利用效率为核心，使水利工程措施和农业技术措施相结合，最大限度地利用水资源。要保证我国农业的持续发展，必须建立全方位的节水体系。

第七章 行业挑战与发展战略

第一节 节水农业挑战及建议

一、对信息节水的再认识

随着信息科学技术的快速发展，农业信息节水越来越受到关注，信息节水技术的优势也在逐渐显现。经过近十年的努力，作者研发出用于墒情监测、灌溉智能控制、水质监测、用水管理的系列软硬件设备，构建了农业节水信息技术系统，建设了一批农业节水信息技术应用工程，充分验证了信息技术在提高农业用水效率、降低生产成本、提高经济效益等方面的显著作用。

信息技术为集成应用各类农业节水技术措施提供了有效技术手段。工程节水、农艺节水、生物（生理）节水和管理节水相结合是实现节水、增产的重要途径，信息技术与工程节水、管理节水、农艺节水、生物（生理）节水技术的有机融合，进一步提高了传统农业节水措施的有效性，也进一步放大了传统农业节水措施的作用，改变了传统农业节水的工作模式和运行模式。灌溉自动控制系统已经逐渐成为节水灌溉系统的标准配置，减少了人工成本投入；通过智能化的灌溉决策，既满足了作物高产高效所需要的水，也减少了水资源的浪费，提高了水资源的利用率；将灌溉制度配置到自动控制系统，从而有效保证了管理制度的严格执行；农业用水信息化管理系统为灌溉用水计量、控制和收费提供了有效的技术支持，成为管理节水的重要手段。同时，信息技术也被广泛用来进行作物需水规律和土壤水分变化规律研究，有力地支持了农艺节水技术的发展，从而成为实现农业高效节水的重要基础技术手段。

农业节水信息技术是降低劳动强度、提高工作效率和农业效益的有效技术手段。自动化和半自动化运行的农业节水信息系统，如灌溉自动控制、墒情监测系统等，大大减少了人工控制和监测信息采集的工作量，降低了人工劳动强度和人为主观操作导致的灌溉盲目性。另外，水源水质的实时监测和更为精确的灌溉施肥控制，不仅可为作物提供水质安全的适宜水量，而且实现了肥水一体化管理，保证了作物营养的需求，进而提高农作物的产量、品质和经济效益。

随着现代科学技术和现代农业的发展，未来农业将是一个运用先进科学技术和先进生产手段装备，辅以先进科学思想方法管理的高产、优质、高效的农业生产与生态协调的复合系统，农业的规模化和低消耗是未来农业发展趋势。水资源将是农业发展的最重要的限制因素，将自动化控制、智能化信息处理等现代信息技术应用于农业生产和节水灌溉中，建立农业墒情信息监测、水资源优化配置系统和灌溉控制网络，对农业用水各个环节进行实时监测与有效控制，实现规模化农业的资源高效利用与低消耗，是促进现代化农业更好发展的必由之路。

二、存在的问题

信息技术在农业节水领域中的应用为农业节水提供了新的思路和方法。为此，作者在农业生产和科研中围绕信息节水进行了一系列成功有效的尝试和探索，开发了一批传感器、采集器、控制器等设备，集成构建了墒情监测、精准灌溉、水质监测等系统，并在生产实际中得到广泛应用，有力促进了节水农业的发展。但这些工作还处于起步阶段，距离人们所预期的结果还有很大距离。目前，信息技术在农业节水中还未大面积推广应用，农业节水信息技术、设备和系统，在服务农业生产的稳定性、可靠性、适应性、有效性、实用性等方面存在着许多问题需要解决。

（一）节水设备的稳定性、可靠性问题

农业节水信息系统是一个由信息采集、传输、决策、控制组成的复杂系统，其中包括传感器、采集器、控制器等众多设备，要保持系统稳定运行，必须保证这些设备的可靠性。但是，系统设备通常安装在农田和井房等环境恶劣、自然条件差的地方，且供电不稳定，经常有雷电、大雨等极端气象条件，因此对系统设备的可靠性、稳定性提出了较高的要求。目前，农业节水信息系统的设备普遍还存在着易损坏、工作不稳定、可靠性差等问题，导致用户在使用中感觉系统不好用、不实用，从而影响了信息技术在农业节水中的大规模推广应用。要解决设备稳定性问题，其一需要从事信息节水研究的电子、通信等专业技术人员，深入研究农业信息采集和控制设备工作条件特点，加强设备研发投入，进一步提高和改善所研制设备的性能，要重视设备对工作温度、湿度变化特点的适应性，设备的

防雷和防水性能。其二需要从事农业信息节水的工作者，积极努力推动相关设备的标准化、产业化，增强整个行业的技术实力，从而提高系统的整体稳定性、可靠性。

（二）信息监测数据的准确性问题

精准灌溉决策是建立在农业生产环境数据的基础上，只有准确的测量信息才能得出准确的控制算法。但目前农业环境实时监测，特别是土壤环境信息的实时监测准确度还无法满足精准决策的要求。土壤水分墒情监测及灌溉控制系统的重要参数，也是农业生产的关键信息，信息化监测系统需要使用低功耗、实时在线的测量方法，目前广泛使用的TDR、FDR、SWR等在线土壤水分测量方法，由于测量方法的局限，对于土壤类型、安装方式都比较敏感，传感器之间的一致性还较差，且测量值与使用烘干法等实验室标准测量方法相比具有一定的差异，这些问题导致系统实际使用中出现决策不准确、控制效果不好等问题。因此，需要研究者进一步提高土壤水分等关键传感器的准确度，积极寻找更加有效的测量方法，改进测量电路，提高测量精度。当然，土壤环境信息的测量需要具有土壤学和电子学多领域的知识，开发高精度的传感器是研究人员今后面临的一个挑战。

（三）系统的实用性问题

农业节水信息系统是一套先进的自动信息采集与控制系统，使用者往往是文化水平不高、对信息技术了解不多的农业从业者，对计算机和自动控制系统的操作及控制思想不熟悉，难于掌握复杂的操作流程和操作方法，容易出现操作问题且不知道如何处理，从而影响了系统运行和用户使用的积极性。因此，如何简化系统操作方式、降低系统使用难度、提高系统的实用性、提高使用者的兴趣是今后农业节水信息系统推广应用要考虑的问题。解决问题的办法是，研究开发人员要充分了解农民的操作习惯，规范系统的操作流程，简化系统和设备的操作方法，提供直观和简便的使用方式，努力实现设备操作的"傻瓜化"。另外，由于农业领域总体上经济水平比较低，努力降低农业节水信息技术产品的成本也是一个突出问题。

三、发展趋势与展望

随着水资源供需矛盾的日益突出，农业节水在促进我国农业可持续发展、保证粮食生产安全、维护社会稳定等方面具有的战略地位和重要作用将日益显现，大力发展节水型农业，是我国未来农业可持续发展的必然选择。随着农业节水需求的不断增加和信息技术成本的大幅度下降，信息技术必将更加广泛而深入地应用到农业节水的各个环节。未来农业节水信息技术将向着监控系统无线化、控制决策智能化、设备和软件开发平台化方向发展。

（一）监控系统无线化

农业节水信息系统是一个分布式的信息采集与控制系统，通信系统是连接各个部件的基础系统。如在农田内布置大量线缆，将影响农田的耕地、播种、施肥、打药等农事操作，这使得在实际农业生产中不可能采用有线的方式连接系统，低功耗无线网络可以有效地解决这一问题，且不需要外部供电；具有广泛的应用前景。

无线传感器网络由布置在检测区域内的大量、廉价、微型、节能的传感器节点组成，通过无线通信方式形成网络系统，目的是协同地感知、采集和处理网络覆盖区域中检测对象的信息，接收命令并与控制中心交换有关现实世界的信息。在无线传感器网络协议中，有两种具有较好应用前景的技术标准。其一是符合IEEE802.15.4标准的ZigBee技术，目前该技术应用较为广泛，已经具有较多的基础芯片产品和应用系统，其协议标准也经过了多次的更新，但是ZigBee在实际应用中存在着传输延迟长、功耗高等问题，从而导致该技术实际应用的效果远低于预期。其二是近年来快速发展的基于IEEE802.11b/g标准的低功耗Wi-Fi技术，该技术是在传统的Wi-Fi网络的基础上突出低功耗特点，目前已经有多家公司推出了基础芯片，其技术指标是在使用两节5号干电池时，每分钟发44个包，每个包100个字节的状态下可以工作1年，这种基于IP的联网技术能够非常方便地实现与已经安装在企业和家庭中的网络进行无缝连接，而且还具有更好的安全性，因此，未来无线传感器网络可以有效解决信息化节水系统需要的低功耗、无线化的技术难题。

基于无线传感器网络的农业节水信息系统在以下几个方面具有较好的研究前景：一是基于无线传感器网络和无线移动通信技术的墒情监测系统，通过应用无线传感器网络，构建区域多点墒情监测，并通过移动通信技术实现数据的远程传输，借助于第三代高速移动通信网络，即可以实现苗情的图像和视频监测。二是低功耗精准灌溉控制系统，通过研究和开发无线电磁阀和无线土壤水分传感器，可以构建安装极其方便的无线精准灌溉控制系统，由于无线电磁阀和传感器均不需要外部供电和通信线缆，该系统的布置具有很大的灵活性。三是网络化农业用水计量系统。农业用水计量是未来农业节水的一条必经之路，它可以为制定节水灌溉制度、推行定额灌溉、实行用水阶梯收费建立技术基础，准确的用水计量可以使研究人员获得灌溉用水信息，可以使管理者掌握农民的实际灌溉需求，为进一步研究灌溉制度、制定灌溉用水定额政策打下基础。网络化的农业用水计量技术包括远程抄表、用水定额自动控制、阶梯水价收费等功能，考虑到农业用水的特点，技术研究的难点在于如何将分散的水表通过低功耗无线的方式实现互联，并远程传输到监测中心。通过该技术体系构建的系统可以快速地获取灌溉信息，从而发现农民生产中灌溉不合理的问题，可以为推行定额用水、阶梯水价等管理制度提供技术支持。

（二）控制决策智能化

信息节水的关键是依据采集的信息智能控制灌溉，不断完善决策模型，实现基于多元信息的智能决策。融合人工智能技术、构建高智能灌溉控制系统是信息节水的重要技术研究发展方向，这也是提高灌溉精度、降低系统能耗的关键。融合先进控制及测量技术，研究基于神经网络、模糊控制、回归模型、专家系统等多种现代控制理论方法的控制执行算法、模型，开发通用、易扩展的灌溉控制核心模块及设备将成为研究的重点；灌溉控制系统操作的人性化是另一个智能性的体现，以用户为中心的灌溉系统构造理论及技术发展迅速，灌溉控制系统的操作向着简单、实用方向发展，从原来的控制器按键及旋钮操作到计算机鼠标键盘操作，再到无线遥控方式，未来将会出现的语音等控制方式；低功耗无线通信技术在灌溉控制系统中将得到广泛应用，灌溉系统中各主要组成部分将逐渐实现无线化，灌溉节点的增加、删除更加灵活自由，灌溉控制系统通信网络的智能化将进一步促进自动灌溉的推广和应用。

（三）农业节水信息系统的标准化和平台化

农业节水信息技术经过多年的发展，相关技术及设备取得了一定的成果，但在一些关键环节缺乏标准化技术和设备。由于缺乏统一的技术标准，各技术设备间难于进行系统集成，技术设备种类单一、不成系列，又不能有效集成第三方技术产品，从而限制了节水信息技术的应用发展。另外，缺乏成熟、可靠的农业节水信息系统软件开发平台（工具），导致灌溉控制工程通常使用工业的组态软件或针对灌溉工程单独开发，开发效率低，稳定性差，不利于大范围推广和应用。灌溉智能控制系统大范围运行需要区域气象、蒸腾量等信息支持，由于缺乏农业节水信息系统公共服务平台和信息采集发布技术设备，故单个灌溉智能控制工程成本较高，重复建设严重。因此，研发节水信息系统的软硬件开发平台，将是未来农业节水信息技术研究的重要方向。

第二节　我国节水农业发展战略

一、节水农业在我国经济社会发展中的地位

（一）发展节水农业是保障食物安全的重大战略

我国是拥有占世界1/5人口的大国，粮食需求基数大，确保21世纪的粮食安全是中国政府对全世界的庄严承诺。由于中国人对农产品特别是主要食品的需求，我国面临巨大农产品需求压力，我国农业配置的选择空间不大，农业和农村经济必须立足于国内的农业资源和环境条件。据预测，到2030年我国的粮食总需求将达到7亿t左右，要达到这一目标，我国粮食综合生产能力应达到6.6亿t左右，比现状增加32%。

我们应清醒地认识到，未来三四十年我国粮食生产形势的严峻性：一是面临耕地面积减少、农业比较效益降低以及市场冲击等诸多方面的制约因素；二是面临着巨大人口的需求压力和水资源严重短缺的挑战。

随着国民经济的发展和农业发展新阶段的到来，农业劳动力转移、小城镇建设以及人口的增加，耕地继续被占用的趋势难以避免。据统计，我国现有耕地近10多年来平均以每年0.3%的速度减少。按此速度计算，到2030年我国耕地将累计减少0.107亿hm²，而我国三江平原、松嫩平原、黄河三角洲等地区可垦后备耕地资源为0.147亿hm²左右，耕地净增加0.04亿hm²左右，尚不足以抵消因粮食生产比较效益低于其他经济作物造成的粮食播种面积萎缩。因此，依靠扩大耕地面积保证未来粮食生产能力的增长已不可能，未来粮食发展将主要依靠提高单位面积产出水平。不增加现有农业用水总量，走节水农业的道路，在农业用水总量不变的条件下，扩大水浇地面积是一条有效途径。

（二）发展节水农业是改善生态环境的需求

我国是一个生态环境破坏较严重的国家。近年来，中国政府为治理生态环境投入了大量人力、物力、财力，取得了举世瞩目的成绩，但面临的生态问题仍十分严峻，特别是西北地区的生态环境改善严重地受水资源的限制。由于人类活动范围和规模的加大，我国西北地区的生态用水正在被严重挤占。目前我国西北地区主要的水问题是：水利基础设施建设严重滞后、老化失修，难以对时空分布严重不均的水资源进行合理调配；水资源开发利用不合理，使用粗放，浪费惊人，导致行业和地区、上游和下游间用水矛盾尖锐，人与自然争水严重。西北气候干旱、生态环境十分脆弱，天然水循环极易受人类活动影响而改变。随着人类活动

范围和规模的逐步扩大，西北人工绿洲面积日渐增加，生产与生活用水迅速增多，导致天然生态环境用水减少。目前，西北部分地区已出现了天然绿洲和湖泊萎缩，河道断流，土壤沙化，草场退化，荒漠化面积扩大，加剧了生态环境的恶化。西北水资源开发利用必须采取增水与节水相结合，节水为主的措施，如加大地下水资源的开发利用，推广水渠防渗等节水技术等，以提高水的有效利用。在流域规划治理中，一定要首先确保必要的生态用水，维护区域生态环境的稳定与改善；要通过水资源的合理开发与高效利用，促进生态环境的保护。

（三）发展节水高效农业是应对国际挑战的战略需求

目前，我国主要粮食品种的价格已经高于国际市场的粮食价格。当前我国农产品面临的国际竞争日趋激烈：一是传统的灌溉方式，无法达到优质、高效的目标，失去国际竞争力；二是过量采用低质水源，必将降低农产品质量。而节水农业的本质就是优质高效，通过现代农业节水技术的集成和应用，追求较高的产投比和经济回报，因此，从提高农产品国际市场竞争力、增加农民收入方面考虑，应大力发展节水农业。

在农业发展进入新阶段的形势下，提高农业效益、增加农民收入、保护农业生态环境是今后相当长的一段时间内农业与农村经济工作的重点任务。而大力发展节水农业，可有效地降低农产品生产成本，增强农产品市场竞争力，从而使农民收入得到增加。

因此，发展节水农业关系到我国的农业现代化、农业竞争力，是有效应对WTO挑战和增加农民收入的战略途径。

二、节水战略思路

水资源短缺已经成为不可逆转的事实，要确保我国战略目标的实现，不走节约用水的道路肯定不行。因此，节约用水应成为我们的一项战略措施。应将节水思想贯穿于各个行业，营造一种节水氛围，构建一种新型的节水型社会，以提高水的利用率与利用效率为目标，解决我国水资源短缺问题，确保经济社会可持续发展。如何实施节水战略，制定节水战略的思路如何，即中国的节水到底应该怎么做，谈如下意见。

（一）农业、工业、生活节水并重，实施综合节水战略

不论是农业、工业、生活用水，我们国家与世界先进水平均有较大差距。我们的灌溉水利用率仅0.4左右，发达国家0.7~0.8，相差近1倍，我们的工业万元产值的用水量是发达国家的5~10倍，高达100多 m^3。水的重复利用率仅为30%~40%，而发达国家高75%~85%。城市生活用水仅跑、冒、滴、漏损失就高达20%。

因此，不光农业要求节水，而且生活、工业用水均需实施节水战略，这是全面解决我国水资源短缺的正确出路，即实施综合节水战略，且农业、工业、生活节水并重，任何一项工作均不应偏废。

（二）农业节水属战略性节水，国家应给予一定扶持，不必过分追求经济效益，但需建立符合国情的节水农业技术体系和配套的政策体系

农业是用水大户，农田灌溉又是农业的用水大户，农业又肩负着确保16亿人口食物安全的重任，加之农业本身特点，经济效益相对较低，但社会效益又十分巨大，因此，我们在思考我国节水战略时，首先应把农业节水设在首位，同时，根据农业自身的特点，国家尚需给予一定的扶持和补贴政策，以确保农业节水工作的顺利实施。但是农业节水工作的开展，应重视我国基本国情，应重视应用推广符合我国国情的节水农业技术，形成技术体系，发挥综合效益，并辅以配套的技术政策体系，确保工作的顺利开展。

我国是一个农业大国，又是一个人口众多的国家，一旦我国的粮食出了问题，世界上任何一个国家也无法满足我们的需求，水又是粮食生产的重要因素之一，为此，必须将节水农业作为我们国家的一项基本设施建设，应作为国家考虑的大事，应以满足食物安全与社会稳定为目标，而不必过分强求经济效益，但也不能盲目追求不符合国情的技术，而应从实际出发。

（三）工业节水、生活节水属效益节水，应以降低万元产值用水，提高水的重复利用率为目标，依靠现代科学技术，水价政策调控与法律法规手段强制实施，并努力赶超国际先进水平

工业节水、生活节水应追求节水效益为目标，目前我国工业用水与生活用水浪费现象最为严重的原因在于技术水平落后，管理水平差，也没有强制性的法律法规政策作为保障。因此，人们在用水地过程中往往忽略了节水因素，也没有过分地去追求先进的技术与管理，因为我们的水价实在太便宜，如果将水作为生产原料或生活原料的话，其所创造的价值与它的销售价格极不匹配。为此，工业、生活节水应首先通过价格政策、法律法规等手段激发人们的节水意识，并通过强制执行有关政策法规，提升我国工业技术水平。同时，国家应在加强工业、生活节水科技问题研发方面给予重点支持，为其提供技术支撑，并以赶超国际先进水平为目标，推动科技进步，确保工作顺利实施。伴随着工业、生活节水的实施，效益的提高，国家也可从其所创效益中拿出一部分来反哺农业，使综合节水得到平衡发展。

（四）科技节水、产业节水、政策节水实质性融合，以科技节水为

引导和支撑，以产业节水为主要内容，以政策节水作为保障条件，建立节水型社会

节水工作是一项综合性很强的系统工程，必须各部门分工协作，实施综合节水战略，动员全社会力量。根据其工作性质，可以划分为三个层次，即科技节水、产业节水与政策节水。所谓科技节水是指研究和开发节水中的科学问题和技术问题，为节水工作的实施提供必要的科技支撑。它包括两大方面，一是节水中的科学问题，二是节水的技术问题，当然也包括节水中的战略问题，以及政策研究中的科学技术问题，科技节水的主要目标在于为节水工作的实施提供提高水的利用率和利用效率的科学技术，引导和支撑我国节水工作的顺利实施。产业节水是节水技术在各个产业部门中的具体应用，也指技术的推广应用和节水工作的实施，也是节水的主要环节。包括农业节水、工业节水及生活节水三个方面，无论是哪一个产业节水，都必须实施综合的观点。在农业节水方面，一定要强调农艺节水、工程节水与管理节水的综合。而在工业与生活节水中则必须考虑工程节水与管理节水的综合，决不能走单打一的道路。政策节水则是指依据政策法律法规的手段，规范用水行为，强化节水政策法律法规的建设，树立水商品意识，实施强制节水的一种规范化手段，政策节水为产业节水与科技节水的实施提供保障。

科技节水、产业节水与政策节水实质性融合，以科技节水为引导与支撑，以产业节水为主要内容，以政策节水为保障，形成节水系统工程的主要内容，并以此为基础构建节水型社会，实施综合节水战略。

三、实施中国节水农业发展战略的保障措施

（一）将节水作为一项基本国策，推动节水农业的健康发展

我国水资源短缺已经威胁到社会的生存与发展，成为国民经济和社会发展的重大制约瓶颈，开展节水工作已经逐步上升成为国家安全的重大战略。节水农业作为节水工作的一项主要内容，其健康发展涉及国家食物安全的水资源保障、生态环境建设、加入WTO后农产品贸易等若干战略。鉴于节水在国家战略中的地位及其复杂性、综合性、系统性，建议将节水作为我国的一项基本国策，以确保这项工作的长期稳定性，加快节水型社会的建设步伐。

（二）成立国家节水工作领导小组，统筹全国节水工作，并将节水作为一项基本国策

考虑到节水工作的复杂性、综合性与系统性，以及在国家中的战略地位，为便于开展此项工作，有利于部门之间的协调，建议成立国家节水工作领导小组，统筹考虑全国节水工作，实施综合节水战略。国家节水工作领导小组的主要工作

是制定我国节水发展战略，确定我国节水工作思路与实施方案，做好部门分工，协调部门节水工作，营造节水型社会。

节水工作不单单是一个水资源问题，也不简单的是一个农业、工业或者生活问题，它关系到经济社会的可持续发展，人类的生存与发展，社会的稳定，以及科技发展与文明进步等。因此，绝不是一个部门所能够胜任的，而必经多部门协同作战，为便于协调部门工作，强化节水工作力度，需成立节水工作领导小组。考虑到节水工作已经威胁到社会的生存与发展，为此建议将其作为我国的一项基本国策，以确保这项工作的长期稳定性，加快节水型社会建立的步伐。

（三）科学技术是第一生产力

也只有科学技术应用到生产实际之中才能够转化为生产力。科技成果转化率的高低直接与选题有关，国际上公认的科学研究的一般规律是选题来源于市场，来源于生产实际的需求。节水已经成为威胁我国生存与发展的重大问题，科技节水又作为综合节水实施的引导和支撑，其在节水工作中所起的作用是显而易见的。因此，加强科技节水工作势必会对我国节水工作的顺利进展起到一个显著的促进作用。

针对我国节水工业现状，以及节水科技水平与需求，近期我国科技节水工作的重点宜放在以下几个方面。

（1）加强国家节水战略研究，理清节水思路，制定我国节水科技发展规划。以农业、工业、生活节水为主要内容的综合节水工程的实施，到底应该怎么做？需要解决哪些科技问题？如何解决上述问题等。至今仍未解决，包括政策节水中的一些战略问题也没有得到解决，这一直是我们国家相对薄弱的环节且亟待加强。上述问题的解决需要大量细致的研究、分析和调研，但上述问题不解决，又将直接影响节水工作的进程。

（2）加强节水工作中的科学问题研究。据我们所掌握的情况，节水工作中尚有诸多科学问题需要研究。过去我们研究的作物灌溉制度多是在充分灌溉条件下建立的，那么非充分灌溉条件下到底应该如何灌溉，雨水利用到底应有多大潜力，会不会对环境造成影响，新的灌水理论，经济合理科学且节水的区域作物种植结构，不同行业，行业内部不同机构，以及不同作物的用水定额，用水标准等诸多科学问题，我们均未深入研究。

（3）节水技术研究。这里包括两大问题，一是我们未对现有技术进行很好的组装、集成、凝练，并在此基础上创新，形成可在生产中应用的技术体系；二是对节水高新技术的研究重视不够，科技超前意识不浓。为此，我们对于节水技术的研究必须两手抓，两手都要硬。一是强化现有技术的组装、集成、凝练，并在此基础上创新，形成产业部门可直接应用，并可以产业化的平台技术研究；二是强化高新技术研究，包括现代高新技术在节水技术中的应用，以及源头创新技术研究。它要包括符合国情的节水技术体系。如农业节水应重点强化以渠道防渗技术与管道输水技术为核心的输水技术体系，以地面灌水与现代农业相结合的灌水技术体系，以喷微灌与高效栽培技术相结合的高效农业技术体系，以雨水资源利用与旱作农业相结合的特色农业技术体系，以及现代节水技术设备的研发等为重点，并进一步探讨信息技术、自动控制技术以及其他高新技术在节水中的应用，探索新的节水技术途径等。

（4）加强技术示范与成果转化。科技的作用在于引导、示范，并进而转化，形成产业。节水工作近期还应强化技术的引导与示范作用，要将成套技术进行示范，形成模式。对产业进行引导，但示范工程一定要精，而且符合国情，不必过分追求面积的大小，要有可操作性，形成模式。可以在不同区域建立符合区情的区域示范工程，还可在技术密集区建立综合节水示范工程。同时，要加快科技成果的产业化步伐，积极引导企业投入到节水产业行列，培育扶持一批节水科技企业，振兴民族工业。

（四）产业节水近期重点宜放在成熟技术的应用与推广，而不必盲目追求高新技术，以避免浪费

以农业、工业、生活节水为主要内容的产业节水，近期工作的重点宜放在成熟技术的应用与推广上，特别强调技术的组装、集成，发挥技术的整体效益，提高技术的管理水平，而不必盲目追求高新技术，要符合国情、区情，挖掘技术潜力，并要求产业节水与科技节水实质性融合，避免科技节水与产业节水相互脱节的尴尬局面，最终形成以科技节水为引导与支撑，产业节水具体实施，政策节水作为保障的良性节水机制。

基于农业节水工作的特殊性和战略意义，建议国家将农业节水作为国家基本建设投资。具体来讲，可将输水工程与水源工程以及农田基本建设等作为国家基础设施，由国家进行投资。田间灌溉工程由农民出资，这有利于加大节水农业工作的速度。工业节水、生活节水在近期除应用推广已有成熟技术外，主要通过价格政策、法律法规等手段，实施强制节水，以追求水经济效益为目标，激发节水意识和科技节水新技术的研发和应用推广。

（五）强化政策节水力度，建立健全节水政策与法律法规体系，营造节水型社会氛围

政策节水一直是我们国家的弱项，事实上好的政策是事情成败的关键。为此，我们必须强化政策节水力度，进一步提高水权、水价与水商品意识，强化政策节

水研究力度与实施力度，不同行业、不同区域实施不同的水价政策，并对节水制定相关的法律法规，战略节水、效益节水与强制性节水并重，营造一种节水型社会氛围。从某种程度来讲，政策节水是我们国家节水工作中最迫切、也最为重要的一项工作。政策节水力度的大小将直接取决于节水效果的好坏，应引起高度重视。

（六）建立科学的水价调控机制

中国农业水价改革近年来有所进展，也取得一定的成效。但目前，我国农业水价存在很多问题，当前调整农业水价势在必行。我们必须以水价改革为突破口，建立节水高效的科学的水价体系和管理体制，如尽早出台符合社会主义市场经济发展规律的"水价政策"，政策体现市场经济运作原则，用市场经济来调节用水价格的高低，体现一般商品的价值规律。考虑农业的具体状况，可以对农业粮食作物按完全供水成本核定，在适当部门监控条件下，按供求关系调整水价，实行动态水价和超计划累进加价制度。建立科学的水价体系，保障地表水、地下水和降水联调机制顺利实施以及微咸水、海水的合理利用。如对于河水灌区，为了充分利用地下水进行灌溉，适当提高地表水资源价格，地表水地下水资源的比价足以刺激地下水资源开发为限，对于地下水资源匮乏而地表水资源丰富地区，可以适当提高地下水资源价格，确保地表水资源合理利用，保护地下水资源。

参考文献

[1] 谭佐军, 程其姿.工程光学实验与智慧农业应用 [M].北京: 高等教育出版社, 2022.

[2] 侯新烁.数字赋能乡村产业振兴与智慧农业发展 [M].湖南: 湘潭大学出版社, 2022.

[3] 王祺, 秦东霞, 秦钢.物联网时代下智慧农业理论与应用研究 [M].北京: 中国商业出版社, 2022.

[4] 康雷.描绘农业农村发展新篇章: 重庆市农业资源区划应用研究 (第六集) [M].北京: 中国农业科学技术出版社, 2020.

[5] 龙陈锋, 方逯, 朱幸辉.智慧农业农村关键技术研究与应用 [M].天津: 天津大学出版社, 2020.

[6] 石冲貌.物联网技术在智慧农业节水灌溉中的应用 [J].智慧农业导刊, 2022, (11): 2-12.

[7] 吕庆军, 钟闻宇, 由浩良.物联网技术在智慧农业节水灌溉中的应用 [J].时代农机, 2019, 46 (11): 3-11.

[8] 舒鸿霄.新时期农业种植高效节水灌溉技术应用探讨 [J].智慧农业导刊, 2022, (11): 2-11.

[9] 孙锦, 李谦盛, 岳冬, 等.国内外无土栽培技术研究现状与应用前景 [J].南京农业大学学报, 2022, 45 (5): 18-19.

[10] 王永和.农业节水灌溉技术的发展与应用研究 [J].农业技术与装备, 2020, (2): 2-8.

[11] 肖阳.高标准农田建设中节水灌溉技术的应用 [J].河北农机, 2023, (10): 142-144.

[12] 盛天彪.农业灌溉节水措施及高效节水技术分析 [J].智慧农业导刊,

2021，（22）：1-7.

　　[13] 吴名栈.农业节水灌溉工程建设与管理策略［J］.智慧农业导刊，2021，1（16）：3-5.

　　[14] 徐学贵.农业节水技术智慧灌溉的应用［J］.农业灾害研究，2023，13（1）：146-148.

　　[15] 刘译锴.智慧灌溉在现代农业节水技术中的应用［J］.集成电路应用，2022，（5）：31-39.

　　[16] 赵宏娜.农业灌溉节水措施的应用［J］.智慧农业导刊，2022，（4）：1-2.

　　[17] 陈林.农业高效节水灌溉技术现状及发展［J］.智慧农业导刊，2022，（4）：2-8.

　　[18] 许志江.推广高效节水灌溉技术促进农业可持续发展［J］.智慧农业导刊，2022，2（7）：3-11.

　　[19] 张丽珠.农田水利灌溉的模式及节水技术研究——评《农田水利基础理论与应用》［J］.人民黄河，2023，45（3）：6-12.

　　[20] 孙刚，房岩，陈野夫，等.人工智能在智慧农业中的应用研究［J］.吉林工程技术师范学院学报，2019，35（10）：4-31.

　　[21] 赵燕妮.高效节水灌溉技术在农田水利工程中的应用［J］.智慧农业导刊，2022，（2）：2-11.

　　[22] 胡明国.农业机械化助推智慧农业发展的路径研究［J］.南方农机，2023，54（17）：74-76.

　　[23] 王文娟.提高农田水利工程节水灌溉技术应用效率的策略研究［J］.智慧农业导刊，2022，（11）：2-14.

　　[24] 丁庆龄.农田水利工程高效节水灌溉发展思路探索［J］.智慧农业导刊，2022，（12）：11-13.

　　[25] 赵朝良.高效节水灌溉促进现代农业持续发展的探讨［J］.智慧农业导刊，2022，2（8）：3-5.

　　[26] 解德玉.农田水利灌溉中节水技术措施应用分析［J］.智慧农业导刊，2022，（13）：2-6.

　　[27] 尹召婷.农业灌溉中滴灌水肥一体化技术应用研究［J］.智慧农业导刊，2021，1（22）：77-79.

　　[28] 成忠雄.节水农业现状与未来发展探讨［J］.中文科技期刊数据库（全文版）农业科学，2023，（2）：3-12.

　　[29] 张凌霄.智慧节水灌溉系统的设计［J］.中华建设，2019，（13）：2-5.

［30］张滨丽，卞兴超.基于AHP的黑龙江省智慧农业综合效益评估［J］.中国农业资源与区划，2019，(2)：7-17.

［31］刘斌.农业节水灌溉系统中的计算机控制技术的应用——评《节水灌溉自动化控制技术管理方法》［J］.灌溉排水学报，2022，(7)：35-41.

［32］赫富雅.农田水利建设中节水灌溉技术的应用分析［J］.种子世界，2022，(6)：117-119.

［33］赵彦琳，张宇峰.山丘区节水灌溉现状及发展模式［J］.智慧农业导刊，2022，(16)：1-2.

［34］蒋海.农业灌溉用水效率的影响因素及解决对策［J］.智慧农业导刊，2022，2 (7)：3-5.

［35］魏晓琴，何吉鹏.农田水利工程高效节水灌溉工程的发展对策探究［J］.智慧农业导刊，2021，(4)：1-17.

［36］石峰.赋石水库灌区节水技术措施的应用［J］.小水电，2021，(6)：23-25.

［37］赵阳.我国农业智慧灌溉装备与技术发展趋势分析［J］.产业科技创新，2019，(6)：2-8.

［38］谭昆，孙三民，杜良宗，等.智慧农业发展现状与趋势［J］.农业科学，2020，10 (12)：5-13.

［39］刘俊萍，朱兴业，袁寿其，等.中国农业节水喷微灌装备研究进展及发展趋势［J］.排灌机械工程学报，2022，40 (1)：87-96.

［40］蒋磊.农业灌溉中的滴灌技术分析［J］.智慧农业导刊，2021，1 (15)：16-18.

［41］谭剑波宋亮王立青.智慧灌区智能节水灌溉系统设计与应用［J］.吉林水利，2022，(10)：7-10.

［42］尹召婷.农业灌溉增效策略研究［J］.智慧农业导刊，2021，1 (18)：36-38.

［43］冉小丽.高效节水灌溉对现代化农业发展的影响［J］.智慧农业导刊，2022，2 (6)：3-6.

［44］孙智.智慧农业灌溉系统在种植业的应用及发展策略［J］.智慧农业导刊，2023，3 (9)：5-8.

［45］赵玲娟.高效节水农业技术在玉米生产中的应用研究［J］.智慧农业导刊，2022，(12)：1-2.

［46］段淑萍.物联网技术在"智慧农"中的应用及模式［J］.电子技术与软件工程，2019，(8)：1-5.

［47］文翠玲.农业节水灌溉措施及高效节水技术的运用研究［J］.智慧农业导刊，2021，1（18）：39-41.